“十三五”高等职业教育规划教材

安全管理学

主　编　秦江涛　陈　婧
副主编　余齐琴　贠少强　王柏桦

应急管理出版社
·北　京·

内 容 提 要

本书是“十三五”高等职业教育规划教材，系统地阐述了安全管理学的基本理论、基本方法以及安全事故的处理方法和企业安全管理方法。主要包括安全管理学基本理论概述、安全文化、安全管理方法、安全目标管理、系统安全管理、安全行为管理、安全管理体系、安全信息管理、企业安全管理、现代安全管理理论与方法。

本书可作为高等职业院校安全技术与管理专业及其相关专业的教材，也可作为安全工程技术人员、企业管理人员、生产技术人员和研究人员的参考用书。

前　　言

安全管理是以事故和职业危害的预防、损失控制为目的而进行的决策、计划、组织、领导和控制等活动的总称。安全管理是企业安全生产最基本的安全手段。

安全管理学是研究安全管理活动规律的科学，包括安全信息管理、安全设备管理、安全文化、劳动保护管理、风险管理、事故管理等分支学科。其内涵既涉及管理学的一般问题，又涉及安全科学与工程的特殊现象，是管理学的理论和方法在安全领域的具体应用。

安全管理学以社会、人、机系统中的人、物、信息、环境等要素之间的安全关系为研究对象，通过合理有效配置诸要素及其之间的关系，在保证安全目标实现的前提下，对达到安全所需的人、物、信息、环境、时间等要素进行科学有效的协调和配置。

近年来，随着安全科学与工程的深入发展，一方面新理论、新技术、新政策不断涌现，推动着安全管理理论的进步；另一方面重大、特大事故依然时有发生，造成了严重的人员伤亡、巨大的经济损失和恶劣的社会影响。在对众多事故、事件的致因调查分析中，人们发现缺乏科学的安全管理是造成事故、事件频发和灾害扩大的主要原因。任何事故、灾害防治的深层问题，归根到底是人、机、环境的“管理”及其相互之间协调的问题。因此，要实现持续稳定的安全生产、生活和生存，在关注技术工程层面问题的同时，还必须研究安全（效率、效益）与“组织因素”之间的矛盾运动规律。而要研究安全管理规律性问题，就必须研究安全管理学。

本书根据安全科学、管理科学和行为科学的基本原理，遵循安全管理原理—安全管理方法—安全管理技术的编写思路；内容设计上“重视基础，反映前沿，交叉综合”，突出安全管理原理、方法，既注重安全学原理与管理学原理的整合、融合，反映安全管理科学研究的最新成果，又注重前沿理论与具体实践的结合，实现管理理论和方法与安全科学技术的融合；不仅反映了本学科领域的最新发展，而且反映了“安全管理学”的本质规律性。全书涵盖了以下几个方面的内容：①安全管理原理；②安全文化、安全管理方法、安全目标管理及系统安全管理；③安全行为管理；④安全管理体系及安全信息管理；⑤企业安全管理以及现代安全管理理论和方法。

本书由重庆工程职业技术学院秦江涛、陈婧担任主编，重庆工程职业技术学院余齐琴、陕西能源职业技术学院贠少强和重庆市南川隆化职业中学校王柏桦担任副主编。编写人员的具体分工如下：秦江涛负责编写第一、二、四、六章；陈婧负责编写第三、五、八章；余齐琴负责编写第十、十一章；贠少强负责编写第九章，王柏桦负责编写第七章。全书由秦江涛负责统稿。

本书编写过程中参阅了大量资料，在此对原作者表示诚挚的谢意。

由于编者水平有限，书中难免存在不妥之处，欢迎大家在使用的过程中，随时把发现的问题以及建议和意见反馈给我们，以便进一步修订和改进。

编　者

2019 年 8 月

目　　次

第一章 绪　论

本章概要和学习要求

本章主要讲述了安全管理学的发展历程、研究对象，以及安全管理学的内容和特点。通过本章学习，要求学生了解安全管理学的研究对象和主要内容，掌握安全管理与安全管理学的概念。

第一节　安全形势严峻

进入21世纪以来，全球安全形势依旧严峻，环境污染、重大事故与灾害频发等严重威胁人类生命与健康，同时也导致人类物质财富大量损失。2013年1月27日，巴西一家夜总会因违规燃放烟花点燃天花板，引发大火，造成241人死亡，600多人受伤。2015年3月24日，德国一家航空公司的一架空客320客机在法国南部坠毁，机上148名人员全部遇难。近几年，我国因管理不善等原因直接或间接导致的重大伤亡事故也频繁发生。从2009年至今仅煤矿就发生56起重大事故、8起特大事故，其中，2009年黑龙江龙煤集团鹤岗分公司新兴煤矿发生煤与瓦斯突出事故，造成108人遇难。2010年8月河南航空有限公司一客运航班在黑龙江省伊春市林都机场30号跑道坠毁，乘客在坠毁时被甩出机舱，造成44人遇难，52人受伤。2013年6月吉林省德惠市宝源丰禽业有限公司发生特大火灾爆炸事故，造成121人死亡，76人受伤。同年11月在山东省青岛经济技术开发区中国石油化工管道储运分公司东黄输油管道泄漏发生爆炸，造成62人死亡，136人受伤。泄漏原油由排水暗渠流入附近海域，造成胶州湾局部污染，损失巨大。2015年8月12日22时51分，位于天津市滨海新区天津港的瑞海国际物流有限公司危险品仓库发生火灾爆炸事故，造成165人遇难，8人失踪，798人受伤，304幢建筑物、12428辆商品汽车、7533个集装箱受损。这是一起特别重大生产安全责任事故，造成直接经济损失68.66亿元。

这些频发的责任事故为安全生产敲响了警钟。安全形势依然严峻，安全管理的研究以及发展依然落后于社会的实际需要。另外，职业伤害也不容忽视，由此引发的死亡案例中25%是因为工人作业场所暴露的危险物质所造成的。这些危险物质可以导致疾病，使神经紊乱，并引发癌症等，从而使劳动者丧失工作能力甚至生命。据国际劳工组织（ILO）估计，到2020年全世界劳动疾病将翻一番，发展中国家的情况更不容乐观。目前造成安全形势严峻的一个重要原因就是安全管理不科学、不到位，其主要表现为事故灾害后果依然严重，人因事故比例逐渐增大，重大责任事故仍然频发。

随着高新技术的不断涌现，信息化、数字化生产方式将会普及，硬件的安全化水平将得到进一步提高，安全监测监控技术等也将得到进一步推进。同时，随着科学技术的发展，由单纯技术性、物的可靠性的原因导致的事故比例逐渐下降，而由人的错误操作、组织管理失误等原因导致的事故比例则居高不下。国内外大量统计资料显示，人因事故占事故总数的70% ~90% 。人因事故归根结底是组织管理失误造成的不良后果。人往往既是工业事故中的受害者，又是肇事者，同时也是预防事故、搞好工业安全生产的主力军。无论是在经济条件和现有技术水平受限的发展中国家，还是物的本质安全水平较高的发达国家，防范事故都应以人为本，都应着眼于事故前、事故中和事故后的人。另外，建立在一定物质基础上的安全技术和职业安全健康措施需要人们进行有效的安全管理活动——计划、组织、监督、控制，才能发挥它们应有的作用。“硬”技术的发挥依赖于“软”措施的实施。即使是自然灾害，如果安全管理和应急救援不到位、不及时、不科学，还会造成次生灾害。若管理措施得当，就会有奇迹发生。如 2007 年河南陕县支建煤矿“7 · 29”透水事故中 69 名矿工在井下被困 75 个多小时后全部生还。因此，安全管理在宏观层面上作为事故预防、安全生产的整体推动，在微观层面上作为3E 对策之一，将为 21 世纪人类的安全生产、安全生活和安全生存发挥重大作用。

在世纪之交召开的世界职业安全健康大会上，也进一步明确了加强安全管理及有关安全管理综合部门的功能对改善安全现状的重要作用。只有坚持安全与生产并重，倡导安全文化，强调安全教育与培训的重要性，鼓励多部门分工协作，融会贯通，落实综合安全管理，才有助于大安全目标的早日实现。我国专家提出的安全生产“五要素”就是强调安全管理的综合性和多层面性，其中安全文化、安全法制、安全责任、安全投入等无一不与安全管理密切相关。此外，安全管理与经济管理互为依托、相伴而存，安全管理为经济发展保驾护航，产生并提供以间接形式为主的社会经济效益，其作用对于社会和经济的稳定发展是不可忽视的。因此，搞好安全管理工作具有十分重要的意义，概括起来主要有以下 4 个方面：

（1）搞好安全管理是贯彻落实“安全第一，预防为主，综合治理”方针的基本保证。具体的安全相关工作、活动要由安全管理来组织、协调，安全管理水平的提高有利于国家安全生产管理体制的完善和执行。

（2）搞好安全管理是防止伤亡事故和职业危害的根本对策。安全管理是减少、控制事故尤其是人因事故发生的有效屏障。科学的管理能够约束、减少或控制危险源，直接控制人因事故的发生。

（3）安全技术和职业安全健康措施依靠有效的安全管理才能发挥应有的作用。建立在物质基础上的安全技术和职业安全健康措施需要人们进行有效的安全管理活动——计划、组织、监督、控制，才能发挥它们应有的作用。

（4）安全管理对社会经济发展起着保驾护航的作用。从微观层面上来讲，搞好安全管理，有助于改进企业管理，全面推进企业各方面工作的进步，促进经济效益的提高。从宏观层面上来讲，安全管理会产生并提供以间接形式为主的社会经济效益，其作用对于社会经济的发展、稳定是不可或缺的。

鉴于安全管理对预防、控制事故及促进经济发展具有不可替代的巨大作用，同时安全管理学也是一门发展中的新兴学科，所以需要我们不断认识、继承、总结并发展安全管理学的原理和方法。只要人类掌握科学的安全管理原理与方法，充分发展并利用安全管理学这一强有力的武器，社会严峻的安全形势就会得到极大改善，重大事故的发生将会得到遏止，社会经济的发展、稳定也必将基于更加坚固的基础之上，人民生活将更加平安、健康、快乐。这就是研究并推广安全管理学的根本目的及意义所在。

第二节　安全管理学概述

一、安全管理的定义及分类

安全是人的身心免受外界（不利）因素影响的存在状态（包括健康状态）及其保障条件。换言之，人的身心存在的安全状态及其事物保障的安全条件构成了安全的整体。安全不是瞬间的结果，而是对系统在某一时期、某一阶段过程状态的描述。

安全管理是管理者对安全生产进行的计划、组织、监督、协调和控制的一系列活动。其目的是保护职工在生产过程中的安全与健康，保护国家和集体的财产不受损失，促进企业改善管理，提高效益，保障事业的顺利发展。

安全管理按照主体和范围大小的不同，可分为宏观安全管理和微观安全管理。按照对象的不同又可分为狭义的安全管理和广义的安全管理。宏观安全管理泛指国家从政治、经济、法律、体制、组织等各方面所采取的措施和进行的活动。

微观安全管理是将企业作为安全管理的主体。它是指经济和生产管理部门以及企事业单位所进行的具体安全管理活动，通俗地说就是关于企业安全管理的学问。

狭义的安全管理是直接以生产过程为对象的安全管理。它是指在生产过程或与生产有直接关系的活动中防止意外伤害和财产损失的管理活动，即安全生产管理。

广义的安全管理泛指一切保护劳动者安全健康、防止国家财产受到损失的，不仅以生产经营活动为对象，而且包括服务、消费等活动涉及的安全管理活动。

二、安全管理学的研究对象

安全管理的研究对象涉及安全生产系统中人与人、人与物、人与环境之间在防止事故发生、避免人身伤害和财产损失方面存在的关系。安全管理学就是要认识并解决这些关系中的各种矛盾和问题。

安全管理学是研究安全管理活动规律的一门科学。它运用现代管理科学的理论、原理和方法，探讨并揭示安全管理活动的规律，为安全生产法治建设、安全管理体制和规章制度的建立提供指导和帮助，以达到防止生产事故、提高管理效益、实现安全生产的目的。安全管理学既是安全科学的一个分支，也是管理学的一个分支，又是安全科学技术体系中重要和实用的二级学科，其内涵既涉及管理学的一般问题又涉及安全科学工程的特殊现象，是管理学的方法论在安全领域的具体应用。通俗地说，安全管理学就是研究应用于重大事故、职业危害预防和协调安全生产的包括安全管理的理论和原理、组织机构和体制、管理方法、安全法规等一系列学问的科学。

安全管理学就是以社会、人、机系统中的人、物、信息、环境等要素之间的安全关系为研究对象，通过合理、有效地配置诸要素及其之间的关系，从而保证系统中安全状况的持续实现，保证人类社会活动中的安全生存、安全生活、安全生产。管理追求效率，强调目的，而安全管理则是在保证安全目标实现的前提下，对达到安全所需的人、物、信息、环境、时间等要素进行科学有效地协调和配置。效率、效益一般是管理追求的目标，效率与效益之间也是对立统一的关系。在安全、效率、效益三者中，任意两者之间既有相同影响因素也有各自影响因素。这些因素不仅取决于一般性管理，更取决于具有特殊性安全管理活动的协调，而归根到底管理活动的进行是由组织协调的。因此，通过开展安全管理学学科建设、理论研究和实践，探讨科学的安全管理模式、方法和技术，不断总结并认识安全管理活动规律，可为进行科学安全管理、重大事故预防、安全水平提升提供指导和参考。

没有科学的管理，就不可能实现持续的安全。安全问题、管理问题无时无处不在。任何一个组织、任何一种活动都存在安全问题，也存在管理问题，从这个意义上说，安全管理学研究的是一种普遍现象，是人类活动中的一个普遍性问题。安全管理学与其他管理学科的不同之处主要在于安全管理学是专门研究协调安全生产系统中人与人、人与物、人与环境之间关系的管理问题，而其他管理学科则是研究各自领域中特有的管理现象。例如，一般管理学研究管理共性问题，而企业管理学侧重于研究企业经营活动中的管理问题。当然，一个企业（组织）的整体活动中存在大量安全管理问题，不能缺少安全管理，只不过传统企业（组织）管理学及其教材通常对安全问题不展开讨论，或只是一带而过。

三、安全管理学的主要任务

从微观安全管理学的角度看，安全管理学的基本任务是运用现代管理科学理论和原理，探讨、揭示企业（组织）安全管理活动的规律，建立健全企业（组织）安全管理机构体制，研究推行安全管理的科学方法，以达到提高安全管理效益、实现安全生产的目的。具体地说，安全管理学的研究任务包括理论和实践两个方面：①理论方面。研究安全管理学的本质规律，形成既体现个体人的不安全行为和物的不安全状态控制，又体现组织的不安全行为控制的安全管理学。研究安全管理自身发展的学科理论，为总结、发展安全管理方法、措施、手段提供理论依据。②实践方面。研究安全管理的决策、对策、系统科学的方法、控制论的方法、信息的开发和使用，以及研究安全法规、安全教育、安全监察等系列管理方法和安全检查的技术等。

对于一个合格的安全技术及管理专业学生而言，在学习安全管理学之后，应该达到如下要求：

（1）掌握安全管理原理，能够熟练地运用这些安全管理原理和方法，分析、认识实际生产中各种隐患、危害、事故及其发生的原因，为制定预防、控制事故的管理和技术对策提供依据。

（2）正确认识并分析安全管理现象背后的本质规律，分析确定合理的安全管理措施和对策。

（3）掌握安全管理对策的实施原则，对各个环节上存在和出现的各种安全问题事先能做出准确的判断，分析问题的症结所在，找出解决问题的方法或能够提出改善意见，预防事故的发生。

（4）熟悉各种安全管理的方法，能针对不同情况灵活采取不同方法、对策，提高自己和组织的安全管理能力。

安全管理学的任务，简单地说，就是提炼、开发并传播安全管理理论与方法，提高未来安全工程师和管理者的安全管理能力，达到学以致用、防范事故及危害的目的。

第三节　安全管理学的主要内容和特点

一、安全管理学的主要内容

安全管理学的研究内容包括安全管理学的理论基础、安全管理方法、事故管理、安全文化等。安全管理学的内容体系如图 1－1 所示。

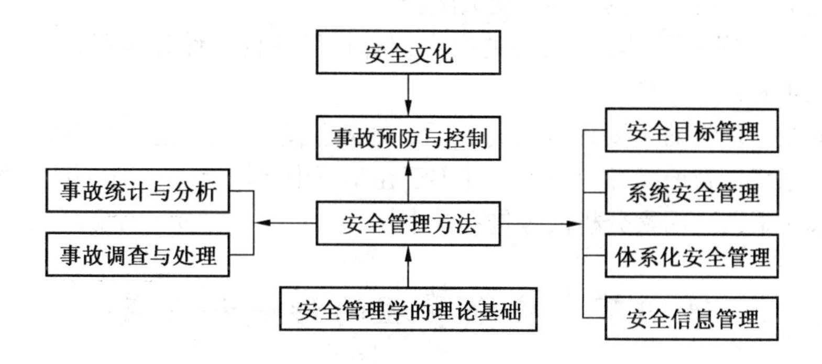

图 1－1　安全管理学的内容体系

安全管理学的理论基础包括各种有关的管理学理论基础、事故致因理论、安全管理学的基本原理等。

安全管理方法包括安全目标管理、系统安全管理、体系化安全管理、安全信息管理、事故统计与分析和事故调查与处理。前 4 种属于系统科学方法论范畴，它们是在不同历史发展时期诞生的不同安全管理手段和方法。后两种方法则主要通过事故案例剖析、相关事故发生原因和特征的统计与分析，反映事故发生的规律，积累安全管理经验。其宏观表现是统计分析，微观表现是调查处理，配合应用应急管理措施，最终目的是实现事故预防与控制。

事故管理包括事故统计分析、事故调查与处理和事故预防与控制。其中，前两项属于安全管理中事故管理的方法，事故预防与控制也是安全管理要达到的主要目标之一。通过各种安全管理方法的实施最终达到事故预防与控制的目的。

安全文化是实现系统安全不可或缺的辅助手段。其从文化、理念层面研究如何使人自主自觉约束不安全行为，实现个体人的安全，从而实现组织系统安全。安全文化是自主管理的基础。

二、安全管理学的特点

安全管理学是以安全生产和重大事故控制为应用领域，综合运用管理学与安全学理论和方法的实用性交叉学科。从研究方法上讲强调系统性、决策性和前瞻性，从学科本质上讲具有交叉性和实用性。

（1）系统性。安全与管理具有的一个共同属性，即系统性。安全管理需要着眼于宏观，既要见树木又要见森林，考虑系统的目标和整体功能，统筹人、机、环境，因此具有系统性。

（2）决策性。面对安全管理的种种复杂状况和多种方案选择，安全管理活动应建立在对安全管理理论及方法的科学认知的基础上，实现科学的安全管理决策，不断优化安全管理方案和对策。

（3）前瞻性。安全管理活动对系统未来的变化应保持足够的敏感性和预见性，要随着变化发展的新情况不断进行更新，要与时俱进，勇于接受新思想，尝试新方法。

（4）交叉性。安全管理学集成安全科学和管理科学的基本原理和方法，兼具工程应用和理论研究的双重特点，具有学科交叉融合的特性。

（5）实用性。安全管理学所研究的内容带有较强的技术性和实用性，为安全管理实践活动提供技术和方法指导。

明确了安全管理学的主要内容及特点后，还要注意在学习这门学科时必须掌握客观性、实践性、系统性及前瞻性等原则，并善于在学习中将调查研究法、系统分析法、数学模型法、目标决策法、因素分析法等贯穿其中。

第四节　安全管理的形成和发展

安全问题自古有之，生产劳动中的安全是伴随着人类劳动产生的。我国古代在生产中就积累了一些安全防护的经验。明代科学家宋应星所著《天工开物》中记述了采煤时防止瓦斯中毒的方法：“深至丈许，方始得煤，初见煤端时，毒气灼人，有将巨竹凿去中节，尖锐其末，插入炭中，其毒烟从竹中透上。”在国外，公元前27世纪，古埃及第三王朝在建造金字塔时，组织10万人花20年的时间开凿地下通道和墓穴及建造地面塔体，如此庞大的工程，离不开安全管理；在古希腊和古罗马时期，就设立了以维持社会治安和救火为主要任务的近卫军和值班团；英国12世纪，颁布了《防火法令》，17世纪颁了《人身保护法》。

有组织的安全管理是伴随着社会化大生产发展的需要而产生的。18世纪中叶的工业革命时期，机器的大规模使用极大提高了生产率，也大大增加了伤害的可能，资本家出于自身的利益，被迫改善劳动条件，如在机器上安装防护装置，要求研究防止事故和职业危害的方法等，促进了安全科学和技术的发展。例如，英国化学家戴维（Humphry Dary，1778—1829）发明了矿坑安全灯；19世纪初，英国、法国、比利时等国相继颁布了安全法令，对安全法制管理进行了有益的尝试。

20世纪初，随着现代工业的兴起及发展，重大生产事故和环境污染相继发生，造成了大量的人员伤亡和巨大的财产损失，给社会带来了极大危害，人们不得不在一些企业设置专职安全人员，对工人进行安全教育。20世纪30年代，很多国家设立了生产安全管理的政府机构，发布了劳动安全卫生的法律法规，逐步建立了较完善的安全教育、管理、技术体系，现代生产安全管理初具雏形。

进入20世纪50年代，经济的快速增长，使人们生活水平迅速提高，创造就业机会、改进工作条件、公平分配国民生产总值等问题，引起了越来越多经济学家、管理学家、安全工程专家和政治家的注意。工人强烈要求不仅要有工作机会，还要有安全与健康的工作环境。一些工业化国家，进一步加强了生产安全法律法规体系建设，在生产安全方面投入大量的资金进行科学研究，加强企业安全生产管理的制度化建设，产生了一些生产安全管理原理、事故致因理论和事故预防原理等风险管理理论，以系统安全理论为核心的现代安全管理方法、模式、思想、理论基本形成。

一、国外安全管理发展概况

美国、日本是当今的工业经济大国，它们有组织的安全管理也是伴随着经济的发展而发展的，且处于世界领先地位。下面以美国和日本为例介绍国外先进的安全管理发展情况。

1. 美国安全管理的发展

美国在工业发展的早期，主要依靠大量外国移民作为劳动力的来源，工人的安全健康丝毫得不到关怀，劳动条件恶劣，事故恶性膨胀，死伤无人过问。19 世纪末到 20 世纪初，由于工人们的斗争和社会公众的关切支持，迫使资本家不得不改善安全卫生状况。安全立法、组织建设以及科学研究等逐渐得到了发展。譬如，1867 年，美国马萨诸塞州建立了国内第一个工厂检查部门。1880 年之后的几年间，陆续出现了 200 多种有关职业病的刊物。1908 年，建立了匹堡采矿与安全研究所。1910 年，为减少煤矿事故，成立了煤矿管理局。1911 年，威斯康星州通过了第一个有效地对工人进行赔偿的法案。1913 年，成立了劳工部和全国工业安全委员会（不久，改名为全国安全委员会）。1915 年，成立了美国安全工程师协会等。

20 世纪 50 年代，美国很多企业采用了实行工程技术教育为基础的安全管理，这标志着美国现代安全管理的起步。美国政府正规地介入职业安全卫生领域的时间较晚，直到 20 世纪 60 年代以后才开始发挥主导作用。1969 年，美国颁布了《联邦煤矿安全与卫生法》，这是美国第一个有关职业安全卫生的具体立法。1970 年 12 月 29 日，美国国会通过并由尼克松总统签署颁布了《职业安全与卫生法》（OSHAct），并于 1974 年 4 月 28 日生效。这是美国第一个全国性的安全卫生基本法，极大地推动了职业安全卫生工作的进展。

1971 年，美国劳工部职业安全卫生管理局（以下简称 OSHA）成立，确定其工作目标是通过与雇主和工人的共同努力，营造更好的工作环境，以确保美国工人的安全和健康。OSHA 自成立以来，因工死亡人数下降幅度超过 60%，职业伤害和职业病发病率下降了 40%。总结美国的职业安全卫生工作，具有以下几个特点：

（1）改善劳动条件，防止工伤事故，这主要依靠企业实施。政府主要依靠立法和监督检查推进这方面的工作。

（2）重视安全卫生教育。

（3）重视开发新技术，使用新设备，开展安全科学研究工作。

2. 日本安全管理的发展过程

日本在第二次世界大战以后处于经济复兴时期，工伤事故状况十分严重，每年死亡人数基本在 6000 人以上，1961 年达历史最高纪录，因工伤事故死亡 6712 人。当时，日本提出了“安全运动要赶上美国，工伤事故发生的概率也要降低到美国水平之下”的口号，并相应采取了一系列对策。日本政府制定了《劳动安全卫生法》《矿山安全法》《劳动灾难防止团体法》等一系列法律法规。由于法律健全、措施得当、各方重视，日本的安全生产问题基本得到了有效控制。

日本建立了一整套独立的矿山安全监察体系，实施高效的监督管理。监察人员严格按照有关法律，对安全业务、设施状况、应急机制等进行检查，发现问题立即彻底解决。还设立了“中央劳动安全卫生委员会”“中央劳动灾难防止协会”等，提供安全卫生信息，开展安全生产教育，推动“零灾难”运动，组织安全生产技术交流，以及对生产安全管理人员进行培训等。经过努力，日本安全工作成效已经超过了美国，居世界领先地位。例如，1984年，美国的伤害率（百万工时伤亡人数）为10.75，而日本仅为2.77。

日本政府为减少工伤事故和职业病所采取的主要对策总结如下：①建立劳动安全卫生的组织领导和监督体制；②加强立法，建立劳动安全卫生法规体系；③制订劳动灾害防治计划；④加强对企业的安全卫生行政管理和监督指导；⑤推进安全卫生教育；⑥重视新技术的引进和设备的更新，积极发展劳动安全与卫生的科学研究工作；⑦重视发挥团体的作用，防止工伤事故；⑧开展群众性的安全卫生运动。

二、我国安全管理发展概况

我国的安全管理相对于工业发达国家而言起步较晚，新中国成立前虽然国民党政府颁布过一些安全法规，但由于局势动荡而形同虚设，未能得到贯彻执行。现代生产安全管理理论、方法、模式是20世纪50年代进入我国的。在20世纪六七十年代，我国开始吸收并研究事故致因理论、事故预防理论和现代生产安全管理思想。20世纪八九十年代，开始研究企业生产安全风险评价、危险源辨识和监控，我国一些企业管理者尝试生产安全员风险管理。在20世纪末，我国几乎与世界工业化国家同步，研究并推行了职业安全健康管理体系。进入21世纪以来，我国提出了系统化企业生产安全风险管理的理论雏形。总之，新中国成立以来，我国的安全管理工作经历了动荡曲折的螺旋式发展过程，大致分为4个阶段，见表1-1。

表1-1　我国安全管理发展阶段

阶段		主要特征
建立和发展阶段	三年国民经济恢复时期（1949—1952年）	（1）树立了“搞生产必须注意安全”的思想，批判了“重视机器不重视人”的错误观念 （2）发动群众，开展安全大检查 （3）积极组建安全职能机构，开展安全干部培训 （4）确定安全生产方针，开展法规建设。召开了两次全国劳动保护工作会议，确定了“安全生产”的方针
	第一个五年计划时期（1953—1957年）	（1）在劳动保护工作座谈会上确定了“管生产必须同时管安全”的原则，明确提出企业领导人必须贯彻此原则 （2）建立了专职安全管理机构，配备了专职的安全管理人员，使安全工作在组织上得到了保证 （3）1954年8月11日，劳动部（现为人力资源和社会保障部）发布了《关于进一步加强安全技术教育的决定》，建立了安全教育制度并制定了安全操作规程，对新工人进行三级教育，特殊工种（现改称特种作业）教育，从事新方法、新设备、新产品作业的教育，以及干部的安全教育 （4）颁布了许多重要的安全法规，国家颁布的有15种，加上中央各产业部门和地

表1-1（续）

阶段		主要特征
建立和发展阶段	第一个五年计划时期（1953—1957年）	方制定的指示、决议和规定等，达300多种，其中最重要的是在1956年5月25日国务院正式颁布的《工厂安全卫生规程》《建筑安装工程安全技术规程》《工人职员伤亡事故报告规程》，简称为“三大规程” （5）1956年9月21日，劳动部、中华全国总工会联合发布了《安全技术措施计划的项目总名称表》，明确规定了安全技术措施计划项目40项内容 （6）国家规定了产业部门的企业在编制生产技术财务计划的同时，必须编制安全技术措施计划，对安全的投入资金应逐年增加。这一时期安全工作发展顺利，措施得力，安全生产达到了新中国成立以来的最佳水平
停顿和倒退阶段	受挫阶段（1958—1960年）	（1）“大跃进”期间，拼体力、拼设备，浮夸冒进之风盛行，生产秩序遭到破坏 （2）伤亡事故大幅度上升，出现了新中国成立以来的第一次伤亡事故高峰
	探索阶段（1961—1965年）	（1）总结经验教训，实行了“调整、巩固、充实、提高”的方针，健全规章制度，加强安全管理，重建安全生产秩序，开展“十防一灭”活动（防撞压、防坍塌、防爆炸、防触电、防中毒、防粉尘、防水灾、防水淹、防浇烫、防坠落、消灭工伤和死亡事故） （2）发布了一系列的安全卫生法规。其中最重要的是1963年3月30日国务院发布的《关于加强企业生产中安全工作的几项规定》 （3）1962年7月发布《工业企业设计卫生标准》，同年12月召开全国第二次防止矽尘危害工作会议。安全生产状况有了较大好转，伤亡事故迅速减少
	动荡和徘徊阶段（1966—1977年）	（1）“文化大革命”期间，国民经济遭受严重的挫折，安全工作也受到了严重的破坏，出现了又一次大倒退。行之有效的规章制度被推翻，被斥之为“管、卡、压”。安全管理专业队伍被解散。伤亡事故和职业病再次大幅度上升，出现了新中国成立以来的第二次事故高峰 （2）1976年，随着党和国家工作重点的转移，国家经济开始恢复，为安全工作的恢复和发展创造了一定条件。但是由于“左”的思想提出严重脱离实际以及急躁冒进的口号，一些部门与企业的领导人只抓生产，不顾安全，甚至有恶劣的官僚主义作风，以致伤亡事故频繁，甚至发生了一些十分严重的恶性事故，例如“渤海二号”的翻沉。出现新中国成立以来的第三次事故高峰，安全工作呈徘徊不前的局面
恢复与提高阶段（1978—1992年）		（1）1978年，中共中央发布了《关于认真做好劳动保护工作的通知》；1979年国务院批准国家劳动总局、卫生部《关于加强厂矿企业防尘防毒的工作报告》，这两个文件对扭转当时安全卫生所面临的恶劣局面起到了关键性作用，成为安全工作的指导性文件和依据 （2）此阶段中，立法工作进展得很快，先后颁布了150多项安全卫生标准。1983年，确定了国家监察、行政管理、群众监督的安全管理体制，我国安全管理工作从行政管理开始跨入法制管理阶段 （3）1987年将原来“安全生产”的方针确定为“安全第一，预防为主”的安全生产方针，把安全工作的重点放在了预防上，伤亡事故基本上控制在一定的范围内
市场经济下的高速发展阶段（1993年至今）		（1）1993年开始，经济体制改革又带来一系列新的问题，事故、职业病又骤然上升，进入了第四次事故高峰期。为了适应政府转变职能、企业转换机制的新形势，国发〔1993〕50号文提出“企业负责、行政管理、国家监察、群众监督”的安全生产管理体制

表 1-1（续）

阶　段	主　要　特　征
市场经济下的高速发展阶段（1993 年至今）	（2）出台了较多综合的、全面的、适用范围广泛的基本法，如《中华人民共和国矿山法》（1993 年颁布）、《中华人民共和国劳动法》（1995 年颁布）、《中华人民共和国刑法》（1997 年颁布，先后 8 次修改，最后一次为 2011 年）、《中华人民共和国消防法》（1998 年颁布）、《中华人民共和国安全生产法》（2002 年颁布，2014 年修改）、《中华人民共和国职业病防治法》（2002 年颁布，2011 年修改）等，使我国逐渐形成了一个较为完整的职业安全卫生法律法规体系 （3）2000 年以来，国家机构体制进行了改革，先后成立了国家安全生产监督管理局（2005 年更名为国家安全生产监督管理总局）、煤矿安全监察局、国务院安全生产委员会，直属国务院领导。国家安全生产监督管理实施分级管理，在各级地方政府设置专门机构具体承担安全生产监督管理和综合协调职能。煤矿安全监察实行垂直管理体制，下设办事机构，专司煤矿安全监察执法。国务院安全生产委员会主要负责协调安全生产监督管理中的重大问题 （4）2018 年 3 月，根据第十三届全国人民代表大会第一次会议批准的国务院机构改革方案，中华人民共和国应急管理部设立。组织编制国家应急总体预案和规划，指导各地区各部门应对突发事件工作，推动应急预案体系建设和预案演练。建立灾情报告系统并统一发布灾情，统筹应急力量建设和物资储备，并在救灾时统一调度，组织灾害救助体系建设，指导安全生产类、自然灾害类应急救援，承担国家应对特别重大灾害指挥部工作，指导火灾、水旱灾害、地质灾害等防治，负责安全生产综合监督管理和工矿商贸行业安全生产监督管理等

复习思考题

1. 研究安全管理学有什么重要意义？
2. 简述安全管理及安全管理学的定义。
3. 简述安全管理学的研究对象及其主要内容。
4. 试述我国安全管理的发展历程、启示及其未来的发展趋势。

第二章　安全管理学基本理论概述

本章概要和学习要求

本章主要讲述了管理学基本原理和安全工程学的基本概念，重点介绍了企业安全管理系统及其基本要素。通过本章学习，要求学生了解管理学基本概念，理解安全管理学的基本原理，掌握企业安全管理系统及其基本要素。

安全管理学理论和方法既是安全科学技术体系中的重要内容，也是企业安全生产最基本的安全手段。安全管理学的内涵既涉及管理学的一般问题，又涉及安全科学与工程的特殊问题，是管理学的理论和方法在安全领域的具体应用。

第一节　管理学的概述

一、管理与管理原理

1. 管理学

管理（Manage）是在特定环境下，通过计划、组织、领导和控制等行为活动，对组织所拥有的资源进行有效整合以达到组织目标的过程。

管理学（Management，Management Theory）是一门研究人类社会管理活动中各种现象及其规律的学科，是在自然科学和社会科学两大领域的交叉点上建立起来的一门综合性交叉学科。

管理经验、管理思想的历史与人类的历史一样古老。有关管理的理论和知识体系是在人类长期实践、长期积累的基础上形成的。管理学的诞生以弗雷德里克·温斯洛·泰勒（Frederick Winslow Tayor）的名著《科学管理原理》（1911 年）以及法约尔（H·Fayol）的名著《工业管理和一般管理》（1916 年）为标志。泰勒认为，管理就是确切地知道要别人去做什么，并使他用最好的方法去干；而法约尔则认为，管理是由计划、组织、指挥、协调及控制等职能为要素组成的活动过程。

2. 管理原理

管理的基本原理包括系统管理原理、人本管理原理、权变管理原理和效益管理原理。

1）系统管理原理

将组织视为复杂的系统，把管理理解为对该系统的设计、构建并使之正常、高效运转的过程。系统管理原理具体表现在以下几方面：

（1）整体性原理。即系统要素之间相互关系及要素与系统之间的关系以整体为主进行协调，局部服从整体，使整体效果为最优。

（2）动态性原理。指系统作为一个运动着的有机体，其稳定状态是相对的，运动状态是绝对的。

（3）开放性原理。完全封闭的系统是不存在的，系统与外界不断交流物质、能量和信息。

（4）环境适应性原理。与系统发生联系的周围事物的全体是系统的环境。系统对环境的适应不只是被动性的，也有能动性。

（5）综合性原理。就是把系统的各个部分、各个方面和各种因素联系起来，考察其中的共同性和规律性。

2）人本管理原理

把人看作管理的主要对象及组织最重要的资源，人既是管理活动的主体，又是管理活动的客体。管理的一切活动都必须以调动人的积极性、创造性和做好人的工作为前提；管理的一切活动都是为了人，以满足人的需要为目的。

3）权变管理原理

管理是一项需要运用经验和技巧的实践活动，管理系统在运行过程中受到内部条件和外部环境的影响。管理者必须以动态的观点把握管理系统运动变化的规律性，及时调节管理活动的各个环节和各种关系，以保证管理活动不偏离预定的目标。

4）效益管理原理

在任何管理活动中，都要讲求实效，力图用最小的投入和消耗，创造出最大的经济效益和社会效益，这就是管理的效益最优化原理。效益管理原理要求管理活动要围绕提高经济效益和社会效益这个目标，科学地、节省地使用管理的各项资源，以创造最大的经济价值和社会价值。

以上四个基本管理原理，是任何管理活动和管理过程不可或缺的指导思想、管理哲学以及不可违背的基本规律。在管理活动和管理过程中，这些原理既相互独立，又相互联系、相互渗透，相互之间构成一个有机的整体。

二、管理系统及其基本要素

管理系统（Management System）是由管理者与管理对象组成的并由管理者负责控制的、具有明确目的性和组织性的整体。任何管理活动和管理过程都是通过管理系统实现的。管理系统由管理者、管理手段、管理对象、管理环境 4 个基本要素构成，如图 2－1 所示。

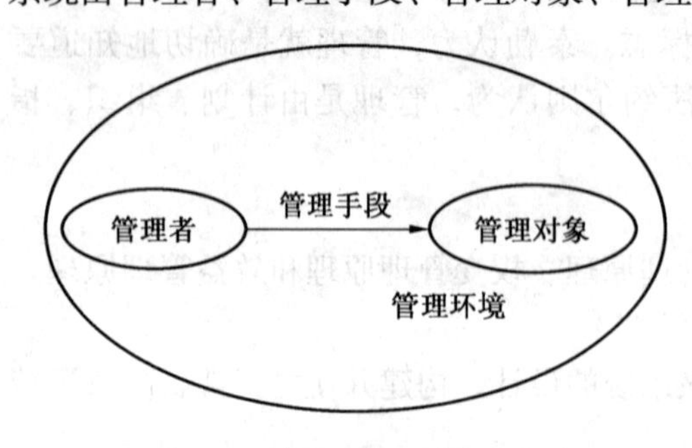

图 2－1　管理系统及其基本要素

1. 管理者

管理者（Managers）是管理系统中的主体，在管理系统中处于主导地位。管理者由具有一定管理能力、从事现实管理活动的人或人群组成。管理者是管理系统中具有决策权、指挥权的个人或组织通过决策、分配资源、指导、协调其他人的活动，达到与别人一起或者通过别人实现管理的目标。

权力和责任是凝结在管理者身上的矛盾的统一体。比较而言，责任比权力更本质，权力只是尽到责任的手段，责任才是管理者真正的象征。管理者的与众不同，正因为他是一位责任者。

管理技能是管理者展示权力和履行责任应具备的基本能力，在管理系统中起决定性作用。管理技能包括：技术技能（Technical Skills）、人际技能（Human Skills）、概念技能（Conceptual Skills）。决定管理技能的本质因素是管理者的素质。美国研究机构对企业管理成功人士的调查发现，人们普遍看好的管理者素质包括：健全的思维（Common Sense）、专业的知识（Knowing One's Field）、自信（Self - Reliance）、理解判断能力（General Intelligence）、执行能力（Ability To Get Things Done）。

2. 管理手段

管理手段是管理者对管理对象实施的管理职能时所采用的方法。

（1）管理职能（Competency）是指人、事物、机构所应有的作用。管理职能主要包括计划职能、组织职能、领导职能、控制职能等。

（2）管理方法是实施管理职能的手段与行为方式。管理方法通常可分为行政管理方法、法律管理方法、经济管理方法、咨询管理方法、思想工作方法等。

3. 管理对象

管理对象是管理系统中的客体，管理对象包括人、财、物、时间、信息等。

4. 管理环境

任何管理都要在一定的环境中进行，受到一定的条件限制。这些环境和条件就是管理环境。管理环境的特点制约和影响管理活动的幅度、内容及其实施方式和方法。

管理环境分为外部环境和内部环境，外部环境是组织之外的客观存在的各种影响因素的总和。它不以组织的意志为转移的，是组织的管理必须面对的重要影响因素。它包括政治环境、文化环境、经济环境、科技环境及自然环境等。内部环境是指组织内部的各种影响因素的总和。它是随组织产生而产生的，在一定条件下内部环境是可以控制和调节的。它包括人力资源环境、物力资源环境、财力资源环境及组织内部文化环境等。

第二节　安全及其相关概念

与安全相关的概念有危险和危险源、风险、事故等，正确理解这些概念以及它们之间的关联关系是开展安全工作的关键。

一、安全

在生产系统中，安全（Safety）是指能将人员伤亡或财产损失的概率和严重程度控制在可接受水平之下的状态。

安全概念具有三层含义。

1. 安全是相对的

世界上任何生产系统都包含有不安全的因素，都具有一定的危险性，没有任何生产系统是绝对安全的。“安全”的系统并不意味着已经杜绝了事故和事故的损失，而是事故发生的可能性相对较低，事故损失的严重性相对较小。现实中的安全系统不可能是“事故为零”的极端状态，人们应该不断克服系统中的各种危险因素，追求相对“更高的安全程度”这一安全目标。

2. 安全是主观和客观的统一

安全反映了人们对系统客观危险性的主观认识和容忍程度。作为客观存在，系统危险因素引发的事故何时、何地、以何种程度发生，将造成何种恶果，人们不可能完全准确地预料，但是完全可以通过研究事故发生的条件和统计规律来认识系统的危险性。作为对客观存在的主观认识，安全表达了人们内心对危险的容忍程度。事故发生频率和损害程度提高或（和）人们内心对事故的容忍程度降低都会产生不安全的感觉。

3. 安全需要以定量分析为基础

安全的定量分析涉及3个重要指标，即：系统事故发生的概率、事故损失的严重度、相互接受的危险水平。为了确认系统安全程度，人们必须首先确定系统事故发生的概率及其损失的严重度，再与可接受危险水平相比较；为了实现系统安全，人们需要针对损失发生的概率及其严重度，有重点地采取控制措施，降低事故发生的概率和损失的严重度。

在行为科学需要理论中，最著名的马斯洛的“需要层次理论”认为人有五大需要：生理、安全、归属、尊重、自我价值实现。适度的安全需要，有利于提高警惕，避免事故。

人们从事的某项活动或某系统，即某客观事物是否安全，是人们对这一活动或事物的主观评价。当人们权衡利害关系，认为该事物的危险程度可以接受时则这种事物的状态是安全的，否则是危险的。

安全相对危险而产生，相对危险而发展。两者是对立统一的整体，同时产生，同时消亡。当人们意识到危险来临时，就开始了追求安全的行动；当人们不满足安全现状时，就去改造客观事物，创造更安全的条件和状态。这时，人们就不再容忍原来的风险度，安全就向前发展了。就不同的民族、不同的群体而言，人们能够承受的风险度是截然不同的，例如，文化程度高的人和文化程度低的人，普通人和赛车手，他们所能承受的风险程度完全不同。由于经济的发展科技的进步、人们能够容忍的风险度越来越低，而也只有经济的发展、科技的进步才能提供更安全的环境。要降低系统风险，就必须有经济的投入，必须采用新工艺、新方法、新技术。这就是说，世上不存在绝对的安全，也不存在永恒不变的安全指标，安全的发展是永无止境的，人类可以创造越来越美好的安全状态。

二、危险和危险源

危险（Dangers）是安全的对立状态。危险源（Hazard，Source of Dangers）是危险的根源，是系统中存在可能导致人员伤亡和财产损失的潜在的不安全因素。

危险概念具有三层含义。

1. 危险与安全服从于对立统一规律

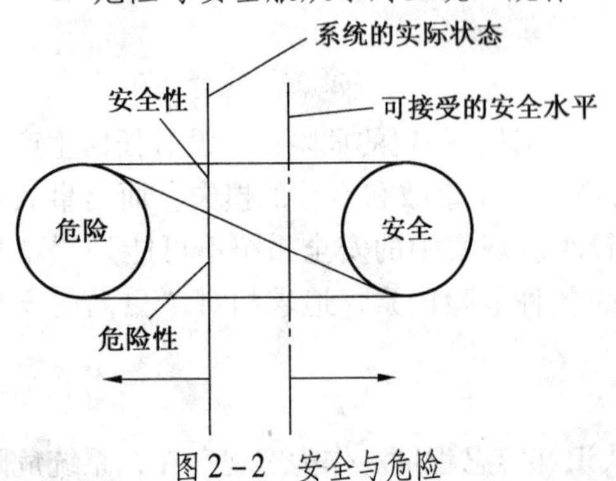

图2－2　安全与危险

安全与危险的关系可以参照图2－2来说明。其中，左右两端的圆分别表示系统处于绝对危险和绝对安全状态。任何实际系统总是处于两者之间，包含一定的危险性和一定的安全性，可以用介于左右两圆中的一条垂线表示，垂线的上半段表示其安全性，下半段表示其危险性。当实际系统处于“可接受的安全水平”线（图中虚线）的右侧时，这样的系统是安全的。

假定系统的安全性为 S，危险性为 R，则有：

$$S = 1 - R \tag{2-1}$$

显然，R 越小，S 越大；反之亦然。若在一定程度上消减了危险性，就等于创造了安全性。当危险性小到可以被接受的水平时，系统就被认为是安全的。

2. 危险因素的增长和安全需求的提高同生共存

一方面，生产活动在创造物质财富的同时带来大量不安全、不卫生的危险因素，并使其向深度和广度不断拓展。技术的进步不仅给人们带来了物质生活的享受，同时，也增加了火灾、爆炸、毒物泄漏、空难、原子辐射、大气污染等事故发生的可能性和损失严重度。在图 2－2 上表现为系统的实际状态有向左移动的趋势；另一方面，人们在满足了基本生活需求之后，不断追求更安全、更健康、更舒适的生存空间和生产环境，在图 2－2 上表现为可接受的安全水平有向右移动的趋势。

危险因素的绝对增长和人们对各类灾害在心理上、身体上承受能力的绝对降低的矛盾是人类进步的基本特征和必然趋势，使人类对安全目标的向往和努力具有永恒的生命力。在这对矛盾中，后者是人类进步的表现；前者是安全工作者要认真研究的主要矛盾方面。安全工作的艰巨性在于既要不断深入地控制已有的危险因素，又要预见并控制可能出现的各种新的危险因素，以满足人们日益增长的安全需求。

3. 预防事故就是要控制危险源

危险源是发生事故的根源。作为一种潜在的、隐蔽性的不安全因素，危险源如何存在、发展、导致事故发生是人们长期探索和研究的问题。

能量意外释放理论从事故发生的物理性出发，认为工业事故及其造成的伤害或损失正是由于系统中危险源的发展变化和相互作用，使不正常的或不希望的危险物质和能量释放并转移于人体、设施，造成了事故。根据危险源在事故发生过程中的作用不同，可以将其分为两类：第一类危险源是系统中可能发生意外释放的各种能量或危险物质；第二类危险源是导致约束、限制能量措施失效或破坏的各种不安全因素。

两类危险源与安全定量指标具有密切的因果关系。第一类危险源释放出的能量是导致人员伤害或财物损坏的能量主体，决定事故损失的严重度；第二类危险源决定了事故发生的概率。

两类危险源的分类使事故预防和控制的对象更加清晰。第一类危险源的存在是事故发生的前提，第二类危险源是第一类危险源导致事故的必要条件。两类危险源共同决定危险源的危险性。在具体的安全工程中，第一类危险源客观上已经存在并且在设计、建造时已经采取了必要的控制措施，其数量和状态通常很难改变，因此，事故预防工作的重点是第二类危险源，事故控制的重点是第一类危险源。

三、风险

1. 风险的概念

风险（Risk）也是安全的对立状态。风险强调系统的不安定性、不确定性。与危险相比，风险的内涵更加宽泛。

针对人们对风险的认识程度和控制能力，风险具有不同的含义。

1）风险是描述系统危险性的客观量

当系统的可知性和可控性较强时，人们认为风险是意外事件发生的可能性，且后果是可以预见的状态。根据国际标准化组织的定义（ISO 13702—1999），风险是衡量危险性的指标，风险是某一有害事故发生的可能性与事故后果的组合。生产系统中的危险，是安全工程的主要研究对象，而生产系统是具有可知性和可控性的人为系统，因此对于安全工程领域和工业生产系统，风险与危险性是相同的概念，风险系统是危险性的客观量。

2）风险是损失的不确定性

当系统的可知性和可控性较弱时，人们认为风险是意外事件发生的可能性，且后果是难以预知的状态。美国学者威特雷认为，风险是关于不愿意发生的事件发生的不确定的客观体现。客观地说，风险是客观存在的现象，风险的本质与核心具有不确定性，风险事件是人们主观所不愿意发生的，社会、经济系统是可知性和可控性较弱的自在系统，其风险更多地被理解为损失的不确定性。

以上两种风险概念的共同点在于：都将风险看成是可能发生，且可能造成损失后果的状态。这时的风险，造成的结果只有损失机会，而无获利可能，故被称为纯粹风险。

3）风险是危险和机遇伴生的状态

与纯粹风险相对应的是投机风险。投机风险是指既可能产生收益也可能造成损失的不确定性经济系统的某些风险，其结果的不确定性可能波及的范围大到损失和获利之间，以致危险和机遇并存，如投资、炒股、购买期货等。

安全工程所涉及的风险，理论上只能是纯粹风险，因为系统的危险性只存在造成事故损失结果的可能性，但是在实践中却可能存在投机风险性质。比如：为预防和控制事故所付出的安全投入，是用实在的资金支出换取事故发生概率的降低，从而节省了可能发生事故时的支出。

2. 风险的定量描述

根据对风险的第一种理解，风险 R 的大小，可以用意外事件发生的概率 P 和事件后果的严重程度 C 两个客观量的逻辑乘积来评价，即

$$R = PC \qquad (2-2)$$

由于意外事件发生的概率 P 和事件后果的严重程度 C 属于不同的物理量，因此不能以两者乘积的直接结果来评估系统的风险。人们通常采用风险矩阵图来表达系统中风险的大小和分布。

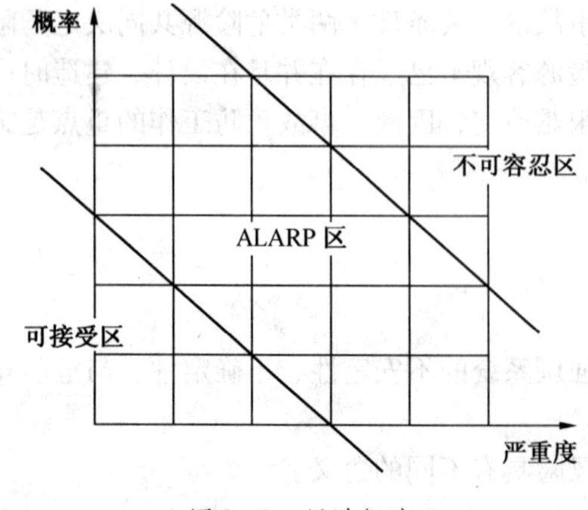

图 2-3　风险矩阵

风险矩阵图以严重度 C 为横轴，概率 P 为纵轴构建直角坐标系。由于风险严重度 C 和概率 P 都具有不确定性，因此在风险矩阵图上，通常以区块表示风险的大致位置，如图 2-3 所示。

显然，距离原点较远的区块风险值较大。根据风险是安全的对立状态的定义，在风险矩阵图上可按照距离原点的距离划分出风险可接受区、ALARP（AS Low As Reasonable Practical 安全风险处在最低合理可行状态）区以及风险不可容忍区，并以此确定应对风险

的对策措施。

四、事故

事故（Accident）是人们生产、生活活动过程中突然发生的，违反人们意志的，迫使活动暂时或永久停止且可能造成人员伤害、财产损失（又可称为损伤）或环境污染的意外事件。

事故是系统中危险因素的外在表现。事故的主要特性如下。

1. 因果性

一切事故的发生都是有其原因的，这些原因就是潜伏的危险因素。来自人的不安全行为和管理缺陷，以及物和环境的不安全状态的危险因素，在一定的时间和空间内相互作用导致系统的隐患、偏差、故障、失效，以致发生事故。

2. 随机性

事故的随机性是说事故的发生是偶然的。同样的前因事件随时间的进程导致的后果不一定完全相同。但是在偶然的事故中孕育着必然性，必然性通过偶然事件表现出来。

3. 潜伏性

事故的潜伏性是说事故在尚未发生或还没有造成后果之时，各种事故征兆是被掩盖的，系统似乎处于“正常”和“平静”状态。

五、安全与危险的相关概念

1. 安全科学

安全科学是人类生产、生活、生存过程中，避免和控制人为技术、自然因素或人为－自然因素所带来的危险、危害、意外事故和灾害的学问。它以技术风险作为研究对象，通过事故与灾害的避免、控制和减轻损害及损失，达到人类生产、生活和生存的安全。

2. 安全生产

安全生产就是使生产过程在符合安全要求的物质条件和工作秩序下进行，以防止人身伤亡和设备事故及各种危险的发生，从而保障劳动者的安全和健康，以促进劳动生产率的提高。在安全生产中，消除危害人身安全和健康的因素，保障员工安全健康舒适地工作，称为人身安全；消除损坏设备产品等的危险因素，保证生产正常进行，称为设备安全。

3. 职业安全卫生

职业安全卫生也称为劳动保护，定义为：为了保护劳动者在劳动、生产过程中的安全、健康，在改善劳动条件、预防工伤事故及职业病，实现劳逸结合和女职工、未成年工的特殊保护等方面所采取的各种组织措施和技术措施的总称。

4. 系统安全

系统安全是指在系统使用期限内，应用安全科学的原理和方法，分析并排除系统内容要素的缺陷及可能导致灾害的潜在危险，使系统在操作效率、使用期限和投资费用等方面均达到最佳的安全状态。从以上定义我们可以看出，系统安全是指为保证系统的全寿命周期的安全性所做的工作。

5. 安全指标

安全指标是人们能够接受的风险度。实际是人们在追求收益与承担损失之间的一种利益平衡或相互妥协的结果。安全指标是对某一种职业活动、某一系统运行风险的最高容许限度。为了追求物质的利益或精神的享受，人们就必须冒一定的风险。而人们能够承受的风险度，就是损失方面的平衡点，这个平衡点就是安全指标。例如，近几年，我国汽车运输行业发展非常迅速，但公路交通事故增加得也很快。根据国家安全生产监督管理局统计，我国每年每万辆车死亡 123 人之多。而对于每一名司机来说，造成死亡的概率则是 12×10^{-3}死亡/(辆·年)。面对这种死亡概率，人们没有放弃使用汽车，经过数年的统计，这个数字基本保持不变，那么这个死亡概率（风险度）就可以被认为是目前我国汽车运输业的安全指标。

6. 安全评价

安全评价，国外也称为危险评价或风险评价，安全评价可在同一工程、同一系统中用来比较风险的大小。安全评价应贯穿于工程、系统的设计、建设、运行和退役整个生命周期的各个阶段。对工程、系统进行安全评价既是政府安全监督管理的需要，也是企业、生产经营单位搞好安全生产的重要保证。

7. 安全生产标准化

安全生产标准化，是指通过建立安全生产责任制，制定安全管理制度和操作规程，排查治理隐患和监控重大危险源，建立预动机制，规范生产行为，使各生产环节符合有关安全生产法律法规和标准规范的要求，人、机、物、环处于良好的生产状态，并持续改进，不断加强企业安全生产规范化建设。

安全生产标准化包含安全目标、组织机构和人员、安全责任体系、安全生产投入、法律法规与安全管理制度、队伍建设、生产设备设施、科技创新与信息化、作业管理、隐患排查和治理、危险源辨识与风险控制、职业健康、安全文化、应急救援、事故的报告和调查处理、绩效评定和持续改进 16 个方面。2006 年 6 月，全国安全生产标准化技术委员会成立。2013 年 1 月，国家安全监管总局等部门下发《关于全面推进全国工贸行业企业质量安全生产标准化建设的意见》（安监总管四〔2013〕8 号），提出要进一步建立健全工贸行业企业安全生产标准化建设政策法规体系，加强企业安全生产规范化管理，推进全员全方位全过程安全管理；通过努力，实现企业最安全管理标准化、作业现场标准化和操过程标准化，2015 年底前所有工贸行业企业实现安全生产标准化达标，企业安会生产基础得到明显强化。

8. 危险因素

危险因素是构成事故的物质基础。表示为劳动生产过程的物质条件（如工具、设备、机械、产品、劳动场所、环境等）的固有危险性质和它本身潜在的破坏能量。

危险因素所固有的危险性质，还决定了它受管理缺陷和外界条件激发转化为事故的难易程度，这种难易程度称为危险因素的感度。感度越高，危险因素越容易转化为事故。结构和能量容易发生形变和转化的物质，也容易转化为事故。有危险因素存在就有发生事故的可能，事故的严重程度（事故的经济和劳动力的损失）与危险因素的能量成正比。因此，首先要采取防止发生事故的措施，防止第一次激发，作为第一道防线；还要采取防止事故扩大的措施，防止第二次激发，作为第二道防线。危险因素随着物质条件的存在而存在，也随着物质条件的变化而变化。危险因素转化为事故是有条件的，只要控制住危险因素转化为事故的条件，事故就可以避免。危险因素在未被人认识之前，无从采取防范措施，危险因素能直接转化为事故。事故的发生虽不能绝对避免，但可以避免一切能避免的事故，或减少事故造成的损失。危险因素是客观存在的，是不能绝对消灭的。因此，为清除危险因素向事故转化的科研工作是无止境的。危险因素和管理缺陷是事故隐患的两个方面。

9. 危险程度

人们常把危险程度分为高、中、低3个档次。发生事故可能性大而且后果严重的为危险程度高；一般情况为中等危险度；发生事故可能性小且事故后果不严重者为低风险程度。当客观事物的状态处于高危险程度时，人们是不能接受的，是危险的；处于中等危险程度和低危险程度时，人们往往是可以接受的，是安全的。高危险程度为危险范围，中等及以下危险程度为安全范围。

10. 事故

事故是一个或一系列非计划的，导致人员伤害、疾病或死亡，设备或产品的损失和破坏，以及危害环境的事件。根据后果不同，可将事故分为人身伤亡事故、财产损失事故、未遂事故等。

生产安全事故是指生产经营单位在生产经营活动（包括与生产经营有关的活动）中突然发生的，伤害人身安全和健康或者损坏设备或者造成经济损失的，导致原生产经营活动（包括与生产经营活动有关的活动）暂时或永远终止的意外事件。

生产安全事故按事故造成的后果可分为人身伤亡事故和非人身伤亡事故。人身伤亡事故又称因工伤亡事故或工伤事故，是指生产经营单位的从业人员在生产经营活动中或在与生产经营相关的活动中，突然发生的造成人体组织受到损伤或人体的某些器官失去正常机能，导致负伤肌体暂时地或长期地丧失劳动能力，甚至终止生命的事故。因此，工伤事故都属于生产安全事故，但生产安全事故不一定造成工伤事故。

11. 事故隐患

事故隐患是指作业场所设备及设施的不安状态，人的不安全行为和管理上的缺陷，是引发事故的直接原因。重大事故隐患是指可能导致重大人身伤亡或者重大经济损失的事故隐患，加强对重大事故隐患的控制管理，对于预防特大安全事故有重要的意义。

事故隐患与危险源不是等同的概念，事故隐患是指作业场所、设备及设施的不安全状态，人的不安全行为和管理上的缺陷。它实质是有危险的、不安全的、有缺陷“状态”，这种状态可在人或物上表现出来，如人走路不稳、路面太滑都是导致摔倒致伤的隐患；也可表现在管理的程序、内容或方式上，如检查不到位、制度的不健全、人员培训不到位等。

第三节　安全管理概述

一、安全管理与安全管理学

1. 安全管理

安全管理（Safety Management）是管理科学的一个重要分支，它是为实现系统的安全目标，运用管理学的原理、方法、手段和相关原则，分析和研究各种不安全因素，对涉及的人力、物力、财力、信息等安全资源进行决策、计划、协调和控制的一系列活动。通过运用一系列技术的、组织的和管理的措施，减少和清除各种不安全因素，防止事故的发生。

任何存在不安全因素的系统（如企业、学校、社区、商场、剧院等），都需要进行安全管理。本书所研究的安全管理，专指对企业生产系统的安全管理，即企业安全管理。

企业安全管理是在安全工作中，通过管理职能的实现，得以消除人的不安全行为、物的不安全状态和环境的不安全因素，以防止事故的发生。保障人们的生活或生产顺利进行、人的生命安全和健康，保护国家、集体的财产不受损失。

2. 安全管理学

安全管理学（Science of Safety Management）是研究安全管理活动规律的科学。作为安全科学技术学科体系中重要的二级学科，安全管理学包括安全信息管理、安全设备管理、安全文化管理、劳动保护管理、风险管理、事故管理等分支学科。其内涵既涉及管理学的一般问题，又涉及安全科学与工程的特殊现象，是管理学的理论和方法在安全领域的具体应用。

安全管理学以社会、人、机系统中的人、物、信息、环境等要素之间的安全关系为研究对象，通过合理有效配置诸要素及其之间的关系。在保证安全目标实现的前提下，对达到安全所需的人、物、信息、环境、时间等要素进行科学有效的协调和配置。

3. 安全管理学的诞生与发展

20 世纪 30 年代由美国安全工程师海因里希提出 1∶29∶300 事故法则和多米诺事故因果连锁论为代表的系列事故致因理论奠定了安全管理学的基础。1962 年提出的安全系统工程是运用系统论的观点和方法，结合工程学原理及有关专业知识来研究生产安全管理和工程的新学科。到 20 世纪 90 年代中后期具有现代理念的安全管理学理论逐渐形成。

安全管理学自诞生以来，在管理过程、管理理论、管理方法方面都有了新的发展。

在管理过程方面，由早期的事故后管理，进展到 20 世纪 60 年代强化超前和预防型管理（以安全系统工程为标志）。随着安全管理科学的发展，人们逐步认识到，安全管理是人类预防事故三大对策之一，科学的管理要协调安全系统中的人、机、环诸因素，管理不仅是技术的一种补充，更是对生产人员、生产技术和生产过程的控制与协调。

在管理理论方面，从以事故致因理论为基础的管理，发展到现代的科学管理。20 世纪 30 年代，美国著名的安全工程师海因里希提出了 1∶29∶300 安全管理法则，事故致因理论的研究为近代工业安全做出了非凡贡献。到了 20 世纪后期，现代的安全管理理论才有了全面的发展。如安全系统工程、安全人机工程、安全行为科学、安全法学、安全经济学、风险分析与安全评价等。

在管理方法方面，从传统的行政手段、经济手段以及常规的监督检查，发展到现代的法治手段、科学手段和文化手段；从基本的标准化、规范化管理，发展到以人为本、科学管理的技巧与方法。进入 21 世纪，安全管理系统工程、安全评价、风险管理、预期型管理、目标管理、无隐患管理、行为抽样技术、重大危险源评估与监控等现代安全管理方法，都有了新的充实和发展，安全文化的手段也逐渐成为重要的安全管理方法。

二、安全管理的基本原则

管理学的原理和原则在安全管理中也是适用的，但由于安全管理还有特殊性，因此安全管理还有其他独特的原则。

1. 风险管理是安全管理核心的原则

关于安全管理的核心，有三种不同的认识，即：事故管理、危险管理和风险管理。

从安全及其相关概念可知，危险因素、风险、事故、事故后果具有如图 2－4 所示的关系。

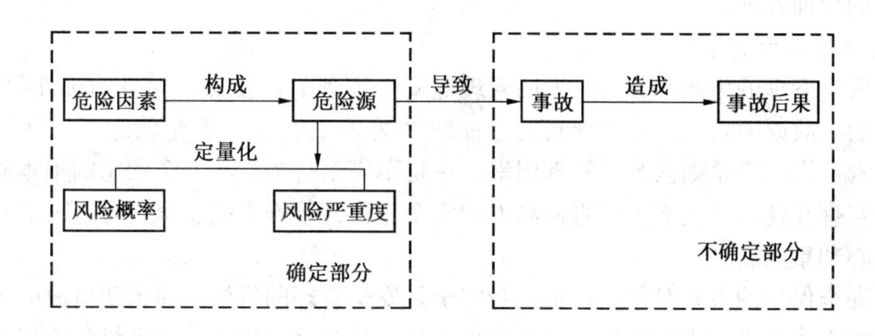

图 2－4　安全相关概念的关系

在现实系统中，危险因素、危险源是客观的和确定的（尽管由于其隐蔽性而难以准确认识），而事故是不确定的。为了防止事故发生，控制事故恶果，就必须开展一系列风险管理工作。包括：在不断努力克服系统中的危险因素的基础上，辨识系统中的各类潜在危险源；确定事故发生的可能性及后果的严重度；采取措施降低风险事件发生的概率、控制风险事件后果的严重程度，从而预防事故发生、控制事故恶果。

风险管理是定量化辨识危险因素和危险源、预防和控制事故的，在安全管理中起到了关系全局、承前启后的关键作用，是安全管理的核心。“事故管理”和“危险管理”的观点都是片面的，“事故管理”容易陷入事故不可知论，造成被动应付事故的局面；而“危险管理”缺乏对危险的定量化认识，因而难以使安全管理进入科学化水平。

2. 系统安全管理原则

安全管理应遵循整体性原理。企业是由车间、班组、工艺单元等众多基本单元构成的，这些单元相互作用、相互关联，构成一个有机的整体。企业安全管理必须以这些基本单元的安全管理为基础和前提，实现局部安全和整体安全的统一，才能使企业安全管理达到协调一致的安全水平，实现企业的整体安全。

安全管理应遵循动态性原理。企业生产环境和工艺条件的变化，必然引起危险源的改变；而企业安全水平的提高又使得安全目标也随之提高。以往安全不代表现在安全，目前安全不代表将来安全，安全管理是随着生产技术水平和企业管理水平的发展，特别是安全科学技术及管理科学的发展而不断发展的。根据安全条件和安全需求的变化，安全管理必须不断调整工作重心，实现安全水平的持续提升。

安全管理应遵循开放性原理。企业在不断总结自身安全管理经验、教训的同时，必须不断地、积极地吸收、消化外部的安全管理经验，学习、领会别人的最新理论和实践研究成果，结合企业自身特点加以创造性的应用，才能使企业自己的安全管理保持较高的水平。

安全管理应遵循环境适应性原理。一方面，就安全管理自身而言，危险源在演化为事故的过程中受到外部、内部环境的影响，安全管理不仅要认识危险源的发展和变化的规律，还要综合判断众多影响因素在其中的作用，才能有效地预防和控制事故的发生；另一方面，就安全管理与其他管理的关系而言，安全管理要融入企业的生产管理、经营管理、质量管理、设备管理等各项工作之中，综合分析各管理领域特点及其对安全的需要，才能实现企业的全面发展。

3. 人本安全管理原则

人是安全管理的主要对象，对人的管理是安全管理的出发点。大量的统计数据表明，80% 以上的事故原因是人的不安全行为，而 20% 左右的物的不安全状态背后往往也凝结着人的因素。海因里希则认为，管理因素是一切不安全行为、不安全状态的根本原因。可见，安全管理在任何时候都应该将提高人的安全意识，培养人的安全素质，改进对人的管理作为中心和重点。

人是安全保护的主要对象，保护人身安全是安全管理的目标。在预防事故的各项措施中，以预防人身伤害为主要措施，在控制事故和应急救援过程中，以不惜代价拯救生命为目标是安全管理中应遵循的基本原则。

4. 权变安全管理原则

安全管理系统中的各个要素，管理者、管理环境、管理手段、管理对象、管理目标等因时、因势处于动态发展和变化之中，是安全管理在主观上必须不断改进的内在动力。安全管理者必须以动态的观点把握安全管理系统运动变化的规律性，及时调节安全管理活动的各个环节和各种关系，以保证安全管理活动达到预定的安全目标。

5. 效益安全管理原则

安全管理的效益体现为社会效益和经济效益两方面。安全管理首先要追求社会效益，通过各项管理措施保障劳动者的安全、健康；通过减少危害和降低事故率保障社会的平安、稳定。安全管理并不排斥对经济效益的追求，恰恰相反，安全管理是实现经济效益的保障和前提。安全管理通过防损、减损（减少人员伤亡、职业病、事故经济损失、环境危害等）而直接产生经济利益。

由于事故造成的损失最终体现在生产成本方面。安全管理还具有增值效益。安全管理在维持生产正常运行过程（经济增值过程）的同时，也保障了生产力的诸因素，调节了生产关系，通过安全管理造就和谐、舒适的作业环境，保护和激发了劳动者的创造力，增加了企业的经济效益。

第四节　企业安全管理系统及其基本要素

一、企业安全管理系统

企业安全管理是通过企业安全管理系统实现的。企业安全管理系统是在企业安全组织框架下，由安全管理主体、安全管理环境、安全管理手段、安全管理客体等基本要素构成的，以实现控制事故、消除隐患、减少损失，达到企业最佳安全水平为目标的整体。如图2－5所示。

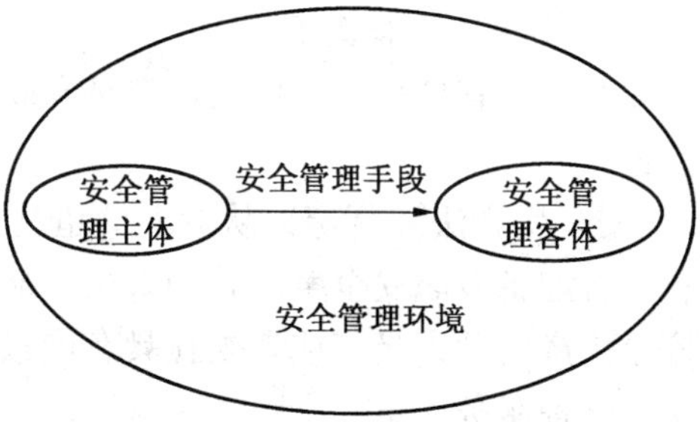

安全管理主体
安全管理手段
安全管理客体
安全管理环境

图2－5　安全管理系统及其基本要素

二、企业安全管理目标

安全目标是为了达到安全目标管理所开展的一系列的组织、协调、指导、激励和控制活动。安全管理目标是在一定的时期内（通常为一年），在国家有关安全法律法规以及各项规章制度的约束下，结合企业生产经营的具体情况，自上而下的降低生产风险，预防和控制各类事故的各项安全目标的总和。

安全目标管理的基本程序及内容是：年初，在企业安全负责人和安全组织机构的领导下，结合企业经营管理的总目标，制定安全管理目标。然后经过协商，自上而下地层层分解，制定各级、各部门直到每个职工的安全目标。在制定分级目标时，要把安全目标和经济发展指标放在一起，还应把责、权、利也逐级分解，做到目标与责、权、利的统一。通过开展一系列组织、协调、指导、激励、控制活动，依靠全体职工自下而上的努力，保证各自目标的实现，最终实现安全管理总目标。年末，对各级安全目标的实现情况进行考核，并给予相应的奖惩。在此基础上，讨论总结，再制定新的安全目标，进入下一年度的循环。

三、企业安全管理组织

1. 安全生产管理机构

安全生产管理机构是专门负责企业安全生产监督管理的内设机构。其主要职责是落实国家有关安全生产的法律法规，组织生产经营单位内部各种安全检查活动，负责日常安全检查，及时整改各种事故隐患，监督安全生产责任制的落实等。安全生产管理组织机构的结构、责任、权限分配对安全管理的实施具有重大的影响。企业安全管理组织机构的一般组成可用图2－6表示。

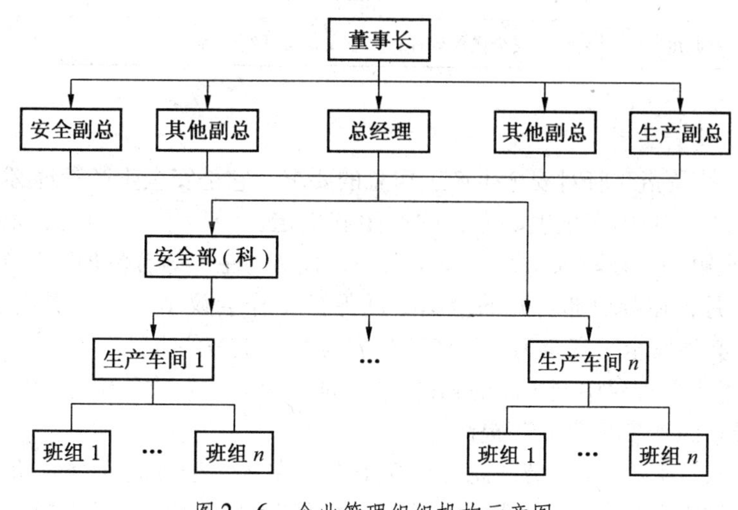

图2－6　企业管理组织机构示意图

2. 安全管理人员配置

安全生产管理机构工作人员都是专职安全生产管理人员。它是企业安全生产的重要组织保证。

《安全生产法》规定，从业人员超过三百人的生产经营单位，应当设置安全生产管理机构或者配备专职安全生产管理人员。从业人员在三百人以下的，应当配备专职或者兼职的安全生产管理人员，或者委托具有国家规定的相关专业技术资格的工程技术人员提供安全生产管理服务。

四、企业安全管理环境

1. 安全生产法律法规

安全法制管理是市场经济体制下搞好安全生产的需要。安全法律法规作为刚性要求限定了企业的生产经营和安全管理行为，是企业安全管理必须遵守的最基本的约束条件。

我国政府历来高度重视安全生产法制建设，采取了一系列行之有效的措施，积极推动安全生产立法的完善和加强安全生产执法力度。一直以来，立法工作机关始终把安全生产立法作为重中之重，不断建立和完善安全生产的各种法律、法规、规章等。

我国安全法制管理所依据的安全法律体系具有表 2－1 所示的 5 个层次。

表 2－1　工业安全法律体系（按法规、法律特性划分）

层次	定义	主要法规
1	国家一般法	《宪法》《刑法》《安全生产法》《环境保护法》《职业病防治法》《消防法》《劳动法》等
2	国家安全专业综合法规	《危险化学品安全管理条例》《职业病防治法》《道路交通管理条例》《仓库防火安全管理条例》等
3	国家安全技术标准	2000 种
4	行业、地方法规	建筑安装工人安全技术操作规程；油船、油码头防油气中毒规定；爆炸危险场所安全规定；压力管道安全管理与监察规定；省（市）安全生产条例等
5	企业规章制度	企业安全操作规程；企业安全责任制度等

2. 国家安全生产方针

安全生产方针是指政府对安全生产工作总的要求，它是安全生产管理必须遵循的基本原则和工作的方向。我国安全生产方针的产生和确定，经历了“生产必须安全、安全为了生产”；“安全第一，预防为主”；“安全第一，预防为主，综合治理”三个发展阶段。

1952 年 12 月，在劳动部召开的全国劳动保护工作会议上，明确提出了安全生产方针，即：“生产必须安全、安全为了生产”的安全生产统一的方针。

1957 年周恩来总理对中国民航的题词：“保证安全第一，改善服务工作，争取飞行正常”，是我国最早的“安全第一”提法。

1981 年 3 月，国家经委、劳动总局等 9 个部门在《关于开展安全活动的通知》中提出：“进一步贯彻安全生产方针，树立安全第一思想”，同时要求“预防为主”。

1983 年 4 月 20 日，劳动人事部、国家经委、全国总工会在《关于加强安全生产和劳动安全监察工作的报告》中提出“必须树立‘安全第一’的思想，坚决贯彻预防为主的方针。”

1987 年，在全国劳动安全监察会议上，进一步明确提出“安全第一、预防为主”的方针。此后的表述一般为：在安全生产中贯彻“安全第一、预防为主”的方针。

2002 年 7 月 1 日发布的《安全生产法》表述为：安全生产管理坚持安全第一、预防为主的方针。

2005 年 10 月 11 日，中共中央第十六届五中全会通过的《中央关于制定十一五规划的建议》指出：保障人民群众生命财产安全。坚持安全第一、预防为主、综合治理，落实安全生产责任制，强化企业安全生产责任，健全安全生产监督体制，严格安全执法，加强安全生产设施建设。

2006 年 3 月 27 日，胡锦涛总书记在中共中央政治局集体学习时强调：加强安全生产工作，关键是要全面落实“安全第一、预防为主、综合治理”的方针，做到思想认识上警钟长鸣、制度保证上严密有效、技术支撑上坚强有力、监督检查上严格细致、事故处理上严肃认真。

“安全第一”指安全（生产）是一切经济部门和企业的头等大事，是企业领导的第一职责。在处理安全与生产的关系时，坚持安全第一、生产其次，生产必须安全，抓生产必须首先抓安全；当安全与生产对立时，生产必须服从安全，在保证安全的条件下进行生产。在确保安全的前提下，努力实现生产经营的其他目标。

“预防为主”，就是说，对安全生产的管理，主要不是在发生事故时的抢救、调查、追责、堵漏，更为重要的是要尊重科学、探索规律，采取有效的事前控制措施，千方百计预防事故的发生，做到防患于未然，将事故消灭在萌芽状态。虽然生产中还不可能完全杜绝安全事故，但只要思想重视，预防措施得当，特别是重大事故是可以大大减少的。

“综合治理”是一种新的安全管理模式，它是保证“安全第一，预防为主”的安全管理目标实现的重要手段。把“综合治理”充实到安全生产方针之中，反映了近年来我国在进一步改革开放过程中，安全生产工作面临着多种经济所有制并存，而法制尚不健全完善、体制机制尚未理顺，以及急功近利的只顾快速不顾其他的发展观与科学发展观体现的又好又快的安全、环境、质量等要求的复杂局面，充分反映了近年来安全生产工作的规律特点。

3. 安全生产管理体制

安全生产管理体制为了贯彻“安全第一，预防为主，综合治理”的方针，实现安全生产，就必须建立一个衔接有序、运作有效、保障有力的安全生产管理体制。

我国安全生产管理体制的构建，经历了长期的认识、建设和发展的过程。

1984 年“国办 103 号”文件，首次提出了我国安全生产工作是“国家监察、行政管理、群众监督”的三结合体制。

1984 年“国务院 50 号”文件，将我国安全生产工作发展为“企业负责、行业管理、国家监察、群众监督”的四结合体制。

1996 年 1 月 22 日，在全国安全电视电话会议上，进一步确立了“安全生产工作体制”，即“企业负责、行政管理、国家监察、群众监督、劳动者遵章守纪”的体制，加强了企业的安全生产责任，对劳动者遵章守纪提出了具体的要求。

在“企业负责、行业管理、国家监察、群众监督、劳动者遵章守纪”的安全生产管理体制中，主要是由前4个方面控制不同层次，从不同角度构成安全生产管理的宏观体制，这4个方面相互配合、相互协调，共同实现安全生产的总目标。其中，企业负责是指企业在生产经营过程中，承担着严格执行国家安全生产的法律、法规和标准，建立健全安全生产规章制度，落实安全技术措施，开展安全教育和培训，确保安全生产的责任和义务；行业管理就是由行业主管部门，根据国家的安全生产方针、政策、法规在实施本行业宏观管理中，帮助、指导和监督本行业各企业的安全生产工作；国家监察即国家劳动安全监察，它是由国家授权某政府部门对各类具有独立法人资格的企事业单位执行安全法规的情况进行监督和检查，用法律的强制力量推动安全生产方针、政策的正确实施；群众监督就是广大职工通过工会或职工代表大会等自己的组织，监督和协助企业各级领导贯彻执行安全生产方针、政策和法规，不断改善劳动条件和环境，切实保障职工享有生命与健康的合法权益。

2002年7月1日发布的《安全生产法》将安全生产管理体制表述为：政府统一领导，部门依法监督，企业全面负责，群众参与监督，全社会广泛支持。

“政府统一领导”是指安全生产工作必须是在国务院和地方各级人民政府的统一领导下，各生产单位依据国家关于安全生产的法律、法规和标准要求开展工作。

“部门依法监督”是指安全生产监管部门和相关部门，对企事业单位及有关单位的依法履行安全生产职责和执行安全生产法规情况，依法进行综合监督管理和专项监督管理。

“企业全面负责”是指企业是安全生产责任的主体，企业主要负责人对企业安全生产负全责。

“群众参与监督”是指工会组织代表职工依法对企业安全生产法律、法规的贯彻实施情况进行监督，维护职工的合法权益。

“全社会广泛支持”是指发挥全社会各方面的作用，形成全社会关爱生命、关注安全的氛围。新闻媒体的参与，让更多的安全生产腐败问题和涉黑现象得到曝光，使安全生产的监督得到有力的加强。通过工会、共青团等组织，围绕安全生产开展群众性安全生产活动，使更多人接受安全教育。发挥各类协会、学会、中心等社会组织和中介机构的作用，构建信息、法律、技术装备、宣传教育、培训和应急救援等安全生产支撑体系。

4. 安全生产基本条件

《安全生产法》规定，国家实行安全生产准入制度。即生产经营单位必须具备法律、法规和国家标准或者行业标准规定的安全生产条件，不符合安全生产条件的，不得从事生产经营活动。国家对于不同类型的企业，提出了不同的安全生产条件要求。

对于危险性较大的矿山、危险化学品、烟花爆竹、民用爆破器材等生产企业，为了严格规范企业的安全生产条件，加强安全生产监督管理，防止和减少安全生产事故，切实保障职工的生命安全和健康，国务院于2004年1月颁布了《安全生产许可证条例》。

该条例规定，企业取得安全生产许可证，应当具备下列安全生产条件：

（1）建立健全安全生产责任制，制定完备的安全生产规章制度和操作规程。

（2）安全投入符合安全生产要求。

（3）设置安全生产管理机构，配备专职安全生产管理人员。

（4）主要负责人和安全生产管理人员经考核合格。

（5）特种作业人员经由业务主管部门考核合格，取得特种作业操作资格证书。

（6）从业人员经安全生产教育和培训合格。

（7）依法参加工伤保险，为从业人员缴纳保险费。

（8）厂房、作业场所和安全设施、设备、工艺等符合有关安全生产法律、法规、标准和规程的要求。

（9）有职业危害防治措施，并为从业人员配备符合国家标准或者行业标准的劳动防护用品依法进行安全评价。

（10）有重大危险源检测、评估、监控措施和应急预案。

（11）有生产安全事故应急救援预案，为应急救援组织或者应急救援人员配备必要的应急救援器材和设备。

（12）法律、法规规定的其他条件。

五、企业安全管理主体

企业安全管理的主体是具有安全管理权力、承担安全责任的部门、机构或个人。

全员参与是企业安全管理的重要特征，是我国安全生产管理体制决定的。《安全生产法》对于不同的人群都赋予了一定的安全管理权力。因此，从狭义上说，企业安全管理的主体是对企业安全生产承担主要责任的管理人员；从广义上说，企业安全生产相关的人员、社会监督人员以及所有企业员工都可以而且应当成为安全管理的主体。

1. 企业安全管理人员

企业安全管理人员包括：企业主要负责人（法人、主要经理人等）、安全生产管理人员、各级生产技术管理人员等，是代表企业，承担安全生产主体责任的主要责任人。

（1）企业主要负责人。《安全生产法》规定，企业主要负责人是本单位安全生产的第一责任者，对企业的安全生产工作全面负责。企业主要负责人需要了解、熟悉国家有关安全生产的法律、法规、规章、规程和国家标准、行业标准，需要建立健全安全生产责任制，需要听取有关安全生产的汇报，需要参与各种安全大检查，以及其他有关安全生产的工作等，这就迫切要求主要负责人掌握与本单位生产活动有关的安全生产知识。只有这样，才能真正搞好安全生产工作，保障生产单位安全生产，防止和减少各类生产安全事故的发生。

（2）安全生产管理人员。安全生产管理人员是生产单位专门负责安全生产管理的人员，是国家有关安全生产法律、法规、方针、政策在本单位的具体贯彻执行者。是企业安全生产规章制度的具体落实者。安全生产管理人员知识水平的高低、工作责任心的强弱，对生产单位的安全生产起着重要作用。这里讲的安全生产管理人员，是所有从事安全生产管理人员的总称，它既包括安全生产管理机构的负责人，也包括生产单位主管安全生产的负责人，既指专职的安全生产管理人员，也指兼职的安全生产管理人员。

安全生产管理人员必须具备与本单位所从事的生产活动相适应的安全知识和管理能力，才能保障生产单位的安全生产。国家规定，企业安全生产管理人员也必须经过有关主管部门的考核，考核合格后，方可上岗。

(3) 生产技术管理人员。依据“管生产必须管安全”的原则，企业各级生产技术管理人员应该提高安全意识，强化对生产技术管理过程中的安全管理，承担相应的安全责任。

企业的生产管理、经营管理、质量管理、设备管理等各岗位的技术管理人员，必须根据各管理领域特点及其对安全的需要，掌握相应的安全管理知识和技能，根据安全责任制的规定，自觉地、主动地将安全工作融入所从事的岗位工作中，为实现企业整体、全面的安全而努力。

2. 企业安全生产相关的人员

1）政府安全生产监督管理人员

政府安全生产监督管理人员包括：各级安全监督部门管理人员、政府聘请的安全生产监督检查人员、消防系统安全管理人员、特种设备监管人员等。

《安全生产法》规定，国务院和地方各级人民政府应当加强对安全生产工作的领导，支持、督促各有关部门依法履行安全生产监督管理职责。县级以上人民政府对安全生产监督管理中存在的重大问题应及时协调、解决，各级人民政府有关部门依法在各自的职责范围内对有关的安全生产工作实施监督管理。采取多种形式，加强对有关安全生产的法律、法规和安全生产知识的宣传，提高职工的安全生产意识。

公安机关消防机构安全管理人员依据国家《消防法》，代表政府负责对企业等单位遵守消防法律、法规的情况依法进行监督检查。包括消防设计审核、消防验收和消防安全检查等管理工作。

特种设备监管人员依据国家《特种设备安全监察条例》，代表政府负责对企业涉及生命安全、危险性较大的锅炉、压力容器（含气瓶）、压力管道、电梯、起重机械、客运索道、大型游乐设施和场（厂）内专用机动车辆等特种设备的生产（含设计、制造、安装、改造、维修与项目）、使用、检验检测及其监督检查等管理工作。

生产经营单位对负有安全生产监督管理职责的部门的监督检查人员依法履行监督检查职责，应当予以配合，不得拒绝、阻挠。

2）安全中介机构人员

安全中介机构包括：安全评价机构、安全工程师事务所、安全技术服务机构人员等。《安全生产法》规定，依法设立的为安全生产提供技术服务的中介机构，依照法律、行政法规和执业准则，接受生产经营单位的委托为其安全生产工作提供技术服务。承担安全评价、认证、检测、检验的机构应当具备国家规定的资质条件，并对其做出的安全评价、认证、检测、检验的结果负责。

3）社会监督人员

社会监督人员包括：人民代表、政协委员、媒体人士、社会公众等热心安全生产的人员。

4）企业从业人员

企业从业人员作为安全管理的对象，也在一定程度上可以成为安全管理者。《安全生产法》分别赋予企业从业人员及工会组织安全管理的权利。

六、企业安全管理手段

企业的安全管理手段包括：行政手段、法制手段、经济手段、文化手段、科学手段等，安全生产管理的基本制度和措施是实施安全管理手段的依据和保证。根据国家《安全生产法》，企业应承担安全生产的主体责任，必须遵守《安全生产法》和其他有关安全生产的法律、法规，加强安全生产管理，建立健全安全生产责任制度，完善安全生产条件，确保安全生产。

安全生产管理的基本制度和措施主要包括以下几方面：

（1）安全生产的市场准入制度。即生产经营单位必须具备法律、法规和国家标准或者行业标准规定的安全生产条件，不符合安全生产条件的，不得从事生产经营活动。

（2）生产经营单位主要负责人对本单位安全生产全面负责的制度。

（3）企业必须依法设置安全生产管理机构或安全生产管理人员的制度。

（4）对生产经营单位的主要负责人，安全生产管理人员和从业人员进行安全生产教育，培训、考核的制度。

（5）对特种作业人员实行资格认定和持证上岗的制度。

（6）建设工程项目的安全措施应当与主体工程同时设计、同时施工、同时投入生产和使用的“三同时”制度。

（7）对部分危险性较大的建设工程项目实行安全条件论证、安全评价和安全措施验收制度。

（8）安全设备的设计、制造、安装、使用、检测、维修和报告必须符合国家标准或行业标准的制度。

（9）对危险性较大的特种设备实行安全认证和使用许可，非经认证和许可不得使用的制度。

（10）对从事危险品的生产经营活动实行审批和严格监管的制度。

（11）对严重危及生产安全的工艺、设备予以淘汰的制度。

（12）生产经营单位对重大危险源的登记建档及向安全监督管理部门报告备案的制度。

（13）对爆破、吊装等危险作业的现场安全管理制度。

（14）生产经营单位的安全生产管理人员对本单位安全生产状况的经常性检查、处理、报告和记录的制度等。

安全生产管理的基本制度和措施的核心是安全生产责任制度、安全教育制度和安全检查制度。

1. 安全生产责任制度

安全生产责任制是指从制度上对企业所有人员和所有部门在其各自职责范围内对安全工作应负的责任做出明确的规定，并遵照执行。安全生产责任制是企业岗位责任制的组成部分，是企业中最基本的一项安全制度。它是根据“预防为主”的原理和“管生产必须管安全”的原则，规定企业各级领导、职能部门、各类技术人员和生产工人在生产劳动中应该担负的安全责任，是安全生产过程中责、权、利的体现。

安全生产责任制把安全管理组织体系协调和统一起来，使企业的安全责任纵向到底、横向到边，形成安全责任体系，便于安全生产各项规章制度的贯彻、执行、监督、检查和总结。使得安全生产工作事事有人管、层层有责任，使企业的各级领导和广大职工分工协作，共同努力切实做好安全生产工作。

安全生产责任制的内容就是对安全职责的具体规定，其范围较广，不同企业安全生产责任制均有所不同，具体内容应根据企业实际情况加以规定。

2. 安全教育制度

安全教育是企业为提高职工安全技术水平和防范事故能力而进行的教育培训工作。安全教育的内容主要包括：安全生产思想教育；安全生产方针政策教育；安全技术知识教育；典型经验和事故教训教育以及现代安全管理知识教育。

3. 安全检查制度

安全检查是根据企业生产特点，对生产过程中的安全进行经常性的、突击性的或者专业性的检查。安全检查是企业安全生产的重要措施，是安全管理的重要内容。《安全生产法》第三十八条指出："生产经营单位的安全生产管理人员应当根据本单位的生产经营特点，对安全生产状况进行经常性检查：对检查中发现的安全问题，应当立即处理；不能处理的，应及时报告本单位有关负责人。检查及处理情况应当记录在案。"

七、企业安全管理客体

企业安全管理客体即管理对象，包括安全管理所涉及的人、财、物、时间、信息等。企业通过计划、组织、领导和控制实施对这些管理对象的安全管理。相关内容将在本书以后的章节中介绍。

复习思考题

1. 简述管理、管理系统的概念。
2. 解释管理的基本原理。
3. 简述安全管理、安全管理学的概念。
4. 简述安全、危险和危险源、风险、事故的概念，说明其相互关系。
5. 为什么说风险管理是安全管理核心内容？
6. 安全管理必须遵循哪些基本原则？
7. 简述安全管理系统的基本结构。
8. 安全管理的主体是由哪些人员构成的？
9. 安全管理有哪些外部环境？
10. 安全管理有哪些内部环境？
11. 安全管理的手段需要哪些制度保障？

第三章 安全文化

本章概要和学习要求

本章主要讲述了安全文化概念、安全文化和安全管理的关系，以及安全文化的建设。通过本章学习，要求学生了解安全文化、理解安全文化在安全管理中的作用，掌握安全文化建设的核心内容。

安全文化是持续实现安全生产的不可或缺的软支撑。随着社会实践和生产实践的发展，人们发现仅靠科学管理手段往往达不到生产的本质安全化，需要有制度和科学管理手段的补充和支撑；而管理制度等虽然有一定的效果，但是安全管理的有效性在很大程度上依赖于管理者和被管理者对事故原因与对策是否达成一致性认识，取决于对被管理者的监督和反馈是否科学，取决于是否形成了有利于预防事故的安全文化。在安全管理上，时时处处监督企业每一位员工遵章守纪的情况，是一件困难的事情，有时是不可能的，甚至出现这样的结果：要么矫正过度导致安全管理失灵，要么忽视约束和协调出现安全管理的漏洞。优秀的安全文化应体现在人们处理安全问题有利的机制和方式上，不仅有利于弥补安全管理的漏洞和不足，而且是对预防事故、实现安全生产的长治久安强有力的支撑。因为倡导、培育安全文化可以使人们对安全事物产生兴趣，树立正确的安全观和安全理念，使被管理者在内心深处认识到安全是自己所需要的，而非别人所强加的；使管理者认识到不能以牺牲劳动者的生命和健康来发展生产，从而“以人为本”落到实处，安全生产工作变外部约束为主体自律，以达到减少事故、提升安全水平的目的。

第一节 安全文化概述

文化是人类群体带有传统、时代和地域特点的、明显的或隐含的处理问题的方式和机制。安全文化反映的就是一定时期和地域条件下，组织和个人明显的或隐含的处理安全问题的方式和机制。显然，好的安全文化有利于安全管理，有利于事故预防；不好的安全文化阻碍安全管理甚至导致其失灵，容易造成事故的发生。

一、安全文化的起源与发展

安全文化伴随着人类的产生而产生、伴随着人类社会的进步而发展。但是，人类有意识地发展安全文化还仅仅是近20年的事情。1986年，国际原子能机构核安全咨询组织（INSAG）在其提交的《关于切尔诺贝利核电厂事故后的审评总结报告》中首次使用了“安全文化”一词，标志着核安全文化概念被正式引入核安全领域。同年，美国国家航空航天局（NASG）也将安全文化的理念应用到航空航天的安全管理工作中。1988年，国际原子能机构又在其《核电厂基本安全原则》中将安全文化理念作为一种重要的管理原则予以落实，并渗透到核电厂以及核能相关领域中。随后，国际原子能机构在1991年出版的安全从书（即INSAG－4报告）中，首次提出了对核安全文化的定义：“核安全文化是存在于组织和个人中的种种特性和态度的总和，它建立了一种超出一切之上的观念，即核电厂的安全问题由于它的重要性要保证得到应有的重视。”

我国核工业总公司紧随国际核工业安全的发展趋势，不失时机地把国际原子能机构的研究成果和安全理念介绍到我国，于1992年引进出版了国际原子能机构的《核安全文化》一书的中文版。1993年，时任劳动部部长的李伯勇同志指出：“要把安全工作提高到安全文化的高度来认识。”在这一认识基础上，我国的安全科学界把这一高技术领域的思想引入到传统产业，把核安全文化深化到一般安全生产与安全生活领域，从而形成了一般意义上的安全文化。安全文化从核安全文化、航空航天安全文化到企业安全文化，逐渐拓宽到全民安全文化。

伴随着人类的生存与发展，人类的安全文化可分为四大发展阶段：

（1）17世纪前，人类的安全观念是宿命论，行为特征是被动承受型，这是人类古代安全文化的特征。

（2）17世纪末期至20世纪初，人类的安全观念提高到经验论水平，行为方式有了“事后弥补”的特征，这种由被动的行为方式变为主动的行为方式，由无意识变为有意识的安全观念，不能不说是一种进步。

（3）20世纪50年代，人类对高新技术的不断应用，如宇航技术的利用、核技术的利用以及信息化社会的出现，使人类的安全认识论进入本质论阶段，超前预防型成为现代安全文化的主要特征，这种高技术领域的安全思想和方法论推进了传统产业和技术领域的安全手段和对策的进步。

（4）20世纪70年代，随着工业社会的发展和技术的进步，人类的安全认识论进入到系统论阶段，从而在方法论上能够推行安全生产与安全生活的综合型对策，进入了近代的安全文化阶段。

由此，可归纳人类安全文化的发展脉络见表3－1。

表3－1　人类安全文化的发展脉络

各时代的安全文化	观念特征	行为特征
古代安全文化	宿命论	被动承受型
近代安全文化	经验论	事后型，亡羊补牢
现代安全文化	系统论	综合型，人、机、环境对策
发展的安全文化	本质论	超前预防型

安全文化理论与实践的认识和研究是一项长期的任务，随着人们对安全文化的理解、运用和实践的不断深入，人类安全文化的内涵必定会丰富起来；社会安全文化的整体水平也会不断提高；企业也将通过安全文化的建设，使员工安全素质得以提高，事故预防的人文氛围和物化条件得以实现。

通过对安全文化的研究，人类已能初步认识到：发展安全文化的方向定位是面向现代化，面向新技术，面向社会和企业的未来，面向决策者和社会大众；发展安全文化的基本要求是要体现社会性、科学性、大众性和实践性；发展建设安全文化的最终目的是为人类生活的安康和生产的安全提供精神动力、智力支持、人文氛围和物态环境。

二、安全文化的定义

要对安全文化下定义，首先需要引用文化的概念。目前对于文化的定义有100余种。显然，从不同的角度，在不同的领域，为了不同的应用目的，对文化的理解和定义是不同的，从安全行业来定义和理解：文化是明显的或隐含的处理问题的方式和机制；在一种不断满足需要的试图中，观念、习惯、习俗和传说在一个群体中被确立并在一定程度上规范化；文化是一种生活方式，它产生于人类群体，并被有意识或无意识地传给下一代。

在安全生产领域，一般从广义角度来理解文化的含义，这里的文化不仅仅是通常的“学历”“文艺”“文学”“知识”的代名词，从广义的概念来认识，“文化是人类活动所创造的精神财富和物质财富的总和”。由于对文化的不同理解，就会产生对安全文化的不同定义。归纳关于安全文化定义的论述，一般有“狭义说”和“广义说”两类。

“狭义说”的定义强调安全文化内涵的某一层面，例如，人的素质、企业文化范畴等。西南交通大学曹琦教授在分析企业各层次人员的本质安全素质结构的基础上，提出了安全文化的定义：安全文化是安全价值观和安全行为准则的总和。安全价值观是指安全文化的内层结构，安全行为准则是指安全文化的表层结构。他还指出我国安全文化产生的背景具有现代工业社会生活、现代工业生产和企业现代管理的特点。上述两种定义都具有强调人文素质的特征。其次还有定义认为：安全文化是社会文化和企业文化的一部分，特别是以企业安全生产为研究领域，以事故预防为主要目标。或者认为：安全文化就是运用安全宣传、安全教育、安全文艺、安全文学等文化手段开展的安全活动。这两种定义主要强调了安全文化应用领域和安全文化的手段方面。

“广义说”把“安全”和“文化”两个概念都做广义解。安全不仅包括生产安全，还扩展到生活、娱乐等领域，文化的概念不仅包含了观念文化、行为文化、管理文化等人文方面，还包括物态文化、环境文化等硬件方面。广义的定义有以下几种：

（1）英国保健安全委员会核设施安全咨询委员会（ISCASN）认为，国际原子能机构核安全咨询组织的安全文化定义是一个理想化的概念，定义中没有强调能力和精通等必要成分，并对安全文化提出了修正的定义：一个单位的安全文化是个人和集体的价值观、态度、能力和行为方式的综合产物，它决定于保健安全管理上的承诺、工作作风和精通程度。具有良好安全文化的单位有如下特征：在相互信任基础上的信息交流；共享安全是重要的交流；对预防措施效能的信任。

（2）美国学者道格拉斯·韦格曼（Douglas Wegman）等人，在2002年5月向美国联邦管理局提交的一份安全文化总结报告中对安全文化的定义是：安全文化是由一个组织的各层次、各群体中的每一个人所长期保持的，对职工安全和公众安全的价值优先性的认识。它涉及每个人对安全承担的责任，保持、加强和交流对安全关注的行动，主动从失误中吸取教训，努力学习、调整并修正个人和组织的行为，并且从坚持这些有价值的行为模式中获得奖励等。道格拉斯·韦格曼等人的论述提供了对安全文化表征的认识，即安全文化的通用性表征至少有5个方面：组织的承诺、管理的参与程度、员工授权、奖励系统和报告系统。

（3）国内研究者的定义是：在人类生存、繁衍和发展的历程中，在其从事生产、生活乃至实践的一切领域内，为保障人类身心安全（含健康）并使其能安全、舒适、高效地从事一切活动，预防、避免、控制和清除意外事故和灾害（自然的或人为的）；为建立起安全、可控、和谐、协调的环境和匹配运行的安全体系；为使人类变得更加安全、康乐、长寿，使世界变得友爱、和平、繁荣而创造的安全物质财富和安全精神财富的总和。还有的学者认为：安全文化是人类安全活动所创造的安全生产、安全生活的精神、观念、行为与物态的总和。这种定义是建立在大安全观和大文化观的概念基础上，安全观方面包括企业安全文化、全民安全文化、家庭安全文化等，文化观方面既包括精神、观念等意识形态的内容，也包括行为、环境、物态等实践和物质的内容。

上述定义有以下共同点：①文化是观念、行为、物态的总和，既包括主观内涵，也包括客观存在；②安全文化强调人的安全素质，要提高人的安全素质需要综合的系统工程；③安全文化是以具体的形式、制度和实体表现出来的，并具有层次性；④安全文化具有社会文化的属性和特点，是社会文化的组成部分，属于文化的范畴；⑤安全文化最重要的领域是企业的安全文化，发展并建设安全文化，最终要建设好企业安全文化。

上述定义的不同点在于：①内涵不同，广义的定义既包括了安全物质层又包括了安全精神层，狭义的定义主要强调精神层面；②外延不同，广义的定义既涵盖企业，又涵盖公共社会家庭、大众等领域，狭义的定义则局限于文化或安全的某一层面。

三、安全文化的研究对象和范围

1. 安全文化的研究对象

安全文化的研究对象是以辩证、历史、唯物的文化观，研究人类在生存、繁衍和发展的历程中，在生产及实践活动的一切领域内，为保障人类身心安全与健康并使其能安全、健康、舒适、高效地从事一切活动，预防、避免或控制、减轻灾害（自然灾害及人为灾害）和风险，所创造的安全物质财富和安全精神财富。其重中之重是研究如何在自然环境（生产、生活与生存）和社会环境（人文）中保护人民的身心安全与健康。

安全文化研究对象突出了人的身心安全与健康，其内容包括了为此目标的实现而创造的安全物及精神范畴的一切财富和一切环境，即一切为之服务和提供保障条件的安全"硬件"和安全"软件"；突出了"以人为本""人命关天""安全第一"的思想，也是生存权、劳动权、珍惜生命、关爱人民、尊重人权的重要体现。我国的专家、学者倡导和弘扬的安全文化，是珍爱人民身心安全与健康的文化；是推进社会物质文明和精神文明，保障社会安宁与稳定发展的文化；是促进安全生产、安康文明生活，保护人与环境和谐的大众安全文化，也是为民众和社会积善积德、功德无量的安全伦理文化。安全文化的研究强调大安全文化观，即广义安全文化观研究的对象和范围。

2. 安全文化的研究范围

安全文化涉及人类生存、繁衍和发展历程中人类所从事生产、生活乃至生存活动的一切领域。随着社会的发展，安全文化研究的范围已从安全技术的范围拓展到非技术的安全领域，从自然科学领域拓展到社会科学领域，进而发展到安全经济学、安全心理学、安全行为学、安全思维学、安全法学、安全人机工效学、安全教育学、安全社会学、安全减灾学、安全风险学、安全宇航学、安全系统学等领域。

当代人的身心安全与健康，在任何时候、任何地方、任何活动空间都必须有可靠的安全保障以及和谐安全的社会环境。而在不同时候、不同地方和不同的空间就会形成各有特点的安全文化领域。例如，从安全科技文化的角度考虑，就可以给出很多的分支，科学仅是一种特殊的文化过程，因为科学是文化的一种载体，文化是科学的基础和母体。在一定的社会时代、一定的经济基础、一定的文化背景下，有什么样的文化，就有可能出现与之相应的文化领域。

从安全文化与安全科学的关系、安全文化研究的对象，以及安全文化活动所涉及的一切领域可以看出，研究安全问题，探讨人类从事一切活动的身心安全与健康问题，必须树立大安全观。大安全观作为一个永恒发展着的安全哲学观和安全科技观，其涉及的必然是人类生产、生活和生存的各个领域。

四、安全文化的范畴、功能及作用

1. 安全文化的范畴

“防为上，救次之，戒为下”。安全文化统筹兼顾“防”“救”“戒”，突出“防”。安全文化是具有一定模糊性的一个大概念，它包含的对象、领域、范围是广泛的。安全文化的范畴可从如下3个方面来理解。

1）安全文化的形态体系

从文化的形态来说，安全文化的范畴包含安全观念文化、安全行为文化、安全管理文化和安全物态文化。安全观念文化是安全文化的精神层，也是安全文化的核心层，安全行为文化和安全管理文化是中层部分；安全物态文化是表层部分，或称为安全文化的物质层。安全文化的层次结构如图3－1所示。

图3－1　安全文化的层次结构

（1）安全观念文化。安全观念文化主要是指决策者和大众共同接受的安全意识、安全理念、安全价值标准。安全观念文化是安全文化的核心和灵魂，是形成和提高安全行为文化、制度文化和物态文化的基础和原因。目前需要建立的安全观念文化主要有预防为主的观念；安全也是生产力的观念；安全第一、以人为本的观念；安全就是效益的行为观念；安全性是生活质量的观念；风险最小化的观念；最适安全性的观念；安全超前的观念；安全管理科学化的观念等。同时还要有自我保护的意识、保险防范的意识、防患于未然的意识等。

（2）安全行为文化。安全行为文化是指在安全观念文化指导下，人们在生产和生活过程中所表现出的安全行为准则、思维方式、行为模式等。行为文化既是观念文化的反映，同时又作用并改变观念文化。现代工业化社会需要发展的安全行为文化、科学的安全思维、强化高质量的安全学习、执行严格的安全规范、进行科学的安全领导和指挥、掌握必需的应急自救技能、进行合理的安全操作等。

（3）安全管理（制度）文化。管理文化对社会组织（或企业）和组织人员的行为产生规范性、约束性影响和作用，它集中体现观念文化和物态文化对领导和员工的要求。安全管理文化的建设包括建立法制观念、强化法制意识、端正法制态度，科学地制定法规、标准和规章，严格的执法程序和自觉的守法行为等。同时，安全管理文化建设还包括行政手段的改善和合理化、经济手段的建立与强化等。

（4）安全物态文化。安全物态文化是安全文化的表层部分，它是形成观念文化和行为文化的条件。从安全物态文化中往往能体现出组织或企业领导的安全认识和态度，反映出企业安全管理的理念和哲学，折射出安全行为文化的成效。所以说物质既是文化的体现，又是文化发展的基础。对于企业来说，安全物态文化主要体现在：①人类技术和生活方式与生产工艺的本质安全性；②生产和生活中所使用的技术和工具等人造物及与自然相适应有关的安全装置、仪器、工具等物态本身的安全条件和安全可靠性。

2）安全文化的对象体系

从安全文化的作用对象来说，文化是针对具体的人而言的，面对不同的对象，即使是同一种文化也会有所区别。因此，针对不同的对象，安全文化所要求的内涵、层次、水平也是不同的，这就是安全文化对象体系的内容。

以企业安全文化为例，其对象一般有5种：企业法人代表或企业决策者、企业生产各级领导（职能处室领导、车间主任、班组长等）、企业安全专职人员、企业职工、职工家属。例如，企业法人代表的安全文化素质强调的是安全观念、态度、安全法规，对其不强调安全的技能和安全的操作知识；企业决策者应该建立的安全观念文化包括安全第一的哲学观、尊重人的生命与健康的情感观、安全就是效益的经济观、预防为主的科学观等。

显然，不同的对象要求具有不同的安全文化素质，其具体的知识体系需通过安全教育和培训建立。

3）安全文化的领域体系

从安全文化建设的空间来讲，有安全文化的领域体系问题，即行业、地区、企业由于生产方式、作业特点、人员素质、区域环境等因素，造成的安全文化内涵和特点的差异性及典型性。以企业安全文化为例，安全文化既包括企业内部领域的安全文化，即厂区、车间、岗位等领域的安全文化，也包括企业外部社会领域的安全文化，如家庭、社区、生活娱乐场所等方面的安全文化。

从整体上认清安全文化的范畴，对建设安全文化能起到重要的指导作用。

2. 安全文化的功能及作用

文化具有实践性、人本性、民族性、开放性、时代性。在生活和生产过程中，保障安全的因素有很多，如环境的安全条件，生产设施、设备和机械等生产工具的安全可靠性，安全管理的制度等，但归根结底是人的安全素质，人的安全意识、态度、知识、技能等。安全文化的建设对提高人的安全素质可以发挥重要的作用。人们常说文化是一种力，那么这个“力”有多大？这个“力”表现在哪些方面？从国内外安全生产搞得比较好的企业来看，文化力第一表现为影响力，第二表现为激励力，第三表现为约束力，第四表现为导向力。这四种“力”也可称为四种功能。

（1）影响力是通过观念文化的建设影响决策者、管理者和员工对安全的态度和观念，进而强化企业员工乃至社会成员的安全意识。

（2）激励力是通过观念文化和行为文化的建设，激励每个人安全行为的自觉性，具体对于企业决策者就是要对安全生产投入足够的重视度和积极的管理态度；对于员工则是激励其更加重视安全，自觉遵章守纪。

（3）约束力是通过强化政府行政的安全责任意识，约束其审批权；通过强化安全管理，提高企业决策者的安全管理能力和水平，规范管理行为；通过安全生产制度文化的建设，约束员工的安全生产施工行为，清除违法违章现象。

（4）导向力是对全体社会成员的安全意识、观念、态度、行为的引导。对于不同层次也有不同之处。例如，对于安全意识和态度，无论什么人都应是一致的；而对于安全的观念和具体的行为方式，则会随着具体的层次、角色、环境和责任的不同而不同。

随着工业的发展和社会的进步，安全文化的影响、激励、约束和导向四种功能对安全生产的保障作用将越来越明显地表现出来。这一点在人类的安全科技发展史中已得到充分的证明，即早期的工业安全主要靠安全技术的手段（物化的条件）；在安全技术达标的前提下，进一步提高系统安全性，需要安全管理的手段；要加强管理的力度，人类需应用安全法规的手段；当依靠技术管理和制度等常观方法还难以控制或消灭事故时，必须从文化氛围和文化熏陶的角度展开对人们安全观念的更新和改造，以弥补常规方法的不足，人类便需要筑起一道安全文化防线，依靠文化的功能和力量预防事故，保障安全生产。

第二节　安全文化与安全管理

一、安全文化与安全管理的关系

随着安全管理理论与技术的不断发展深化，安全文化也必将随之而得到升华。为了实现持久的生产、生活与生存安全，需要深入研究安全文化，进一步探索安全文化与安全管理的关系，力争实现两者互为支撑与相互促进，为安全生产保驾护航。

根据安全文化的定义可以看出，安全文化具有意识和现实两种形态，这两种形态在安全管理中都得到了很好的体现。安全文化与安全管理有内在的联系，但不可相互取代，两者相辅相成，又互相促进。

首先，安全文化对安全管理有影响和决定作用，安全文化的水平影响安全管理的方法，安全文化的氛围和特征决定安全管理模式，尤其是对企业来说，安全文化是企业安全生产的灵魂，贯穿于企业的日常安全管理工作的全方位、全过程之中。企业的安全文化对企业搞好安全管理工作的意义重大。

其次，安全文化是安全管理的软手段，在日常安全管理工作中，起着提高人的安全意识、规范人的行为的作用；同时，安全文化管理也是一种新的管理方式，运用灵活、全面能动的手段，充分发挥安全文化在安全管理中的信仰凝聚、行为激励、行为规范、认识导向等作用。

再次，安全管理是安全文化的一种表现形式，是以往安全文化思想与成果在现实形态中的体现，其进步与发展，虽然具有一定的相对独立性，却也丰富了安全文化，为塑造、培育安全文化提供了必要手段。作为安全工作中的管理者，既要懂得如何利用已形成的安全文化去引领约束并规范人们的安全行为，又要知道如何运用管理的手段去塑造并构建安全文化。

最后，管理活动作为人类发展的重要组成部分，广泛体现在社会文化活动中，并带有不同时期的文化特征。安全管理便是安全文化理念及层次水平的反映，有什么样的安全文化就会形成什么样的安全管理，安全管理模式的创新，需要安全文化的不断创新与发展。总之，安全文化能够促进安全管理的理论与机制创新，安全管理的改进与提高反过来又能激励安全文化的传承与发扬。正确处理安全文化与安全管理的关系，无论是对安全文化的培育、优良安全文化氛围的营造，还是对搞好日常安全管理工作，实现安全的生产、生活与生存都有十分深远的意义。

二、安全“三双手”与安全生产“五要素”

我国安全专家提出了实现安全“三双手”和安全生产“五要素”。

实现安全“三双手”是指既看得见又摸得着的手——安全机器装备、工程设施等；看不见但摸得着的手——安全法规、制度等；既看不见又摸不着的手——安全文化、习俗等。其中安全文化是最重要的手。

安全生产“五要素”是指安全文化、安全法制、安全责任、安全科技、安全投入。根据“五要素”的内容，排序对安全生产发挥的作用，不难看出，搞好企业安全文化建设对企业的安全生产有重要的作用。安全文化作为安全生产的第一要素，是企业安全生产的核心，是安全生产的灵魂。特别在当前市场经济发展的社会主义初级阶段，社会处于转型期，伤亡事故出现了频发高涨的趋势，探索新的应对方法，树立新的理念，是非常必要的。相关调查统计显示，80% 乃至更多的事故都与人的不安全行为有关。因此，提升决策者、管理者及劳动者的安全文化理念和科技素质，是预防事故、提升安全生产水平的重要举措。只有把安全生产工作提高到安全文化的高度来认识，并不断提升全社会成员的安全文化及科技素质，安全生产形势才会有根本性的好转。

倡导、弘扬、创新和塑造具有企业特色的安全文化，让劳动者和生产经营者都理解安全生产，具有安全价值观、安全生命观，坚定不移地树立“安全第一、人命关天、珍惜生命、尊重人权”的理念，同时给员工创造培训、深造的机会，使企业员工的安全科技文化素质达到同当代工业发展与时俱进的水平。通过安全文化的物质层面、制度层面、行为层面及价值观念层面潜移默化的影响，使企业员工形成现代工业生产所需的安全意识、安全思维、安全价值观、安全行为规范及安全哲学观。通过安全文化功能与作用的发挥及氛围的熏陶，培养并塑造适应市场经济发展、具有安全文化素质的劳动者。安全文化作为“五要素”之首，是安全生产的基础、核心与灵魂。

第三节　安全文化的建设和发展

一、安全文化建设的核心内容与目标

1. 核心内容

安全文化建设的问题，归根结底是安全价值观念塑造的问题。因此，安全文化建设的核心内容就是安全观念文化的建设。安全观念文化是人们在长期的生产实践活动过程中形成的一切反映人们安全价值取向、安全意识形态、安全思维方式、安全道德观与精神因素的统称。安全观念文化是安全文化发展的最深层次，是指导和明确企业安全管理工作方向

和目标的指南，是激发全体员工积极参与、主动配合企业安全管理的动力。有关安全生产的哲学、艺术、伦理、道德、价值观、风俗和习惯等都是它的具体表现。

安全管理的实践经验表明，受科学技术发展水平的限制，百分之百地保证系统、设备或元件的绝对安全是不可能的，而依靠严格的安全管理、完善的法规制度、健全的监管网络仍然无法杜绝事故的发生。面对这样的形势及安全发展的要求，只有超越传统的常规方法，通过安全观念文化的培养与熏陶，使员工从内心深处形成“关注安全、关爱生命”。自发自觉保安全的本能意识，才能最终实现本质安全。安全观念文化无疑是企业安全文化建设的核心内容。

海尔集团董事局主席兼首席执行官张瑞敏在分析海尔经验时曾说过：“海尔过去的成功是观念和思维方式的成功。企业发展的灵魂是企业文化，而企业文化的核心内容是价值观。”对企业来说，企业安全价值观是企业安全观念文化的集中体现，而安全观念文化是人们关于安全工作以及安全管理的思想、认识、观念、意识，将时时处处指导和影响员工的行动方向和行动效果。

无论是高危企业还是其他任何在经营、生产行为中都有可能出现安全事故的单位，都应该明确企业安全文化建设的核心内容，科学系统地建立健全企业全体员工能认同、理解、接受、执行的先进安全价值观念，并指导全体员工乃至企业外部人员认同、理解、接受、执行这种安全价值观念。

2. 目标

1）全面提高企业全员安全文化素质

企业安全文化建设应以培养员工安全价值观念为首要目标，分层次、有重点全面提高企业职工的安全文化素质。对决策层的要求起点要高，不但要树立“安全第一，预防为主”“安全就是效益”“关爱生命，以人为本”等基本安全理念，还要了解安全生产相关法律法规，勇于承担安全责任；企业管理层应掌握安全生产方面的管理知识，熟悉安全生产相关法律法规和技术标准，做好企业安全生产教育、培训和宣传等工作；企业操作层即基层职工不但要自觉培养安全生产的意识，还应主动掌握必需的生产安全技能。

2）提高企业安全管理的水平和层次

管理活动是人类发展的重要组成部分，它广泛体现在社会文化活动中。企业安全文化建设的目标之一是提升企业安全管理水平和层次。传统安全管理必须向现代安全管理转变，无论是管理思想、管理理念，还是管理方法、管理模式等都需要进一步改进。企业应建立健全职业安全健康管理体系，建立富有自身特色的安全管理体系，针对企业自身风险特点和类型实施超前预防管理。

3）营造浓厚的安全生产氛围

通过丰富多彩的企业安全文化活动，在企业内部营造一种“关注安全，关爱生命”的良好氛围，促使企业更多的人和群体对安全有新的、正确的认识和理解，将全体员工的安全需要转化为具体的愿望、目标、信条和行为准则，成为员工安全生产的精神动力，并为企业的安全生产目标努力奋斗。

4）树立企业良好的外部形象

企业文化作为企业的商誉资源，是企业核心竞争力的一个重要体现。企业安全文化建设目标之一是树立企业良好的外部形象，提升企业核心竞争力中的“软”实力，在企业投标、信贷、寻求合作、占有市场、吸引人才等方面发挥出巨大的作用。

二、安全文化的建设与实践

1. 安全文化建设的模式

模式是研究和表现事物规律的一种方式，它具有系统化、规范化、功能化的特点。它能简洁、明了地反映事物的过程、逻辑、功能、要素及其关系，是一种科学的方法论。研究安全文化建设的模式，就是用一种直接、简明的概念模式把安全文化建设的规律表现出来，以有效而清晰的形式指导安全文化建设实践。根据安全文化的理论体系与层次结构，可以从观念文化、管理与法制文化、行为文化和物态文化4个方面构建安全文化建设的层次模式，以企业安全文化建设的层次结构模式为例，如图3-2所示。

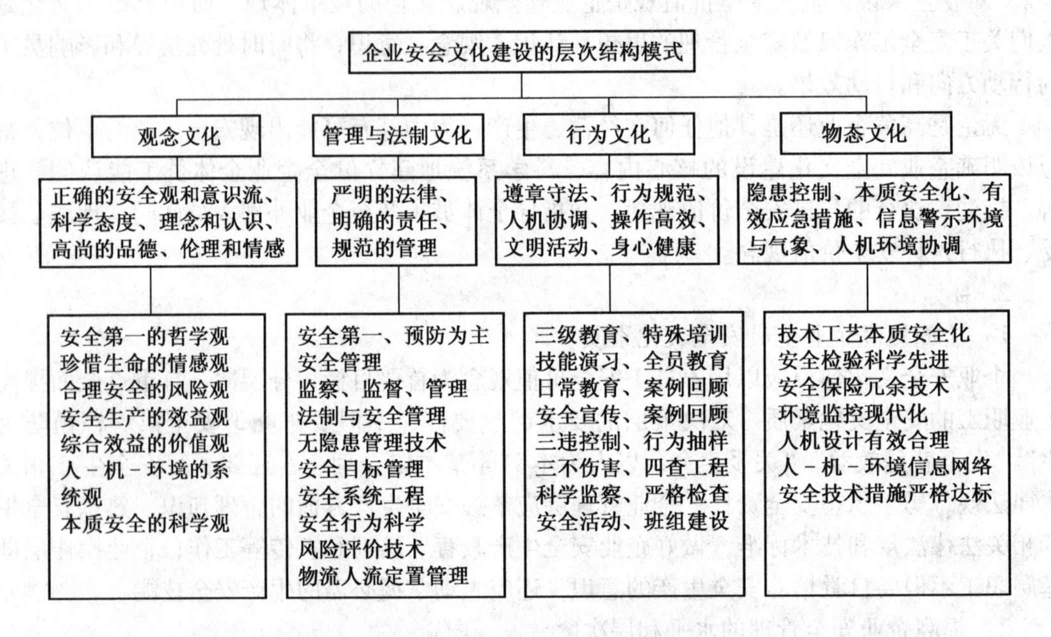

图3-2　企业安全文化建设的层次结构模式

安全文化建设的层次结构模式归纳了安全文化建设的形态与层次结构的内涵和联系。横向结构体系包括观念、管理与法制、行为和物态4个安全文化方向。纵向结构体系，按层次系统划分，第一个层次是安全文化的形态，第二个层次是安全文化建设的目标体系，第三个层次是安全文化建设的模式和方法体系。

根据系统工程的思想，还可以设计出安全文化建设的系统工程模式。即从建设领域、建设对象、建设目标、建设方法4个层次的系统出发，将一个企业安全文化建设所涉及的系统分为企业内部和企业外部。只有全面进行系统建设，企业的安全生产才有文化的基础和保障。不同行业的安全文化建设情况不同，例如交通、民航、石油化工、商业与娱乐行业，安全文化建设就不能仅仅只考虑在企业或行业内部进行，必须考虑外部或社会系统建设问题。

因此，企业安全文化建设系统工程如图3-3所示。

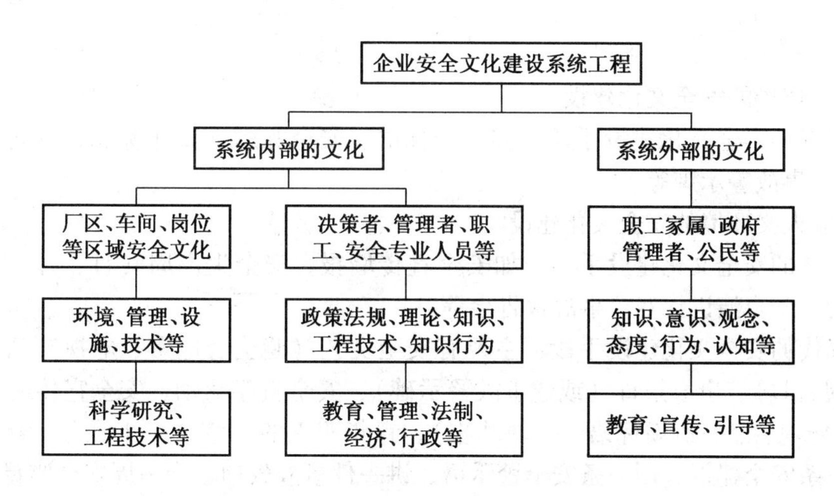

图3-3　企业安全文化建设系统工程

上述安全文化建设的模式主要是针对企业或行业行为而言的。如果从政府推动安全文化的建设与发展角度来看，则应考虑全社会的文化建设，把建设安全文化、提升全民素质作为开拓我国安全生产新纪元的重大战略发展来认识。为此，在社会层面可从以下方面开展工作，用于加强安全文化的系统工程建设：①组建中国安全文化发展促进会，便于有效组织全社会的安全文化建设；②建立"安全文化研究和奖励基金"，为推进安全文化进步提供支持；③在研究试点的基础上，推广企业安全文化建设模式样板工程和社会（社区）安全文化建设模式样板工程，加快我国安全文化的发展速度；④在学校（小学、中学）开设安全知识辅导课，提高学生安全素质；⑤有效组织发展安全文化产业，即向社会和企业提供高质量的安全宣教产品，组织和办好安全生产周（月）等活动，改善安全教育方法，统一安全生产培训教育模式，规范安全认证制度，发展安全生产中介组织等。

2. 企业安全文化建设

企业安全文化是企业文化和安全文化的重要组成部分。因此，企业应当将安全文化作为企业文化培育和发展的一个突出重点。具体来说，企业安全文化建设可通过以下4种方式进行。

1）班组及职工的安全文化建设

倡导科学、有效的基层安全文化建设手段，如三级教育（333模式）、特殊教育、检修前教育、开停车教育、日常教育、持证上岗、班前安全活动、标准化岗位和班组建设；技能演练和"三不伤害"活动等。

推行现代的安全文化建设手段，主要有："三群"（群策、群力、群管）对策；班组建小家活动；"绿色工程"建设；事故判定技术；危险预知活动；风险报告机制；家属安全教育："仿真"（应急）演习等。

2）管理层及决策者的安全文化建设

运用传统有效的安全文化建设手段，如全面安全管理、"四全"安全活动，责任制体系、"三同时"、定期检查制、有效的行政管理、经济奖惩、岗位责任制大检查等。

推行现代的安全文化建设手段，主要有"三同步"原则、目标管理法、无隐管理法、系统科学管理、系统安全评价、动态风险预警模式、应急救援预警、事故保险对策等。

3）生产现场的安全文化建设

运用传统的安全文化建设手段，如安全标语、安全标志（禁止标志、警告标志、指令标志等）、事故警示牌等。

4）企业人文环境的安全文化建设

运用传统的安全文化建设手段，如安全宣传墙报、安全生产周（日、月）活动、安全竞赛活动、安全演讲比赛、事故报告会等。

推行现代的安全文化建设手段，主要有安全文艺（晚会、电影、电视）活动、安全变化月（周、日）、事故祭日（或建事故警示碑）、安全贺年活动、安全宣传的“三个一工程”（一场晚会、一副新标语、一块墙报）、青年职工的“六个一工程”（查一个事故隐患、提一条安全建议、创一条安全警示语、讲一件事故教训、当一周安全监督员，献一笔安全经费）等。

3. 企业安全文化建设实例——杜邦安全文化

18 世纪末，杜邦（DuPont）家族为躲避战乱，从法国迁居到美国东岸。1802 年，杜邦公司成立，以制造火药为主，在其发展的第一个百年里，公司的安全记录是不良的，发生了很多事故，其中最大的事故发生在 1818 年，当时杜邦 100 多名员工有 40 多名在事故中受伤甚至丧生，企业濒临破产。杜邦公同在沉沦中崛起后得出个结论：安全是公司的核心利益，安全管理是公司事业的一个组成部分，安全具有压倒一切的优先权。从事的高危行业成就了杜邦公司对安全的特殊重视，世界上最早制定出安全条例的公司便是杜邦公司。1812 年公司明确规定：进入工场区的马匹不得钉铁掌，马蹄都要用棉布包裹着，以免马蹄碰撞其他物品产生明火引起火药爆炸；任何一道新的工序在没有经过杜邦家庭成员试验以前，其他员工不得进行操作等。杜邦公司经过 200 多年的发展，已经形成了自己的企业安全文化，并把安全、健康和环境作为企业的核心价值。杜邦公司对安全的理解有：安全具有显而易见的价值，而不仅仅是一个项目、制度或培训课程；安全与企业的绩效息息相关；安全是习惯化、制度化的行为。

杜邦公司将企业安全文化建设分为 4 个阶段，如图 3－4 所示。第一阶段是自然本能反应阶段。处在该阶段的企业和员工对安全的重视仅仅是一种自然本能保护的反应，员工对安全是一种被动的服从，安全缺少高级管理层的参与。因此这一阶段的事故发生率很高。第二阶段是严格监督阶段。该阶段的特征是：各级管理层对安全责任做出承诺，员工执行安全规章制度仍是被动的，因害怕被纪律处分而遵守规章制度。此阶段，安全绩效会有提高，但事故率仍较高。第三阶段是自主管理阶段，事故率较低。企业已具有良好的安全管理及体系，员工具备良好的安全意识，视安全为自身生存的需要和价值的实现。进入第四阶段，事故率更低甚至趋于零，员工不但自己遵守各项规章制度，而且有意帮助别人；不但观察自己岗位上的不安全行为和条件，而且能

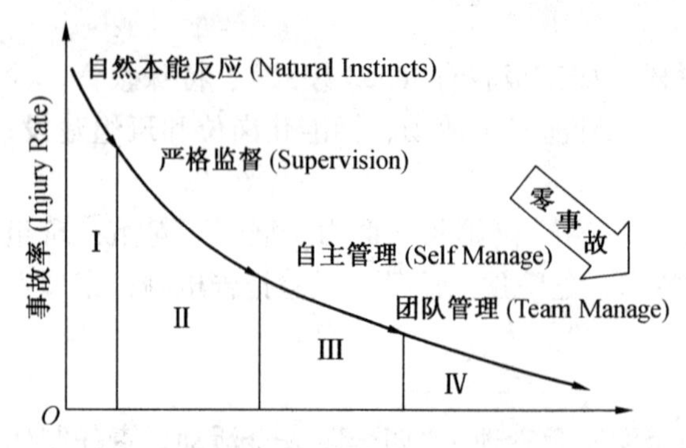

图 3－4　杜邦公司企业安全文化建设 4 个阶段示意图

留心观察其他岗位；员工将自己的安全知识和经验分享给其他同事等。杜邦公司现在已经发展到团队管理阶段。

杜邦公司建立了一整套适合自己的安全管理体系，要求每位员工严守十大安全信念：①一切事故都可以防治；②管理层要抓安全工作，同时对安全负责任；③所有危害因素都可以控制；④安全工作是雇佣的一个条件；⑤所有员工都必须经过安全培训；⑥管理层必须进行安全检查；⑦所有不良因素都必须立即纠正；⑧工作之外的安全也很重要；⑨良好的安全创造良好的业务；⑩员工是安全工作的关键。杜邦公司坚持安全管理以人为本的信念，并制定了一套十分严格、苛刻的安全防范措施。然而，正是这些苛刻的措施，令杜邦公司的员工感到十分安全。

杜邦公司的工伤事故目标是“零”（杜邦公司的“零事故”是指“零失能事故”，既无丧失工作能力事故，而非任何小事故），对这个目标，常人一般都难以相信。但是，杜邦公司以业绩说明了工伤事故目标可以是“零”。台湾杜邦观音工业园工厂员工 269 人已连续 5 年零事故，在美国某厂，已缔造了连续 27 年无事故纪录，所有员工在厂内工作直到退休，没有任何人遭遇到工伤事故。

杜邦公司除了注重厂区内（on – the – job）的工作安全，同样也注重员工离厂后（off – the – job）的生活安全。据统计，员工在厂内的事故数量仅为离厂后的 1/19，可见，杜邦公司企业内部的安全生产水平之高。

在厂区内曾发生过这样一起案例：一位热心员工主动帮正在准备电气作业的同事关掉分电盘上的开关，事后被发现他当时未依规定穿防护衣，也未将电闸锁住以防他人误开。最终公司决定对其施以开除处分，因为他违反了公司的核心价值之一“安全”。

每周二是杜邦公司的“工厂安全日”。主管会检讨最近工伤状况，各部门也会派人员宣传与“安全”工作相关的业务，他们不只是口头上强调重视安全，在实际作为上也体现出对安全的高度重视。

杜邦公司的生产合作厂商，一定要先符合杜邦的各种安全规定，才可以进一步参与各种招标项目，有些承包商嫌麻烦会先知难而退，因此最后留下来的，都能符合杜邦公司的安全生产要求。因此，在他们的生产过程中极少发生生产事故。

在杜邦公司全球所有的机构中，均设有独立的安全管理部门和专业管理人员。这些专业管理人员与在各部门中经过严格培训的合格安全协调员，共同组成完整的安全管理网络，保证各类信息和管理功能畅通无阻地到达各个环节。同时，杜邦公司有一套完善的安全管理方法和操作规程，全体员工均参与危险的识别和消除工作，保证将隐患消除在萌芽状态。

在 200 多年后的今天，杜邦公司形成九大安全观：①所有的伤害及职业疾病皆可避免；②安全是每一位员工的职责；③所有操作上的危害暴露都是可以避免；④必须训练所有员工能够安全地工作；⑤安全是员工雇佣的条件；⑥不断稽核是必要的；⑦所有的缺失必须立刻改善；⑧员工是安全计划中最重要的一环；⑨厂外安全与厂内安全同样重要。

杜邦公司的安全业绩是惊人的，它的安全业绩有两个 10 倍：一是杜邦公司的安全记录优于其他企业 10 倍；二是杜邦公司员工上班时比下班后还要安全 10 倍。杜邦深圳独资厂从 1991 年起，因无工伤事故而连续获得杜邦公司总部颁发的安全奖；1993 年，上海杜邦农化有限公司创下 160 万工时无意外，成为世界最佳安全纪录之一；1996 年，东莞杜邦电子材料有限公司，荣获杜邦公司总部的董事会安全奖。美国职业安全局2003年嘉奖的“最安全公司”中有50%以上的公司接受了杜邦公司的安全咨询服务。

三、企业安全文化评价

2008年，国家安全生产监督管理总局（以下简称国家安全监管总局）发布了《企业安全文化建设评价准则》（AQ/T 9005—2008），提出了11个一级指标、42个二级指标、147个三级指标。2012年，在全国安全文化建设示范企业评选活动中提出了《全国安全文化建设示范企业评价标准（修订版）》。

1. 企业安全文化评价的目的与意义

安全文化评价既是对企业安全文化现状的一种描述性评估，也可以为提高企业安全文化水平提供科学依据。通过安全文化评价，分析初评结果，可了解企业接受测试的员工对企业安全文化的感受程度，进行不同管理层人员和不同部门的工作人员对安全文化敏感性的分析，同时，也可初步了解企业在安全文化上的薄弱环节，实现持续改进。

通过对企业安全文化的评价，可以把企业安全文化这样一个较为抽象的概念具体到每一个部门及每位成员的身上，将软的、难以把握的安全价值观转变为硬的技术经济约束。企业安全文化一旦与生产实践结合起来就转变为经济，这种结合的技术手段之一就是评价。因此，安全文化评价不单是为了取得结论性的评语，评价过程本身就是对企业安全文化进行系统建设的过程，也就是企业安全文化转变为生产力的过程。

2. 企业安全文化的评价因素

对企业安全文化进行评价首先要确定从哪些方面对安全文化进行衡量，每一个衡量的方面可看成一个因素，一个因素应该代表安全文化的一个特征。目前，对安全文化进行衡量的因素还不统一。亚洲地区核安全文化项目研讨会提出衡量安全文化的因素有6个。道格拉斯·韦格曼等人在分析了大量评价系统的基础上，总结出安全文化至少要包括组织承诺、管理参与、员工授权、奖惩系统和报告系统等几种评价因素。

1）组织承诺

组织承诺即企业组织的高层管理者对安全所表明的态度。组织高层领导应信守对安全的承诺。而且应将安全视作组织的核心价值和指导原则。因此，这种承诺也能反映出高层管理者始终积极地向更高的安全目标前进的态度，以及有效散发全体员工持续改善安全的能力。只有高层管理者做出安全承诺，才会提供足够的资源并支持安全活动的开展和实施。

2）管理参与

高层、中层管理者亲自积极参与企业各项安全活动。高层和中层管理者通过参加安全工作，与一般员工交流注重安全的理念，表明自己对安全重视的态度，这将会在很大程度上促使员工自觉遵守安全操作规程。

3）员工授权

组织有一个“良好的”授权于员工的安全文化，并且确信员工十分明确自己在改进安全方面所起的关键作用。授权就是将高层管理者的职责和权力以下级员工的个人行为、观念表现出来。在组织内部，失误可以发生有任何层次的管理者身上，然而，一线员工常常是防止这些失误的最后屏障。授权的文化可以使员工不断增加改变现状的积极性，这种积极性可能超过了个人职责的要求，但是为了确保组织的安全而会主动承担责任。根据安全文化的含义，员工授权意味着员工在安全决策上有充分的发言权，可以发起并实施对安全的改进，为了自己和他人的安全对自己的行为负责。

4）奖惩系统

组织需要建立一个公正的评价和奖罚系统，以促进安全行为，抑制或改正不安全行为。一个组织的安全文化的重要组成部分，是其内部所建立的一种行为准则，在这个准则之下，安全和不安全行为均被评价，并且按照评价结果给予公平一致的奖励或惩罚。因此，一个组织用于强化安全行为、抑制或改正不安全行为的奖罚系统，可以反映出该组织安全文化的情况。但是，一个组织的奖罚系统并不等同于安全文化或安全文化的一部分，从文化的角度来说，奖罚系统是否被正式文件化、奖罚政策是否稳定、是否传达到全体员工和被全体员工所理解等才属于文化的范畴。

5）报告系统

安全文化的报告系统是指组织内部所建立的，能够有效地对安全管理上存在的薄弱环节，在事故发生之前就被识别，并由员工向管理者报告的系统。有人认为，一个真正的安全文化要建立在“报告文化”的基础之上。有效的报告系统是安全文化的中流砥柱。一个组织在工伤事故发生之前，能够积极有效地通过意外事件和先兆事件取得经验并改正自己的运作。一个良好的“报告文化”的重要性还体现在对发现的问题能够自愿地、不受约束地向上级报告，可增加员工在日常工作中对安全问题的关注。需注意的是，要保证员工不能因为反映问题而遭受报复或其他负面影响；另外，要有一个反馈系统告诉员工们的建议或关注的问题已经被处理，同时告诉员工应该如何去做以帮助其解决自己的问题。总之，一个具有良好安全文化的组织应该建立一个正式的报告系统，并且应该被员工积极地使用，同时要向员工反馈必要的信息。

6）培训教育

除了上述5种评价因素外，还有一种评价安全文化的重要因素，就是培训教育。安全文化所指的培训教育，既包括培训教育的内容和形式，也包括安全培训教育在企业重视的程度、参与的方法和广泛性，以及员工在工作中通过“传、帮、带”自觉传递安全知识和技能的状况等。

以上几种因素可以用来衡量企业安全文化的状况。

3. 安全文化测评指标设计

企业安全文化涉及企业的人、物、环境的各个方面，与企业的理念、价值观、氛围、行为模式等深层次的人文内容密切相关，客观地分析和评价一个组织机构的安全文化水平需要科学地设计测评指标。

1）测评指标体系构建

企业安全文化测评指标具有可测性、全面性、科学性、合理性。

（1）三级测评指标。

企业安全文化测评系统最主要的基础是测评指标的设计。根据安全文化学的相关理论，安全文化指标体系的一级指标设计为：安全观念文化指标、安全行为文化指标、安全管理文化指标和安全文化建设指标4个子体系。

在一级指标基础上，再细分出二级、三级指标，也就是分3个层次构建完整的指标体系。其中，一级、二级测评指标如图3-5所示。

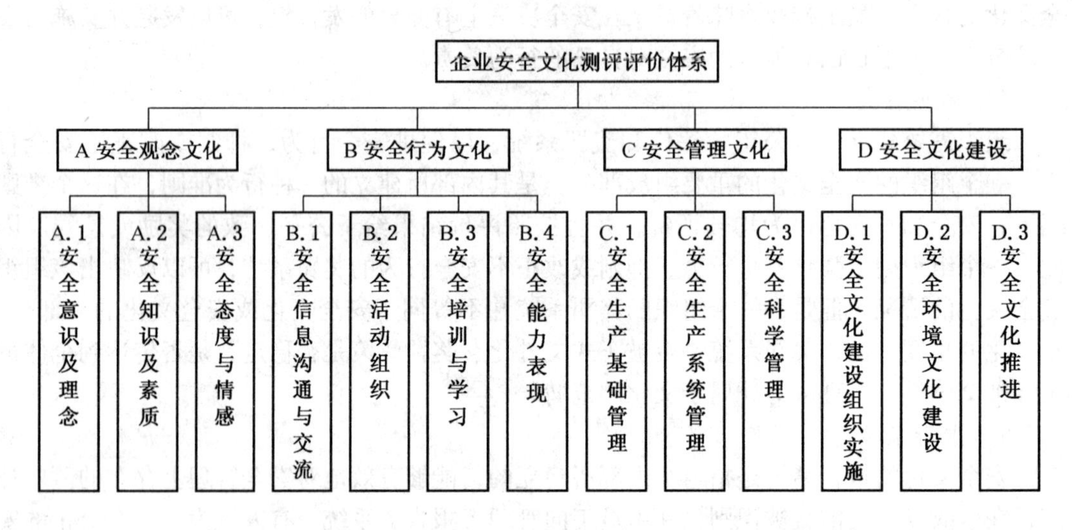

图3-5 安全文化测评指标体系（一级、二级）框图

（2）指标属性体系分类及测评工具。

从测定方式的角度，测评安全文化的指标属性体系分为3种类型：

① 统计确认型。由安全专业管理人员对测评对象的实际数据进行统计确认得出所需结果的指标。

② 专家评定型。通过组织专家测评小组，进行问卷调查打分，综合统计分析获得所需结果的指标。

③ 抽样问卷型。通过对抽样员工提出问题测试，运用数学分析模型求得测评所需结果的指标。

对上述指标的测评需要3个工具：①统计确认型指标——测评分级标准表；②专家评定型指标——专家调查表；③抽样问卷型指标——员工问卷表。

（3）各级指标数量。一级指标包括4个方面，二级指标13个维度，三级指标共74个。各类指标的数量见表3-2。

表3-2 安全文化测评指标综合统计

指标分级			指标属性统计		
一级指标	二级指标	三级指标	统计确认型	专家评定型	抽样问卷型
安全观念文化	3	15	1	7	7
安全行为文化	4	26	5	12	9
安全管理文化	3	21	5	16	0
安全文化建设	3	12	2	10	0

2）测评指标权重

在确定的设计议题和设计格局的基础上，按照安全文化相关理论，最终设计出74个三级指标，第三级指标按 3 个等级设计权重。考虑各指标在整个指标体系中的重要程度，给出相应的分值，即重要指标得 2 分，比较重要指标得 15 分，一般指标得 1 分。安全文化测评指标体系见表 3 -3。

表 3 -3　安全文化测评指标体系

一级指标	二级指标	三　级　指　标	指标属性	分值/分
A 安全观念文化	A. 1 安全意识及理念	A. 1. 1 员工安全价值观	抽样问卷型	2. 0
		A. 1. 2 管理层安全科学观念	抽样问卷型	1. 0
		A. 1. 3 决策层安全系统思想	抽样问卷型	1. 0
		A. 1. 4 企业安全发展观及目标认识与明确	专家评定型	1. 5
	A. 2 安全知识及素质	A. 2. 1 决策层安全生产法规政策知识水平	专家评定型	1. 5
		A. 2. 2 管理层安全法规标准知识水平	专家评定型	1. 5
		A. 2. 3 生产管理人员安全管理知识水平	专家评定型	1. 5
		A. 2. 4 安全专管人员专业能力及素质	统计确认型	2. 0
		A. 2. 5 员工安全生产规章制度掌握程度	专家评定型	1. 5
	A. 3 安全态度与情感	A. 3. 1 管理层安全承诺	抽样问卷型	2. 0
		A. 3. 2 执行层安全态度	抽样问卷型	2. 0
		A. 3. 3 决策层对安全生产的重视程度	抽样问卷型	2. 0
		A. 3. 4 管理层对生命安全健康的情感	抽样问卷型	1. 0
		A. 3. 5 员工对安全生产的荣誉与责任感	专家评定型	1. 0
		A. 3. 6 执行层安全生产知识水平	专家评定型	1. 0
B 安全行为文化	B. 1 安全信息沟通与交流	B. 1. 1 管理层安全信息交流	抽样问卷型	1. 0
		B. 1. 2 执行层作业安全沟通	抽样问卷型	2. 0
		B. 1. 3 企业内部安全信息交流	抽样问卷型	1. 0
		B. 1. 4 企业外部安全信息交流与沟通	抽样问卷型	1. 0
		B. 1. 5 员工安全建议方式及通道	专家评定性	1. 0
	B. 2 安全活动组织	B. 2. 1 企业安全文化活动的频率	统计确认型	1. 0
		B. 2. 2 员工参与安全活动的积极性	专家评定性	2. 0
		B. 2. 3 各类安全活动的效果	抽样问卷型	1. 5
		B. 2. 4 安全生产先进典型引领作用	专家评定型	1. 5
		B. 2. 5 员工安全生产满意度	抽样问卷型	1. 0
		B. 2. 6 管理层安全生产满意度	抽样问卷型	1. 0
	B. 3 安全培训与学习	B. 3. 1 企业学习型组织的建设	抽样问卷型	2. 0
		B. 3. 2 决策层安全培训考试成绩	统计确认型	1. 0
		B. 3. 3 管理层安全培训考试成绩	统计确认型	1. 0
		B. 3. 4 执行层安全培训考试成绩	统计确认型	1. 0
		B. 3. 5 各种安全培训效果	抽样问卷型	2. 0
		B. 3. 6 员工安全培训形式的多样化程度	专家评定型	1. 5

表 3-3（续）

一级指标	二级指标	三 级 指 标	指标属性	分值/分
B 安全行为文化	B.3 安全培训与学习	B.3.7 对国家安全政策法规标准的跟踪及更新	专家评定型	1.0
		B.3.8 激励员工进行安全生产创新的程度	专家评定型	1.0
	B.4 安全能力表现	B.4.1 决策层履行安全职责的状况	专家评定型	1.5
		B.4.2 执行层履行安全职责的状况	专家评定型	1.5
		B.4.3 安全专管人员安全职责履行状况	专家评定型	2.0
		B.4.4 企业安全科技与管理创新能力表现	专家评定型	1.5
		B.4.5 企业突出事件及紧急情况处置能力表现	统计确认型	1.0
		B.4.6 现场员工劳动防护用品配备与使用状况	专家评定型	1.0
		B.4.7 现场员工事故预防及隐患发现能力	专家评定型	1.0
C 安全行为文化	C.1 安全生产基础管理	C.1.1 安全生产规章制度与操作的制定与执行	专家评定型	2.0
		C.1.2 安全生产责任制的建立与效果	专家评定型	1.5
		C.1.3 安全生产检查制度的建立与实施	专家评定型	1.5
		C.1.4 安全生产监督机构的设立与作用发挥	专家评定型	1.5
		C.1.5 安全专职人员配备率	统计确认型	1.0
		C.1.6 事故应急救援预案完善程度	专家评定型	1.0
		C.1.7 工伤保险参保率与认定率	统计确认型	1.0
		C.1.8 临时工安全管理制度的建立与执行	专家评定型	1.0
	C.2 安全生产系统管理	C.2.1 职业安全健康管理体系的建立	统计确认型	1.5
		C.2.2 职业安全健康管理体系持续改进效果	专家评定型	2.0
		C.2.3 合作单位安全管理制度的建立	专家评定型	1.0
		C.2.4 消防管理制度的建立与效能	专家评定型	1.0
		C.2.5 交通管制制度的建立与效能	专家评定型	1.0
		C.2.6 特种设备安全管理制度的建立与效能	专家评定型	1.0
		C.2.7 危险化学品安全管理制度的建立与效能	专家评定型	1.0
	C.3 安全科学管理	C.3.1 危险源与隐患管理制度与效能	专家评定型	1.5
		C.3.2 安全生产现状评价工作实施与效果	专家评定型	2.0
		C.3.3 安全风险预警制度的建立与实施	专家评定型	1.0
		C.3.4 现代企业安全管理发展与创新	专家评定型	1.5
		C.3.5 安全监管全员参与的程度	统计确认型	1.0
		C.3.6 安全监管家庭参与的程度	统计确认型	1.0
D 安全文化建设	D.1 安全文化建设组织实施	D.1.1 安全文化建设规划的制定与落实	专家评定型	1.0
		D.1.2 安全文化活动的多样性与生动性	专家评定型	1.5
		D.1.3 全员安全文化活动的参与度	统计确认型	1.5
		D.1.4 安全文化建设活动的质量与效果	专家评定型	2.0
		D.1.5 安全文化建设活动的组织能力	专家评定型	1.0

表3-3（续）

一级指标	二级指标	三级指标	指标属性	分值/分
D安全文化建设	D.2安全环境文化建设	D.2.1厂区安全文化氛围	专家评定型	1.0
		D.2.2车间安全文化氛围	专家评定型	1.0
		D.2.3安全生产信息平台的建设与作用	专家评定型	2.0
	D.3安全文化推进	D.3.1安全文化测评制度的建立	专家评定型	1.5
		D.3.2安全文化的创新型	专家评定型	2.0
		D.3.3安全文化建设奖励机制与效果	专家评定型	1.0
		D.3.4安全生产先进性表现	统计确认型	1.0

4. 安全文化评价实施程序

企业安全文化评价过程一般遵循9个步骤，最终形成正式的《企业安全文化建设评价报告》，为企业安全文化建设提供相应的参考，企业安全文化评价的主要实施程序如图3-6所示。

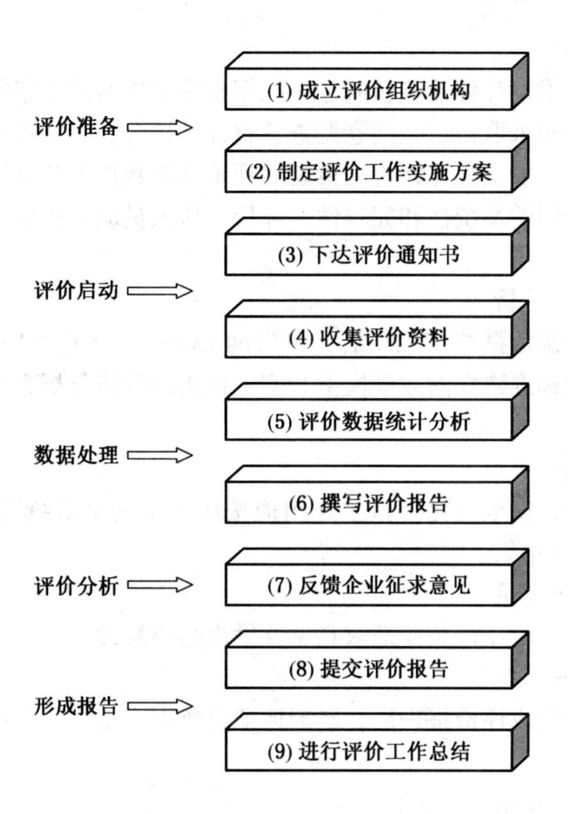

图3-6　企业安全文化评价的主要实施程序

1）成立评价组织机构

企业开展安全文化评价工作时，首先应成立评价组织机构，并由其确定评价工作的实施机构。

企业实施评价时，由评价组织机构确定测评工作人员并成立安全文化评价工作组。必要时可选聘有关咨询专家或咨询专家组。咨询专家（组）的工作任务和工作要求由评价组织机构明确指出。

安全文化评价人员应具备以下基本条件：①熟悉企业安全文化评价相关业务，有较强的综合分析判断能力与沟通能力；②具有较丰富的企业安全文化建设与实施专业知识；③在安全文化评价工作中坚持原则、秉公办事；④企业安全文化评价的负责人应有丰富的企业安全文化建设经验，熟悉评价指标及评价模型。

2）制定评价工作实施方案

评价工作实施机构应参照相应的安全文化评价标准与体系制定评价工作实施方案。方案中应包括所用的安全文化评价方法、安全文化评价样本、访谈提纲、测评问卷、实施计划等内容，并应报送评价组织机构批准。

3）下达评价通知书

在实施评价前，由评价组织机构向选定的单位下达评价通知书。评价通知书中应明确：①评价的目的、用途、要求；②应提供的资料及对所提供资料应负的责任；③其他需要评价通知书中明确的事项。

4）收集评价资料

根据前述评价标准设计评价调研问卷，根据评价工作实际方案收集整理评价基础数据和基础资料。资料收集采取访谈、问卷调查、召开座谈会、专家现场观测、查阅有关资料和查档案等形式进行。安全文化评价人员要对评价基础数据和基础资料进行认真检查、整理，确保评价基础资料的系统性和完整性。评价工作人员应对接触的资料内容履行保密义务。

5）评价数据统计分析

对调研结果和基础数据核实无误后，可借助 Excel、SPSS、SAS 等统计软件进行数据统计，然后根据评价标准建立的数学模型和实际选用的调研分析方法，对统计数据进行分析。

6）撰写评价报告

统计分析完成后，安全文化评价工作组应按照规范的格式撰写“企业安全文化建设评价报告”，报告评价结果。

7）反馈企业征求意见

评价报告提出后，应反馈企业征求意见并做出必要修改。

8）提交评价报告

评价工作组修改完成评价报告后，经测评项目负责人签字，报送评价组织机构审核确认。

9）进行评价工作总结

评价项目完成后，评价工作组要进行评价工作总结，将工作量、实施过程、存在的问题和建议等形成书面报告，报送评价组织机构，同时建立评价工作档案。

企业的安全文化是企业文化的重要组成部分，与企业文化的总目标、内容、层次性、功能相一致。企业在生产的过程中形成安全文化，同时，安全文化的形成又作用于安全生产，是企业可持续发展的有效保障。企业安全文化的评价是企业安全文化的内涵、外在反映以及可持续发展的综合评价。通过安全文化的评价，可以为企业的安全文化建设提供方向，为企业安全文化的进步发展奠定基础，从而实现建设和谐社会的目标。

5. 企业安全文化建设实例——神南红柳林“挽手贴心”特色安全文化

神南红柳林矿业公司红柳林矿井（以下简称红柳林公司）是国家在神府南区总体规划确定的4对大型矿井之一，也是陕煤集团公司与榆林市、神木县合作开发的重点项目。公司从开发起步阶段就将创建“世界领先、中国一流”的煤炭企业作为坚定不移的战略目标，以科学发展观为引领，坚持走“文化治企、文化强企、文化兴企”之路；努力把企业做大、做强、做精，着力把企业打造成为矿井安全、生产高效、管理科学、环境优美、环保节能、形象美好的塞北明珠。企业以创建国家级安全文化示范企业为动力，以先进文化为指导，以制度为保障，以行为为依托，始终把文化建设作为企业安全管理的有效手段，狠抓安全管理制度落实，不断完善安全文化建设内容。

红柳林公司“挽手贴心”安全文化是指手挽手，心贴心，心手响应，想到做到，知行合一，齐心协力达到安全智优化。

1）理念导人、思维养成，提升安全文化引领

红柳林公司认真贯彻落实“安全第一，预防为主，综合治理”的安全生产方针。把理念导人作为落实安全生产方针的唯一标准，始终用创新的理念持续推进人的安全思维养成，提出“零轻伤、零伤害”安全目标，树立了“‘写违’和隐患就是事故”“思想的隐患是最大的隐患”“事故是可以避免和预防的”等安全理念，为企业安全发展注入了灵魂。

工作中，通过把理念渗透给每个员工，渗透到制度标准的每个条款中，让理念发挥渗透辐射作用。例如，85条“双危”辨识标准经过13天100多个小时的集中讨论，再经过全员范围的反复征求意见和推敲，让企业所有员工都深刻地理解“事故是可以避免和预防的”理念，并在践行中自我觉悟、自我反省，达到理念和行动高度的融合统一，提高了全员安全意识。

按照“三违”和隐患就是事故的理念，在生产与安全出现碰撞时，高层和中层领导都能把安全生产方针落到实处，遵守国家的安全法律法规，坚决给安全让路，让安全理念始终为生产服务，做到不安全不生产。

2）强化预防、用心融情，提升安全文化软实力

红柳林公司始终把人的生命安全摆在首位，进一步强化过程控制预防机制，建立了划“红线”预防、亲情感化理解预防和生活圈认同预防的三位体预防体系，强化了超前预防管理。

落实国家“双七条”规定，强化“红线”意识，实现重大灾害预防；结合现场危险源辨识、风险评估、预测预想，运用“双七条”的管理思路，总结出了22条环境危险状态和63条人的危险操作，创造性地出台了85条“双危”识别标准，有效预防了零敲碎打事故的发生。

把亲情感化融入“8+6”三违亲情帮教程序中，要求管理人员把“三违”人员当兄弟、当亲人，在执行“8+6”三违亲情帮教程序的谈心、再谈心环节中，晓之以理，动之以情，做好“三违”人员的心理疏导工作，让“三违”人员心服口服；同时在“让座→倒水→拉家常→讲事故案例→分析当事人违章危害→做当事人思想工作”的“6”大

程序中，要求做到让座要起立微笑，倒水要热情真诚，拉家常要亲切随和，做思想工作要以理服人等，真正让“三违”人员感受到公司的亲情化管理，实现刚性管理和亲情感化的有机结合，让管理的艺术为严格的制度管理保驾护航。

通过领导重视安全、会议强调安全、标语宣传安全、家属共同帮安全等形式，加强安全源头治理，形成群策群力抓安全的机制。积极开展家属为员工送叮咛和员工家属一日游活动，每月由父母、岳父母、妻子、女儿、兄弟姐妹、好友用手机给员工发送安全叮咛语短信，发动一切力量来重视员工的生命安全、呵护安全，营造了自觉自愿抓安全、群策群力保安全的良好安全文化氛围。领导用心、员工用情、家属用爱，把务实做事、用情做事、用心做事、用爱做事落到了实处，传递真情取得了良好效果。

3）规范行为，知行合一，提升安全文化硬实力

红柳林公司按照员工安全习惯化、安全管理自主化、流程规范化的要求，规范了安全行为，实现了安全管理。

开展“双述”“危险”辨识标准达标考核活动，所有员工都能熟悉背诵2700多字的安全应知应会内容、3000字以上的岗位应知应会内容，掌握5～20个事故案例，提升全员素质。

通过“五制”（军礼制、报告制、指挥制、复命制、列队制）准军事化管理、班前礼仪、现场菜单式确认、互保联保、“三三”整理等，把安全文化有机地融入安全管理之中，解决现场安全风险的瓶颈问题，做到上安全岗，干放心活。

把规范程序、优化流程作为控制安全的切入点，建立了包括23个一级流程、107个二级流程、322个三级流程在内的流程体系，通过把制度、流程程序渗透到每个岗位，做到每道程序有标准，每个流程有标准，每个环节有标准。

4）落实责任，层次分明，提升安全文化管控力

红柳林公司以落实安全责任为抓手，建立“人、事、物”三维立体化的安全责任体系，落实主体责任，强化各层级的安全管理责任。公司制定了“三违”、隐患管理和管理干部工资挂钩的考核机制，管理干部人人头上有“双危”指标，员工个个牢记“双危”标准，落实了“人与人”的责任；按照“六序”“八制”对每项工作的安排和执行进行跟踪闭环管理，将“人与事”的安全责任落到实处；实施过程精细控制，对生产要素全过程、全周期跟踪管理，实现了每台设备、每个系统都有人负责、有人检查、有人考核，落实了“人与物”的责任。“人、事、物”三维立体责任的落实，有效提升了员工的执行力，保证了制度的执行。

复习思考题

1. 安全文化的定义是什么？
2. 思考安全文化在安全生产“五要素”中的地位和作用。
3. 企业安全文化建设的核心内容是什么？
4. 企业安全文化评价的实施程序是什么？

第四章　安全管理方法

本章概要和学习要求

本章从安全管理的计划、组织、领导、控制等方面出发，分别阐述了几种职能对应的管理方法。通过本章学习，要求学生了解安全管理的各职能的含义，掌握安全管理各职能的实现方法。

安全管理在实施过程中除了有安全管理学理论基础的指导外，还需要一定的方法。根据管理的职能——计划、组织、领导、控制等一系列相应的管理方法应运而生。这些方法在安全管理中同样适用。本章从安全管理的计划、组织、领导、控制等职能出发，分别阐述了这几种职能对应的管理方法。

第一节　安全管理计划方法

在安全管理决策层确定了安全管理活动的目标之后，就要通过安全管理计划来使之具体化，并谋求安全管理系统的外部环境、内部条件、决策目标三者之间在动态上的平衡，实现安全管理决策所确定的各项安全目标。因此，计划职能在企业安全管理活动中具有十分重要的地位，它是企业安全管理活动的中心环节。

一、安全管理计划的含义和作用

1. 安全管理计划的含义

一般来说，计划就是指未来行动的方案。它具有以下3个明显的特征：①必须与未来有关；②必须与行动有关；③必须由某个机构负责实施。这就是说，计划就是人们对行动及目的的“谋划”。我国古代所说的“凡事预则立，不预则废”“运筹帷幄之中，决胜千里之外”，说的就是这种计划。当今社会，人们为了纷繁复杂的社会生产、生活的正常进行，需要制定各种各样的计划，大至国家的政治方针，小至某项工作、某个工程、某个战役的策划。然而，这里研究的并不是这种分门别类的具体计划，而是作为安全管理范畴的计划和计划性，或者说是安全管理计划的一般原理。

安全管理计划成为一种安全管理职能是因为：首先，安全生产活动作为人类改造自然的一种有目的的活动，需要在安全工作开始前就确定安全工作的目标；其次，安全活动必须以一定的方式消耗一定质量和数量的人力、物力和财力资源，这就要求在进行安全活动前对所需资源的数量、质量和消耗方式做出相应的安排；再次，企业安全活动本质上是一种社会协作活动，为了有效地进行协作，必须事先按需要安排好人力资源，并把人们实现安全目标的行动相互协调起来；最后，安全活动需要在一定的时间和空间中展开，如果没有明确的安全管理计划，安全生产活动就没有方向，人、财、物就不能合理组合，各种安全活动的进行就会出现混乱，活动结果的优劣就没有评价的标准。

2. 安全管理计划的作用

安全管理计划在安全管理中的作用主要表现在以下3个方面：

（1）安全管理计划是安全决策目标实现的保证。安全管理计划是为了具体实现既定的安全决策目标而将整个安全目标进行分解，计算并筹划人力、财力、物力，拟订实施步骤、方法，同时制定相应的策略、政策等一系列安全管理活动。任何安全管理计划都是为了促使某一个安全决策目标的实现而制定并执行的。如果没有计划，实现安全目标的行动就会成为杂乱无章的活动，安全决策目标就很难实现。

（2）安全管理计划是安全工作的实施纲领。任何安全管理都是安全管理者为了达到一定的安全目标对被管理对象实施的一系列的影响和控制活动。安全管理计划是安全工作中一切实施活动的纲领。只有通过计划，才能使安全管理活动按时间、有步骤地顺利进行。因此，离开了计划，安全管理的其他职能作用就会减弱甚至不能发挥，当然也就难以进行有效的安全管理。

（3）安全管理计划能够协调、合理利用一切资源，使安全管理活动取得最佳效益。当今时代，各行业的生产呈现出高度社会化，在这种情况下，如果一项活动中某一个环节出了问题，就可能影响到整个系统的有效运行。安全管理计划工作能够通过统筹安排、经济核算合理地利用企业人力、物力和财力资源，有效地防止可能出现的盲目性和紊乱，使企业安全管理活动取得最佳的效益。

二、安全管理计划的内容和形式

1. 安全管理计划的内容

安全管理计划必须具备以下3个要素：

1）目标

安全工作目标是安全管理计划产生的原因，也是安全管理计划的奋斗方向。因此，制订安全管理计划前，要分析研究安全工作现状，并准确无误地提出安全工作的目的和要求，以及提出这些要求的根据，使安全管理计划的执行者事先了解到安全工作未来的结果。

2）措施

安全措施和方法是实现安全管理计划的保证。措施和方法主要是指达到既定安全目标需要什么手段、动员哪些力量、创造什么条件、排除哪些困难，如果是集体的计划，还要写明某项安全任务的责任者，便于检查监督，以确保安全管理计划的实施。

3）步骤

步骤也就是工作的程序和时间的安排。在制订安全管理计划时，有了总时限以后，还必须有每阶段的时间要求，以及人力、物力、财力的分配使用，使有关单位和人员知道在一定时间内、一定的条件下，把工作做到什么程度，以争取主要协调进行。

安全管理计划的三要素在具体制定时，首先要说明安全任务目标。至于措施、步骤、责任者等，应根据具体情况而定。可分开说明，也可在一起综合说明。但是，不论哪种编制方法，都必须体现出这三个要素，“三要素”是安全管理计划的主体部分。

除此以外，每份计划还要包括以下内容：一是确切的、一目了然的标题，把安全管理计划的内容和执行计划的有效期限体现出来；二是安全管理计划制定者和制定计划的日期；三是有些内容需要用图表来表示，或者需要用文字来说明的，还可以把图表或说明附在正文后面，作为安全管理计划的一个组成部分。

2. 安全管理计划的形式

安全管理计划的形式是多种多样的，按时间的顺序划分，可分为长期计划、中期计划和短期计划；按计划的层级划分，可分为高层计划、中层计划和基层计划；按计划的管理形式和调节控制程度划分，可分为指令性计划、指导性计划等；按计划的内容划分，可分为安全生产发展计划、安全文化建设计划、安全教育发展计划、隐患整改措施计划、班组安全建设计划等；按计划的性质划分，可分为安全战略计划、安全战术计划；按计划的具体化程度划分，可分为安全目标、安全策略、安全规划、安全预算等。

1）长期、中期和短期计划

（1）长期计划。它的期限一般在10年以上，又可称为长远规划或远景规划。其确定主要考虑以下因素：①实现一定的安全生产战略任务大概需要的时间；②人们认识客观事物及其规律性的能力、预见程度，制定科学的计划所需要的资料、手段、方法等条件具备的情况；③科技的发展及其在生产上的运用程度等。长期计划一般只是纲领性、轮廓性的计划，以综合性指标和重大项目为主，还必须有中期、短期计划来补充，将计划目标加以具体化。

（2）中期计划。它的期限一般为5年左右，由于期限较短，可以比较准确地衡量计划期和各种因素的变动及其影响。所以在一个较大系统中，中期计划是实现安全管理计划的基本形式。它一方面可以把长期的安全生产战略任务分阶段具体化，另一方面又可为年度安全管理计划的编制提供基本框架。5年计划也应列出分年度的指标，但它不能代替年度计划的编制。

（3）短期计划。短期计划包括年度计划和季度计划，以年度计划为主要形式。它是中期、长期计划的具体实施计划和行动计划。它根据中期计划具体限定本年度的安全生产任务和有关措施，内容比较具体、细致、准确；有执行单位，有相应的人力、物力、财力的分配。为检查计划的执行情况提供了依据。

2）高层、中层和基层计划

（1）高层计划。高层计划是由高层领导机构制订并下达到整个组织执行和负责检查的计划。高层计划一般是战略性的计划，它是对本组织事关重大的、全局性的、时间较长的、较大规模的工作的总目标、大目标、主要步骤和重大措施的设想蓝图。

（2）中层计划。中层计划是由中层管理机构制定、颁布，并下达到有关基层执行并负责检查的计划。中层计划一般是战术或业务计划。战术或业务计划是实现战略计划的具体安排，它规定基层组织和组织内部各部门在一定时期需要完成什么安全工作任务，如何完成，并筹划出人力、物力和财力资源等。

（3）基层计划。基层计划是由基层执行机构制定、颁布和负责检查的计划。基层计划一般是执行性的计划，主要有安全作业计划、安全作业程序和规定等。

3）指令性计划和指导性计划

（1）指令性计划。指令性计划是由上级计划单位按隶属关系下达，要求执行计划的单位和个人必须完成的计划。其特点如下：

① 强制性。凡是指令性计划，都是必须坚决执行的，具有行政和法律的强制性。

② 权威性。只要以指令形式下达的计划，在执行中就不得自行更改变换，必须保证完成。

③ 行政性。指令性计划主要是靠行政方法下达指标完成。

④ 间接市场性。指令性计划也要运用市场机制，但是，市场机制是间接发生作用的。由此可见，指令性计划只局限于重要的安全生产领域和重要的任务，范围不能过宽。

（2）指导性计划。指导性计划是上级计划单位只规定方向、要求或一定幅度的指标，下达隶属部门和单位参考执行的一种计划形式。其特点如下：

① 约束性。指导性计划不像指令性计划那样具有强制性。只有号召、引导和一定的约束作用，并不强制下属接受和执行。

② 灵活性。指导性计划指标是粗线条的、有弹性的，给下属单位以灵活运作的余地。

③ 间接调节性。间接调节性是指通过经济杠杆、沟通信息等手段来实现上级计划目标。

三、安全管理计划指标和指标体系

1. 安全管理计划指标的概念和基本要求

安全管理计划规定的各项发展任务和目标，除了做必要的文字说明外，主要是通过一系列有机联系的计划指标体系表现的。

计划指标是指计划任务的具体化，是计划任务的数字表现。一定的计划指标通常是由指标名称和指标数值两部分组成的，如煤炭企业年平均重伤人数、百万吨重伤率等。计划指标的数字有绝对数和相对数之分。以绝对数表示的计划指标，要有计量单位；而以相对数表示的计划指标，通常用百分比表示。

由于社会现象和过程是一个有机的整体，因此，表示计划任务的各项指标也是相互联系、相互依存的，从而构成一个完整的指标体系。进行计划管理，搞好综合平衡，都要求有一个完整、科学的计划指标体系。一般来说，计划指标体系的设计遵循系统性、科学性、统一性、政策性以及相对稳定性的基本要求。

2. 安全管理计划指标体系的分类

安全管理计划指标体系是由不同类型的指标构成的，而每一类指标又包括许多具体指标，这些指标从不同的角度进行划分，大致可以分为以下几类：

1）数量指标和质量指标

计划任务的实现既表现为数量的变化，又表现为质量的变化，计划指标按其反映的内容不同，可分为数量指标和质量指标。

（1）数量指标。数量指标是以数量来表现计划任务，用以反映计划对象的发展水平和规模，一般用绝对数表示，如企业的总产量、安全生产总投入、劳动工资总额等。

（2）质量指标。质量指标是以深度、程度来表现计划任务，用以反映计划对象的素质、效率和效益，一般用相对数或平均数表示，如企业的劳动生产率、成本降低率、设备利用率、隐患整改率等。

2）实物指标和价值指标

（1）实物指标。实物指标是指用质量、容积、长度、件数等实物计量单位来表现产品价值量的指标。运用实物指标，可以具体制定各生产单位的生产任务，确定各种实物生产与安全的平衡关系。

（2）价值指标。价值指标又称为价格指标或货币指标，它是以货币作为计量单位来表现产品价值、安全投入及伤亡事故损失关系的指标。价值指标是进行综合平衡和考核的重要指标。在实际工作中，通常使用的价值指标有两种：一种是按不变价格计算的，可以消除价格变动的影响，反映不同时期产出量的变化；另一种是按现行价格计算的，可以大体反映产品价值的变动，用于核算分析产出量，安全投入、事故损失间的综合平衡关系。

3）考核指标和核算指标

（1）考核指标。考核指标是考核安全管理计划任务执行情况的指标，如考核安全学习情况的指标——职工安全学习成绩及格率；考核安全检查质量的指标——隐患整改率。考核指标既可以是实物指标，也可以是价值指标；既可以是数量指标，又可以是质量指标。

（2）核算指标。核算指标是指编制安全管理计划过程中供分析研究用的指标，只作为计划的依据，如企业中安全生产装备，安全控制能力利用情况，安全生产投入的使用金额，安全生产产生的收益额等。

4）指令性指标和指导性指标

与前面所述指令性计划和指导性计划相对应，指令性指标是企业用指令下达的执行单位必须完成的安全生产指标，具有权威性和强制性；指导性指标对企业安全工作只起指导作用，不具有强制性。

5）单项指标和综合指标

单项指标是指安全工作中单项任务完成情况的指标，如某台设备的检修安全任务完成情况指标、某项工程的安全控制情况指标等。

综合指标则是反映安全管理计划任务综合情况的指标。综合指标往往是由多项具体安全工作任务指标组合而成的。

总之，企业安全管理计划指标应随有关情况的发展、体制的变动、计划水平的提高而不断地进行调整、充实和完善，这是企业安全管理计划科学化的重要内容。

四、安全管理计划的编制和修订

1. 安全管理计划编制的原则

安全管理计划具有主观性，计划制定的好坏，取决于它和客观相符合的程度。为此，在安全管理计划的编制过程中，必须遵循一系列的原则，这些原则如下：

1）科学性原则

科学性原则是指企业所制定的安全管理计划必须符合安全生产的客观规律，符合企业的实际情况。这就要求安全管理计划编制人员必须从企业安全生产的实际出发，深入调查研究，掌握客观规律，使每一项计划都建立在科学的基础之上。

2）统筹兼顾原则

统筹兼顾原则是指在制定安全管理计划时，不仅要考虑到计划对象系统中各个构成部分及其相互关系，而且还要考虑到计划对象和相关系统的关系，进行统一筹划。

首先，要处理好重点和一般的关系：其次，要处理好简单再生产和扩大再生产与安全生产的关系；再次，要处理好国家、地方、企业和职工个人之间的关系。一方面要保证国家的整体安全和长远安全需要，强调局部利益服从整体利益，眼前利益服从长远利益；另一方面又要照顾到地方、企业和职工个人的安全需要。

3）积极可靠原则

积极可靠原则即制定安全管理计划时一是要积极，凡是经过努力可以办到的事，要尽力安排，努力争取办到；二是要可靠，计划要落到实处，而确定的安全管理计划指标，必须要有资源条件做保证，不能留有缺口。

4）留有余地原则

留有余地原则即弹性原则，是安全管理计划在实际安全管理活动中的适应性、应变能力和动态的安全管理对象要一致。计划留有余地包括两方面的内容：一是指标不能定得太高，否则经过努力也达不到，既挫伤计划执行者的积极性，又使计划容易落空；二是资金和物资的安排、使用要留有一定的后备，否则难以应付突发事件、自然灾害等不测情况。

5）瞻前顾后原则

在制定安全管理计划时，必须有远见，能够预测到未来发展变化的方向；同时又要参考以前的历史情况，保持计划的连续性。从系统论的角度来说，也就是保持系统内部结构的有序和合理。

6）群众性原则

群众性原则是指在制定和执行计划的过程中，必须依靠群众、发动群众、广泛听取群众意见。只有依靠职工群众的安全生产经验和安全工作聪明才智，才能制定出科学、可行的安全管理计划，也才能激发职工的安全积极性，自觉为安全目标的实现而奋斗。

2. 安全管理计划编制的程序

1）调查研究

编制安全管理计划，必须弄清计划对象的客观情况，这样才能做到目标明确，有的放矢。为此，在计划编制之前，必须先按照计划编制的目的要求，对计划对象中的有关方面进行现状和历史的调查，全面积累数据，充分掌握资料。从获得资料的方式来看，调查分为亲自调查、委托调查、重点调查、典型调查、抽样调查和专项调查等。

2）安全预测

进行科学的安全预测是安全管理计划制定的依据和前提。安全预测的内容十分丰富，主要包括工艺安全状况预测、设备可靠性预测、隐患发展趋势预测、事故发生的可能性预测等；而从预测的期限来看，则有长期预测、中期预测和短期预测等。

3）拟定计划方案

计划机关或计划者应根据充分的调查研究和科学的安全预测得到数据和资料，提出安全生产的发展战略目标和阶段目标，以及安全工作主要任务、有关安全生产指标和实施步骤的设想，并附上必要的说明。通常情况下要拟定几种不同的方案以供决策者选择。

4）论证和择定计划方案

最后阶段是安全管理计划编制的最后阶段，主要工作大致可归纳为以下几个方向：

（1）通过各种形式和渠道，召集各方面安全专家的评议会进行科学的论证，同时，也可召集职工座谈会，广泛听取意见。

（2）修改、补充计划草案，拟出再修订稿，再次通过各种渠道征集意见和建议。

（3）比较选择各个可行方案的合理性与效益性，从中选择一个满意的安全管理计划，然后由企业权力机关批准实行。

3. 安全管理计划编制的方法

安全管理计划编制不仅要按照一定原则和步骤进行，而且要采用能够正确核算和确定各项安全指标的科学方法。在实际工作中，常用的安全管理计划编制方法主要有以下几种：

1）定额法

定额是通过经济、安全统计资料和安全技术手段测定而提出的完成一定安全生产任务的资源消耗标准，或一定的资源消耗所要完成安全生产任务的标准。它是安全管理计划的基础，对计划核算有决定性影响。

2）系数法

系数是两个变量之间比较稳定的依存关系的数量表现，主要有比例系数和弹性系数两种形式，比例系数是两个变量的绝对量之比。例如，企业安装一台消声器的工作量一般占基建投资总额的比例为25%。那么，这里的0.25就是两者的比例系数。弹性系数是两个变量的变化率之比。例如，企业产量增长速度和企业总的经济增长速度之比为0.2∶1，那么，这里的0.2就是产量增长的弹性系数。系数法就是运用这些系数从某些计划指标推算其他相关计划指标的方法。系数法一般用于计划编制的匡算阶段和远景规划。

3）动态法

动态法就是按照某项安全指标用过去几年的发展动态来推算该指标在计划期发展水平的方法，假设根据历年情况，某企业集团人身伤害事故每年大约减少5%。假定计划期内安全生产条件没有较大变化，那么就可以按减少5%来考虑。这种方法常见于确定安全管理计划目标的最初阶段。

4）比较法

比较法就是对同一计划指标在不同时间或不同空间呈现的结果进行比较，以便研究确定该项计划指标水平的方法，这种方法常用于进行安全管理计划分析和论证。在运用该方法时，要注意同一指标诸多因素的可比性问题，简单的类比是不科学的。

5）因素分析法

因素分析法是指通过分析影响某个安全指标的具体因素以及每个因素变化对该指标的影响程度来确定安全管理计划指标的方法。例如，在生产资料供应充足的条件下，企业生产水平取决于投入生产领域的活动量和单位活动的生产率以及企业安全生产的水平。为确定企业产量计划，可以分别求出计划期由于劳动力增加可能增加的产量以及由于劳动生产率提高可能增加的产量和安全生产的平稳运行可能增加的产量，然后把三者相加。

6）综合平衡法

综合平衡是从整个企业安全管理计划全局出发，对计划的各个构成部分、各个主要因素、整个安全管理计划指标体系全面进行平衡，寻求系统整体的最优化。因此，它是进行计划平衡的基本方法。综合平衡法的具体形式很多，主要有编制各种平衡表，建立便于计算的计划图解模型或数学模型等。

4. 安全管理计划的检查与修订

制定安全管理计划并不是计划管理的全部，只是计划管理的开始，在整个安全管理计划的制订、贯彻、执行和反馈的过程中，计划的检查与修订，占十分重要的地位，起着不可忽视的作用。

（1）计划的检查是监督计划贯彻落实情况，推动计划顺利实施的需要。通过计划检查，可以及时了解各个子系统内或每一个环节安全管理计划任务的落实情况，各部门、各单位完成计划的进度情况，以便研究和提出保证完成计划的有力措施。

（2）计划的检查还可以检验计划编制是否符合客观实际，以便修订和补充计划。计划的编制力求做到从实际出发，使其尽量符合客观实际。但是，由于受到人的认识和客观过程发展的限制，可能会经常出现计划局部变更的情况。当发现计划与实际执行情况不符时，应具体分析其原因，如果是由于计划本身不符合实际情况，或在执行过程中出现了没有预测到的问题，如重大突发事件、突发重大事故等，则应修订原计划。但修订计划必须按一定程序进行，必须经原批准机关审查批准。

（3）计划的检查要贯穿于计划执行的全过程。从安全管理计划的下达开始，直到计划执行结束，计划检查要做到全面而深入。检查的主要内容有：计划的执行是否偏离目标；计划指标的完成程度；计划执行中的经验和潜在的问题；计划是否符合执行中的实际情况，有无必要做修改和补充等。

检查的方法有分项检查和综合检查、数量检查和质量检查，定期检查和不定期检查，全面检查、重点检查、抽样检查，统计报表检查，深入基层检查等。

第二节　安全管理组织方法

组织有两种含义：一方面，组织代表某一实体本身，如工厂企业、公司财团、学校等；另一方面，组织是管理的一大职能，是人与人之间或人与物之间资源配置的活动过程。安全管理组织是安全管理职能之一，完善的安全管理组织应具备：①有各自明确的保障生产安全、人与财物不受损失的目的；②由一定的承担安全管理职能的人群组成；③有相应的系统性结构，用以控制和规范安全管理组织内成员的行为。例如，制定安全管理规章制度、建立职业安全健康管理体系、编写生产岗位安全职责与职权等。

在企业具体的应用主要体现在安全管理组织机构的设立和职业安全健康管理体系的实施上。职业安全健康管理体系系统化、结构化、程序化的管理方法详见第八章。本节主要从安全管理组织的构成设计、安全专业人员的配备和职责、安全管理组织的运行方面对安全管理组织方法进行阐述。

一、安全管理组织的构成与设计

要完成具有一定功能目标的活动，都必须有相应的组织作为保障。建立合理的安全管理组织机构是有效地进行安全生产指挥、检查、监督的组织保证。安全管理组织机构是否健全、安全管理组织中各级人员的职责与权限界定是否明确、安全管理的体制是否协调高效，直接关系到安全工作能否全面开展和职业安全健康管理体系是否有效运行。

1. 安全管理组织的基本要求

事故预防是有计划、有组织的行为。为了实现安全生产，必须制订安全工作计划，确定安全工作目标，并组织企业员工为实现确定的安全工作目标而努力。因此，企业必须建立安全管理体系，而安全管理体系的一个基本要素就是安全管理组织。由于安全工作涉及面广，因此合理的安全管理组织应形成网络结构，其纵向要形成一个自上而下指挥自如的、统一的安全生产指挥系统；横向要使企业的安全工作按专业部门分系统归口管理，层层展开。建立安全管理组织的基本要求如下：

（1）合理的组织结构。为了形成“横向到边、纵向到底”的安全生产管理体系，要合理地设置横向安全管理部门，科学地划分纵向安全管理层次。

（2）明确责任和权力。组织机构内各部门、各层次乃至各工作岗位都要明确安全工作责任，并对各级授予相应的权力。这样有利于组织内部各部门、各层次为实现安全生产目标而协同工作。

（3）人员选择与配备。根据组织机构内不同部门、不同层次、不同岗位的责任情况选择和配备人员，专业安全技术人员和专业安全管理人员应该具备相应的知识和能力。

（4）制定和落实规章制度。制定和落实各种规章制度，以保证工作安全有效地运转。

（5）信息沟通。组织内部要建立有效的信息沟通模式，使信息沟通渠道畅通，保证安全信息及时、准确地传达。

（6）与外界协调。企业存在于社会环境中，其安全工作不仅受到外界环境的影响，而且要接受政府的指导和监督等。因此，安全组织机构与外界的协调非常重要。

安全管理组织的建立是有法律依据的。《中华人民共和国安全生产法》（以下简称《安全生产法》）第二十一条对安全管理组织机构的建立和安全管理人员的配备专门做了规范。

（1）对矿山、建筑施工单位、道路运输企业和危险物品的生产、经营、储存单位的要求。矿山、建筑施工单位、道路运输企业和危险物品的生产、经营、储存单位，都属于高危行业，容易发生安全事故。因此，不管其生产规模如何，都应当设置安全生产管理机构或者配备专职安全生产管理人员，以确保生产经营过程中的安全。

（2）对其他生产经营单位的要求。对于矿山、金属冶炼、建筑施工单位、道路运输企业和危险物品的生产、经营、储存单位以外的其他生产经营单位，《安全生产法》规定，凡是从业人员超过100人的，应当设置安全生产管理机构或者配备专职安全生产管理人员；从业人员在100人以下的，应当配备专职或者兼职的安全生产管理人员。

2. 安全管理组织的构成

不同行业，不同规模的企业，安全工作组织形式也不完全相同。应根据上述安全工作组织要求，结合本企业的规模和性质，建立安全管理组织。企业安全管理组织的构成模式如图4－1所示，它主要由安全工作指挥系统、安全检查系统和安全监督系统三大系统构成管理网络。

1）安全工作指挥系统

该系统由厂长或经理委托一名副厂长或副经理（通常为分管生产的负责人）负责，对职能科室负责人、车间主任、工段长或班组长实行纵向领导，确保企业职业安全健康计划、目标的有效落实与实施。

2）安全检查系统

安全检查系统是具体负责实施职业安全健康管理体系中“检查与纠正措施”环节各项任务的重要组织，该系统的主体是由分管副厂长、安全技术科、保卫科、车间安全员、车间消防员、班组安全员、班组消防员组成。另外，安全工作指挥系统也兼有安全检查的

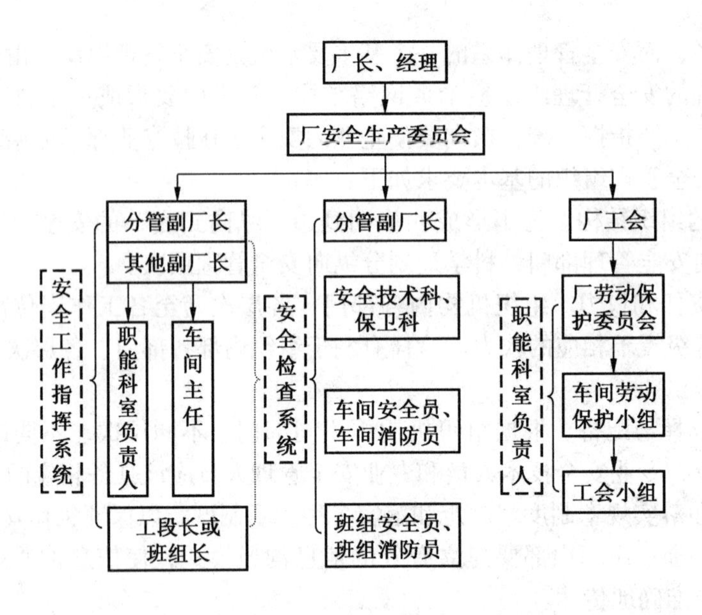

图4－1　企业安全管理组织的构成模式

职责。实际工作中，一些职能部门兼具双重职责。

3）安全监督系统

安全监督系统主要是由工会、党、政、工、团组成的安全防线。例如，有些单位的工会生产保护部门负责筑起“工会抓网”安全防线，发动组织职工开展安全生产劳动竞赛，抓好班组劳动保护监督检查员职责的落实；组织部门负责筑起“党组织抓党”安全防线，把安全生产列为对所属党组织政绩考核和对党员教育、评议及目标管理考核的指标之一；厂长办公室负责筑起“行政抓长”安全防线，各级行政正职必须是本单位安全生产的第一责任人，在安全管理上实行分级负责，层层签订安全生产承包责任状；团委负责筑起“共青团抓岗”安全防线，动员广大团员青年积极参与安全生产管理及安全生产活动；由企业工会女工部门负责筑起“妇女抓帮”安全防线，组织教育妇女不断提高安全意识，围绕安全生产目标，在女工中开展各种类型的妻子帮助丈夫安全生产竞赛活动。

3. 安全管理组织的设计

安全管理组织设计的任务是设计清晰的安全管理组织结构，规划和设计组织各部门的职责和职权，确定组织中安全管理职能、职权的活动范围并编制职务说明书。

安全管理组织设计的原则有：①统一指挥原则，各级机构以及个人必须服从上级的指令和指挥，保证命令和指挥的统一；②控制幅度原则，主管人员有效地监督、指挥其直接下属的人数是有限的，每个领导者要有适当的管理宽度；③权责对等原则，明确规定每一管理层次和各部门的职责范围，同时赋予其履行职责所必需的管理权限；④柔性经济原则，努力争取较少的人员、较少的管理层次、较少的时间取得管理的最佳效果。

安全管理组织结构的类型不同，所产生的安全管理效果也不同，一般来说，安全管理组织结构分为以下几种类型：

1）直线制结构

各级管理者都按垂直系统对下级进行管理，指挥和管理职能由各级主管领导直接行使，不设专门的职能管理部门。但这种组织结构形式缺少较细的专业分工，管理者决策失误就会造成较大损失。所以一般适于产品单一、工艺技术比较简单、业务规模较小的企业。

2）职能制结构

各级主管人员都配有通晓各种业务的专门人员和职能机构作为辅助者直接向下发号施令。这种形式有利于整个企业实行专业化的管理，发挥企业各方面专家的作用，减轻各级主管领导的工作负担。而它的缺点是由于实行多头领导，住往政出多门，易出现指挥和命令不统一的现象，造成管理混乱。因此，在实际中应用较少。

3）直线职能型结构

直线职能型结构以直线制结构为基础，既设置了直线主管领导，又在各级主管人员之下设置了相应的职能部门，分别从事职责范围内的专业管理。既保证了命令的统一，又发挥了职能专家的作用，有利于优化行政管理者的决策。因此，这种形式在企业组织中被广泛采用。其主要缺点有：①各职能部门在面临共同问题时，往往易从本位出发，从而导致意见和建议的不一致，甚至冲突，加大了上级管理者对各职能部门之间的协调负担；②职能部门的作用受到了较大的限制，一些下级业务部门经常忽视职能部门的指导性意见和建议。

4）矩阵制结构

矩阵制结构便于讨论和应对一些意外的问题，在中等规模和若干种产品的组织中效果最为显著。当环境具有很高的不确定性，而目标反映了双重要求时，矩阵制结构是最佳选择。其优势在于它能够使组织满足环境的双重要求。货源可以在同产品之间灵活分配，适应不断变化的外界要求。其劣势在于一些员工要受双重职权领导，容易使人感到阻力和困惑。

5）网格结构

网格结构是指依靠其他组织的合同进行制造、分销、营销或其他关键业务活动的结构。这种形式具有更大的适应性和应变能力，但是难以监管和控制。

企业可根据自身的不同情况、不同规模、危险源、事故隐患的性质、范围、规模等选择适合的安全管理组织结构类型。

二、安全专业人员的配备和职责

安全专业人员的配备是安全管理组织实施的人员保障。要发展学历教育和设置安全工程师职业制度，对安全专业人员要有具体严格的任职要求。企业内部的安全管理系统要合理配置相关的安全管理人员，合理界定组织中各部门、各层次的职责；建立兼职人员网络，企业内部从上到下（班组）设置全面、系统、有效的安全管理组织和人员网络等。

1. 安全专业人员的配备

根据行业的不同，在企业职能部门中设专门的安全管理部门，如安检处、安全科等，或设兼有安全管理与其他某方面管理职能的部门，如安全环保部、质量安全部等。在车间、班组设专职或兼职安全员。安全管理人员的配备比例可根据企业生产性质、生产规模来定，《注册安全工程师管理规定》第六条规定：“从业人员300人以上的煤矿、非煤矿矿山、建筑施工单位和危险物品生产、经营单位，应当按照不少于安全生产管理人员

15% 的比例配备注册安全工程师；安全生产管理人员在 7 人以下的，至少配备 1 名。前款规定以外的其他生产经营单位，应当配备注册安全工程师或者委托安全生产中介机构选派注册安全工程师提供安全生产服务。安全生产中介机构应当按照不少于安全生产专业服务人员 30% 的比例配备注册安全工程师。”

安全工程师作为安全专业人员，在安全管理中发挥着重要作用。2002 年 9 月，我国人事部、国家安全生产监督管理局颁布了《注册安全工程师执业资格制度暂行规定》和《注册安全工程师执业资格认定办法》，建立了我国注册安全工程师（Certified Safety Engineer）制度，对其执业资格范围、享有的权利和义务等做了详细的规定。《注册安全工程师管理规定》第十七条规定，注册安全工程师的执业范围包括：安全生产管理，安全生产检查，安全评价或者安全评估，安全检测检验，安全生产技术咨询、服务，安全生产教育和培训，法律、法规规定的其他安全生产技术服务。

2. 安全专业人员的职责

安全管理组织及专业人员主要负责企业安全管理的日常工作，但是不能代替企业法人代表或负责人承担安全生产法律责任。安全专业人员有以下 5 项主要职责：

（1）定期向企业法人代表或负责人提交安全生产书面意见，针对本企业安全状况编制企业的职业安全健康方针、目标、计划，以及有关安全技术措施及经费的开支计划。

（2）参与制定防止伤亡事故、火灾等事故和职业危害的措施，组织重大危险源管理、应急管理、工伤保险管理等及本企业危险岗位、危险设备的安全操作规程；提出防范措施、隐患整改方案，并负责监督实施以及各种预案的编制等。

（3）组织定期或不定期的安全检查，及时处理发现的事故隐患；组织调查和定期检测尘毒作业点，制定防止职业中毒和职业病发生的措施，搞好职业劳动健康及建档工作；督促检查企业职业安全健康法规和各项安全规章制度的执行情况。

（4）一旦发生事故应该积极组织现场抢救，参与伤亡事故的调查、处理和统计工作，会同有关部门提出防范措施。

（5）组织、指导员工的安全生产宣传、教育和培训工作，开展安全竞赛、评比活动等。

对安全管理组织中各部门、各层次的职责与权限必须界定明确，否则管理组织就不能发挥作用。应结合安全生产责任制的建立，对各部门、各层次、各岗位应承担的安全职责以及应具有的权限、考核要求与标准做出明确的规定。

对安全管理人员素质的要求为：①品德素质好，坚持原则，热爱职业安全健康管理工作，身体健康；②掌握职业安全健康技术专业知识和劳动保护业务知识；③懂得企业的生产流程、工艺技术，了解企业生产中的危险因素和危险源，熟悉现有的防护措施；④具有一定的文化水平，有较强的组织管理能力与协调能力。

三、安全管理组织的运行

经过对安全管理组织的设计，确定其结构、流程，以及安全专业人员的配置后，进一步的工作就是安全管理组织的运行。安全管理组织的运行情况直接影响着事故预防的效果、安全目标的实现情况，以及安全资源配置的合理程序等，具有重要的作用。安全管理组织的运行过程需要依据有关的规章制度，进而以更深层次的安全文化进行约束；同时需要以完善和合适的绩效考核，以及合理、充足的安全投入作为保障。

1. 安全管理组织运行的约束

1）安全规章制度约束

安全管理组织的有效运行需要对各个方面的规章制度进行设计和规范，这是长期积累的结果。有关规章制度的制定范围应当包括安全管理组织结构、安全管理组织所承担的任务、安全管理组织运行的流程、安全管理组织人事、安全管理组织运行规范、安全管理决策权的分配等方面。在有关安全生产法律法规体系的指导下，通过安全规章制度的约束作用，把安全管理组织中的职位、组织承担的任务和组织中的人很好地协调起来。

2）安全文化约束

保证安全管理组织的通畅运行及其效率，除了有关规章制度的约束作用外，更深层次的约束作用在于企业的安全文化。企业安全文化体现在企业安全生产方面的价值观以及由此培养的全体员工安全行为等方面。它是培养共同职业安全健康目标和一致安全行为的基础。安全文化具有自动纠偏的功能，从而使企业能够自我约束，安全管理组织得以通畅运行。

2. 安全管理组织运行的保障

1）绩效考核保障

安全管理组织运行保障中一个重要的内容就是建立完善和合适的绩效考核，通过较为详细、明确、合理的考核指标指导和协调组织人的行为。企业制定了战略发展的职业安全健康目标，需要把目标分阶段分解到各部门各人员身上。绩效考核就是对企业安全管理人员以及各承担安全目标的人员完成目标情况的跟踪、记录、考评。通过绩效考核的方式增强安全管理组织的运行效率，推动安全管理组织的有效、顺利运行。

2）安全经济投入保障

安全管理组织的完善需要合理、充足的安全经济投入作为保障。正确认识预防性投入与事后整改投入的等价关系，就需要了解安全经济的基本定量规律——安全效益金字塔的关系，即设计时考虑1分的安全性，相当于加工和制造时的10分安全性效果，而能达到运行或投产时的1000分安全性效果。这一规律指导人们考虑安全问题要有前瞻性；要研究和掌握安全措施投资政策和立法，遵循“谁需要、谁受益、谁投资”的原则，建立国家、企业、个人协调的投资保障系统；要进行科学的安全技术经济评价、有效的风险辨识及控制、事故损失测算、保险与事故预防的机制，推行安全经济奖励与惩罚、安全经济（风险）抵押等方法，最终使安全管理组织的建立和运行得到安全经济投入的保障。有了充足的安全投入，安全管理组织才能有足够的资金、人力、物力等资源，才能保证安全管理组织活动的顺利开展和实施。

第三节　安全管理领导方法

企业的安全生产工作涉及全体人员，从工作性质的角度看，这些人员大致可分为3个层面，即操作层面、管理层面和领导层面。不同层面的人员在安全工作中的角色、作用和任务是不同的。企业对安全生产的重视与否、保障条件的好坏等，均与领导层面的人员密切相关。企业安全管理层面的人员从事安全管理工作，离不开领导者的作用。

一、安全领导的含义和作用

1. 安全领导的含义

"领导"一词是外来语，在汉语中使用时，该词有两层含义，即"领导者（人）"和"领导者的领导行为（活动）"，英文相应为"Leader"和"Leadership"。显然，"领导者"与"领导行为"是两个不同的概念。在这里，安全领导仅指"安全领导者的领导行为"。

关于"领导"的含义，目前中外专家的认识还不尽一致。在经典管理学和领导学中比较具有代表性的观点有以下几种：

（1）美国管理学家孔茨等对领导的界定是："领导为影响力，就是影响人们心甘情愿地和满怀热情地为实现群体的目标而努力的艺术或过程。"

（2）坦南鲍姆（R. Tannenbaum）认为："领导就是在某种情况下，为了达到某个目标或某些目标，通过信息沟通过程所实现的一种人际影响力。"

（3）泰瑞（G. R. Terry）认为："领导是影响人们自动为达成群体目标而努力的一种行为。"

（4）施考特（W. Scott）认为："领导是一项程序，使人得以选择目标以及在完成目标过程中接受指挥、导向及影响。"

（5）阿吉里斯认为："领导即有效的影响。为了施加有效的影响，领导者需要对自己的影响进行实地的了解。"

（6）我国学者认为："所谓'领导'，就是在一定的社会组织或群体内，其牵头或为首者为了实现预定目标，运用其法定的职权和自身的影响力，采用一定的形式和方法，率领、引导、组织、指挥、协调、控制其下属，为完成预定的总任务——主要是解放和发展生产力，增强事业发展的实力，促进事业不断发展的活动过程。"

本书认为领导应具备以下特征：

（1）领导是一个过程。

（2）领导包含一种影响。

（3）领导出现在一个群体的环境中。

（4）领导包含某种要实现的目标。

安全领导的含义，即安全领导是某个人指引和影响其他个人或群体，在完成组织任务时，实现安全目标的活动过程。安全领导是一个动态的过程，该过程包含了安全领导者、被领导者（个人或群体）及其所处环境（一定的存在条件）3个因素所组成的复合关系。安全领导是安全管理的基本职能，它贯穿于安全管理活动的整个过程，是安全领导者运用权力或威信对被领导者进行引导或施加影响，以使被领导者自觉地与领导者一起去实现群体安全目标的过程。对他人实施影响、致力于实现安全领导过程的人，即为安全领导者。安全领导者是组织中那些有影响力的人员，他们可以是组织中拥有合法职位的、对各类安全管理活动具有决定权的主管人员，也可以是一些没有确定职位的权威人士或非正式群体中的"头领"。

2. 安全领导的作用

安全领导者在安全领导活动中所表现出来的行为就是安全领导行为，安全领导行为的影响和作用是以安全领导的功能来体现的。安全领导的作用可表现在企业组织安全运行行为的许多方面，可简单地分为组织作用和激励作用两个方面。

1）组织作用

实现组织的安全运行目标是安全领导过程的最终目的。围绕这个目的，生产企业的安全领导者必须根据企业的内、外部危险因素和生产条件，以及安全法规和技术要求、可利用资源等，制定企业的安全目标与决策，建立安全组织管理机构，科学合理地组织和使用人力、物力、财力，实现最终安全生产目标。

安全领导者在实施安全领导的过程中，只有通过有效的组织，提供合适的安全工作环境和条件，才能引导和影响被管理者实现安全目标，最终实现企业的效益目标。

为了发挥组织功能，保证安全运营，实现安全目标，安全领导者必须做到：

（1）对企业的生产环境进行科学分析，根据企业或组织危险因素与安全隐患状况、安全生产的要求与可能性，制定与设置组织安全总目标，进行重要的安全决策。

（2）根据企业组织的安全总目标，分解二级、三级或四级安全目标，根据安全决策及安全原则考虑安全策略规划，包括安全信息分析、执行方案思考、预期结果设定等。

（3）为实现企业组织的安全目标和安全决策，安全领导者应合理地安排、落实和监督人力、物力、财力的使用。

（4）通过企业的组织结构对安全生产活动过程进行有效的控制与及时的信息反馈。

（5）确保建立健全科学的安全管理体系，如安全组织机构和人员、安全管理制度、安全规章方法、安全信息系统、安全教育系统等。

2）激励作用

激励就是调动被管理者的主动性、积极性、创造性的过程。激励是领导的主要作用之一，安全领导也不例外。对于安全领导者而言，组织作用可借助他人的知识与能力实现。

安全领导的激励作用主要体现在以下方面：

（1）提高被领导者接受和执行安全目的的自觉程度。

（2）激发被领导者实现企业安全目标的热情。

（3）增加被领导者的安全行为，削弱以至消除被领导者的不安全行为。

二、安全领导理论的内容和形式

1. 安全领导理论的内容

安全领导是由安全领导者指引和影响个人、团体或组织，在一定条件下，实现所期望的安全目标的行为过程，主要包括以下几方面：

（1）安全领导要研究企业安全生产中全局性、宏观性或战略性的问题，强调的是确定安全方针、阐明安全形势、构建安全远景规划、制定安全生产战略等。

（2）安全领导者的任务是解决单位或组织中安全与生产之间带有方向性的、战略性的、全局性的问题。

（3）企业的安全领导者与一般领导者是融为一体的，是在组织或团体中具有权力、地位（职务）或相当影响力的人物，一般是企业的最高领导者或由其委托的其他高层领导者，而安全管理者除专门从事安全管理工作职能的人员外，还包括各个基层的领导者。

（4）安全领导侧重激励和鼓励员工，授权给员工，鼓励他们通过满足自己的需求实现安全生产。

(5) 安全领导者一般是带着情感进行活动的，他们探索的是形成安全的思维和安全文化，而不是做出反应，他们的活动是为企业长期的、高水平的安全发展问题提供更多可供选择的解决方案。

2. 安全领导理论的形式

安全领导的概念和理论研究来源于安全管理，安全领导与安全管理在形式上有着密切的联系。

首先，安全领导与安全管理在理念层次上是一致的。其表现在以下几方面：①两者的目标都是有效地实现组织安全目标；②两者目标的实现均需要特定的要求，各要素之间的组合方式是优化的、理性的；③衡量两者的标准均是安全的效果和企业的整体效益；④两者都是企业安全组织过程的基础；⑤两者均遵从主客体模式，在一定环境中对他人施加作用，以达到企业安全目标。

其次，安全领导与安全管理在层面上有一部分是一致的，如群体动力模型、激励手段等。这是因为安全领导与安全管理的目标是一致的，职能上存在部分重合。

再次，被上层安全领导者视作安全管理的内容，往往成为企业安全管理者实施领导的内容。上层安全领导者从宏观上确定企业的安全目标，制定企业安全上的基本价值取向，这些成为下层安全管理者制订安全计划，进行人力、财力、物力的组织、指挥、协调、控制的依据。上层安全领导者重在对下层的动员、鼓动、激励，形成群体的合力，以期望他们管理工作朝向既定的安全目标前进。

三、安全激励手段

企业安全领导者常采用的激励手段包括：

(1) 职工“参与”激励，即将组织安全目标与职工的个人目标（利益、需要、方向）统一起来，实行参与式的民主管理，发动职工参与制定安全目标和安全决策过程，增加企业安全目标与安全决策的透明度，提高职工接受和执行企业安全目标的自觉性与积极性。

(2) 安全领导者“榜样”激励，即安全领导者以身作则，表现出对安全问题的一贯重视和对安全价值的认识，这对于调动职工的安全生产积极性是至关重要的。

(3) 职工需要“满足”激励，即合理地满足职工的各层次的多种需要，激发职工实现组织安全目标的热情。

(4) 职工安全素质“提高”激励，即在安全领导者支持关心和帮助下，职工通过自身素质和安全技能的增强，提高实现组织目标的期望水平，从而激励职工以更安全的方式从事各项工作，甚至将这种安全素质保持到日常生活中。

第四节　安全管理控制方法

一、安全管理系统的控制方式

1. 安全系统的控制特性

安全系统的控制虽然服从控制论的一般规律，但也有它自己的特殊性。安全系统的控制有以下几个特点：

1）安全系统状态的触发性和不可逆性

如果将安全系统出事故时的状态值定为1，无事故时的状态值定为0，即系统输出只有0和1两种状态。虽然事故隐患往往隐藏于系统安全状态之中。系统的状态常表现为0~1的突然跃变，这种状态的突然改变称为状态触发。此外，系统状态从0变化到1后，状态是不可逆的，即系统不可能从事故状态自动恢复到事故前状态。

2）系统的随机性

在安全控制中发生事故具有极大的偶然性。什么人、在什么时间、在什么地点、发生什么样的事故，这些问题一般都是无法确定的随机事件。但是对一个安全控制来说，可以通过统计分析方法找出某些变量的统计规律。

3）系统的自组织性

自组织性就是在系统状态发生异常情况时，在没有外部责令情况下，管理机构和系统内部各子系统能够审时度势地按某种原则自行联合有关子系统采取措施，以控制危险的能力。由于事故发生的突然性和巨大破坏作用，因而要求安全控制系统具有一定的自组织性，这就要求采用开放的系统结构，有充分的信息保障，有强有力的管理核心，各系统之间有很好的协调关系。

2. 安全系统的控制原则

1）首选前馈控制方式

由于安全控制系统状态的触发和安全决策的复杂性，宏观安全控制系统的控制方式应首选前馈控制方式。

前馈控制是指对系统的输入进行检测，以消除有害输入或针对不同情况采取相应的控制措施，以保证系统的安全。前馈控制系统的工作模式如图4－2所示。

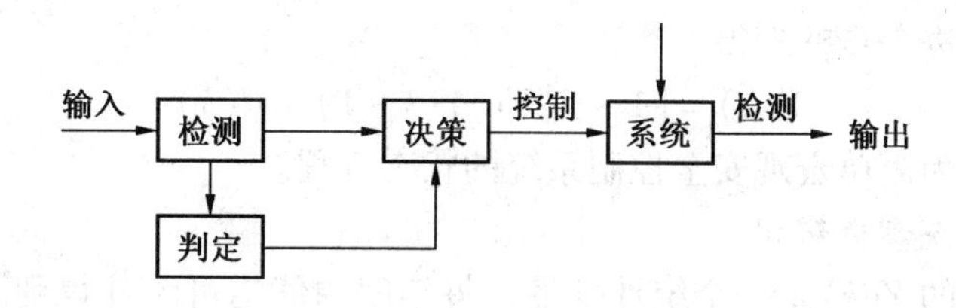

图4－2　前馈控制系统的工作模式

2）合理使用各种反馈控制方式

反馈控制是控制系统中使用最为广泛的控制方式。安全系统的反馈控制有以下几种不同形式：

(1) 局部状态反馈。对安全系统的各种状态信息进行实时检测，及时发现事故隐患，迅速采取控制措施以防止事故的发生是事故预防的手段。

(2) 事故后的反馈。在事故发生后，应运用系统分析方法，找出事故发生的原因，将信息及时反馈到各相关系统，并采取必要措施以防止类似事故的重复发生。

(3) 负反馈控制。发现某个职工或部门在安全工作上的缺点错误，对其进行批评、惩罚，是一种负反馈控制。合理、适度使用负反馈控制可以收到较好的效果，但若使用不当，有可能适得其反。

(4) 正反馈控制。对安全上表现好的职工或部门进行表扬、奖励，是一种正反馈控制。使用恰当可以激励全体职工的积极性，提高整体安全水平，从而收到巨大的效益。

3) 建立多级递阶控制体系

安全控制系统属于大系统的范畴，必须建立较完善的安全多级递阶控制体系。各控制层次之间除了督促下层贯彻执行有关方针、政策、规程和决定外，还要提高下属层次的自组织能力。各级管理层的自组织能力主要体现在：①了解下层危险源的有关事故结构信息，如事故模式、严重度、发生频率、防治措施等；②掌握危险源的动态信息，如已接近临界状态的重大危险源、目前存在的缺陷、职工安全素质、隐患整改情况等；③熟悉危险分析技术，善于用其解决实际问题；④经验丰富，应变能力较强。

4) 力争实现闭环控制

闭环控制是自动控制的核心。安全管理工作部署应当设法形成一种自动反馈机制，以提高工作效率。应制定合理的工作程序和规章制度，使信息处理和传递线路通畅。

二、安全系统控制模式

宏观安全控制系统的结构复杂，一般采用系统方框图的形式建立系统结构模型。其数学模型一般都是采用“黑箱”原理，应用数理统计方法找出系统输出变量与控制变量之间的关系式，以此作为系统控制的基础。下面介绍在宏观安全管理中的一种安全控制系统模型。

1. 安全控制系统状态方式

取系统年度 k 的输出变量为年度千人负伤率，记为 $Y(k)$，系统输入变量为危险指数 $H(k)$ 和控制 $C(k)$，它们之间存在如下关系：

$$\Delta Y(k)=Y(k)-Y(k-1)=-C(k)Y(k-1)+H(k) \tag{4-1}$$

对式 (4-1) 进一步整理得

$$Y(k)=[1-C(k)]Y(k-1)+H(k) \tag{4-2}$$

式 (4-2) 即为简单宏观安全控制系统的状态方程。

2. 安全控制系统参数辨识

式 (4-2) 中的 $Y(k)$ 是一个统计变量，每年度的值均可统计得到。$C(k)$ 和 $H(k)$ 是反映系统内部安全特性的参数，它们本身无法通过直接测定或计算得到，因此必须根据系统的输出反推，这就是所谓的参数辨识问题。

当系统的输出比较平稳时，根据历史数据，运用最小二乘法或其他统计分析方法，即可求得 $C(k)$ 和 $H(k)$ 的数值。

安全系统由于受社会政治、经济的干扰较大，当社会政治、经济形势发生重大变化时，其输出变量也会发生大幅度的变化，因此采样时只能选取社会政治、经济形势相对稳定的一个时期的数据进行分析。

为消除状态变量中所包含的干扰，可运用卡尔曼滤波器进行过滤，得到新的数据，然后采用最小二乘法进行数据估计，对参数估计结果的误差再做判断，如果误差太大则重复上述过程。这一方法简称为 *LKL* 法，其中 *L* 指最小二乘法，*K* 指卡尔曼滤波器。

例如，某单位 11 年来的千人负伤率 $Y(k)$ 经初步处理后如表 4-1 中第 2 列所列。参

数的初步估计值 $C=0.4576$，$H=1.735$。经 7 次迭代得中间结果 $Y_1(k)\sim Y_7(k)$，最后结果为 $Y(k)$。各次迭代后 C、H 及其均方差的变化见表 4－2。由表 4－1 可知，经几次迭代后 C 和 H 的均方差有显著降低，干扰可基本排除。最后得到参数估计值 $C=0.478$，$H=0.343$。

表 4－1 系统输出计算结果

k	$Y_0(k)$	$Y_1(k)$	$Y_2(k)$	$Y_3(k)$	$Y_4(k)$	$Y_5(k)$	$Y_6(k)$	$Y_7(k)$	$Y(k)$
0	47.5	52.86	53.34	52.72	53.32	52.04	51.77	51.61	51.61
1	28.14	26.93	26.01	26.31	26.60	26.83	26.98	27.11	27.26
2	13.33	13.45	13.31	13.61	13.92	14.15	14.13	14.44	14.56
3	5.92	7.21	7.40	7.54	7.67	7.77	7.84	7.89	7.94
4	4.44	4.61	4.67	4.62	4.59	4.56	4.53	4.50	4.48
5	1.48	3.05	3.04	3.23	3.07	2.94	2.84	2.75	2.68
6	1.38	2.66	2.83	2.56	2.32	2.13	1.97	1.84	1.74
7	2.96	2.97	2.59	2.24	1.96	1.72	1.53	1.37	1.25
8	2.96	3.17	2.49	2.09	1.78	1.52	1.31	1.13	0.99
9	4.44	3.52	2.44	2.02	1.69	1.42	1.20	1.01	0.86

表 4－2 状态方程参数计算

k	C	σ_C	H	σ_H
0	0.4567	0.02	1.735	
1	0.5260	0.01	1.271	0.28
2	0.5200	0.01	1.009	0.17
3	0.5070	0.01	0.812	0.14
4	0.4970	<0.01	0.655	0.11
5	0.4890	<0.01	0.527	0.08
6	0.4830	<0.01	0.427	0.06
7	0.4780	<0.01	0.343	0.05

3. 状态方程的解

若在一段时间内 C、H 保持不变，对式（4－1）用 Z 变换法可求得其通解为

$$Y(k)=\frac{H}{C}+\left[Y(0)-\frac{H}{C}\right](1-C)^{k} \tag{4-3}$$

由于一般 $C<1$，为了便于分析讨论，可令 $1-C=e^{-b}$，则式（4－3）可变化为

$$Y(k)=Y(0)e^{-bk}+\frac{H}{C}(1-e^{-bk}) \tag{4-4}$$

由式（4－3）、式（4－4）可知：

$$\lim_{k\to\infty}Y(k)=\frac{H}{C} \tag{4-5}$$

因此，安全系统输出的企业千人负伤率随着控制能力 C 的增加和危险指数 H 的减少而降低，但当系统稳定运行多年后，会趋向一个稳定值，而不是零。

图 4-3 所示为前面所列举的企业千人负伤率 $Y(k)$ 随年度 k 变化的规律，随着时间的推移，在安全控制能力 C 的作用下，企业千人负伤率不断减少，最终将稳定在 $H/C=0.718$ 左右。

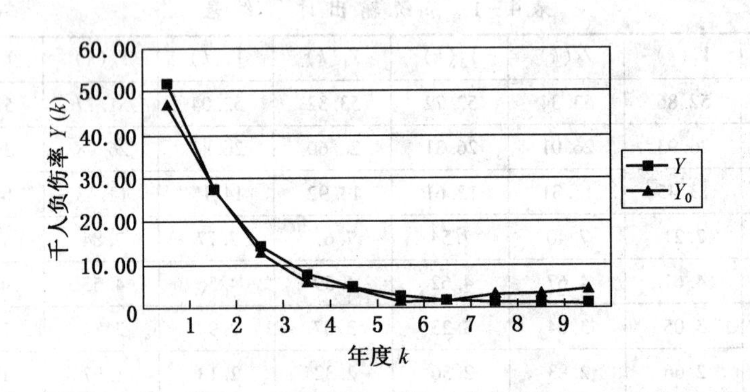

图 4-3 企业千人负伤率变化曲线

复习思考题

1. 与企业的其他管理计划相比，安全管理计划有哪些特点？在企业生产的过程中有何作用？

2. 对企业安全专业人员的配备有哪些要求？

3. 安全领导理论与传统的安全管理有什么不同？

4. 常用的安全管理系统控制方式有哪些？

第五章　安全目标管理

本章概要和学习要求

本章主要讲述了安全目标管理的概念及安全目标管理的实施过程。通过本章学习，要求学生了解安全目标管理的概念，理解安全目标管理的内容，掌握在管理过程中如何科学地制定安全目标。

安全目标管理是目标管理在安全管理方面的应用。它是指企业内部各个部门以至每位职工，从上到下围绕企业安全生产的总目标，层层展开各自的目标，确定行动方针，安排安全工作进度，制定、实施有效的组织措施，并对安全成果严格考核的一种管理制度。安全目标管理是“参与管理”的一种形式，是根据企业安全工作目标来控制企业安全管理的一种民主、科学、有效的管理方法，是企业实行安全管理的一项重要内容。本章在安全目标管理概述的基础上，详细阐述了安全目标管理的实施过程。

第一节　安全目标管理概述

一、安全目标管理的概念

安全目标管理就是在一定的时期内（通常为一年），根据企业经营管理的总目标，从上到下地确定安全工作目标，并为达到这一目标制定一系列对策、措施，开展一系列的计划、组织、协调、指导、激励和控制活动。

安全目标管理的基本内容是：年初，企业的安全部门在高层管理者的领导下，根据企业经营管理的总目标，制定安全管理的总目标，然后经过协商，自上而下层层分解，制定各级、各部门直到每个职工的安全目标和为达到目标的对策、措施。在制定和分解目标时，要把安全目标和经济发展指标捆在一起同时制定和分解，还要把责、权、利逐条分解，做到目标与责、权、利的统一。通过开展一系列计划组织、协调、指导、激励、控制活动，依靠全体职工自下而上的努力，保证各自目标的实现，最终保证企业总目标的实现。年末，对实现目标的情况进行考核，给予相应的奖罚，并在此基础上进行总结分析，再制定新的安全目标，进入下一年度的循环。

安全目标管理是企业目标管理的一个组成部分，安全管理的总目标应该符合企业经营管理总目标的要求，并以实现自己的目标来促进、保证企业经营管理总目标的实现。

为了有效地实行安全目标管理，必须深刻理解它的实质，为此应准确把握它的以下特点：

1. 安全目标管理是重视人、激励人、充分调动人的主观能动性的管理

管理以人为本体，管理的主客体都是人，有效的管理必须充分调动人的主观能动性。

传统的安全管理是命令指示型的管理，上级要求下级搞好安全生产，但没有明确的指标要求，也缺乏具体的指导帮助，下级被动地接受指令，上级让怎么干就怎么干，干成什么样算什么样，干好干坏也没有准确评价的依据，往往积极努力的可能因一起重大事故而前功尽弃，而不费力气的却因侥幸平安而立功受奖。这样的管理不仅挫伤人的积极性，也导致安全管理效率日益低下。

安全目标管理是信任指导型的管理，它在管理思想上实现了根本的变革。所谓“目标”就是想要达到的境地和指标，设定目标并使之内化（不是外部加强，而是内在要求）就会激励人产生强大的动力，为实现既定目标而奋斗。实行安全目标管理，依靠目标的激励作用就可以把消极被动地接受任务，变为积极主动地追求目标的实现，从而极大地调动人们的主观能动性。充分发挥创造精神，全心全意地搞好安全工作，大大增强安全管理工作的效能。

安全目标管理的激励作用不但应体现在“目标”本身上，还应贯彻在管理的全部过程和所有环节中。比如安全目标要与经济发展指标挂钩，使之提高到同等地位，做到安全目标、责、权、利的统一；安全目标与奖惩挂钩，实现管理的封闭，把安全指标作为否定性的指标，达不到目标的不能晋级调档、不能评先进等。简而言之，既然安全目标管理是基于激励原则的管理，就要充分利用一切激励的手段，才能充分发挥它的优越性，取得最好的效果。

根据上述理由，在实行安全目标管理时，要强调充分重视人的因素。上级对下级和每位职工要信任和尊重。在制定目标时要进行民主协商，让下级和职工参与制定；在目标实施时要权限下放，强调自我管理和自我控制，要以追求目标的实现作为各项安全管理活动的指南；以实现目标成果的优劣来评价各级组织和每个职工对安全工作贡献的大小。只有这样，才能真正体现安全目标管理的精髓。

2. 安全目标管理是系统的、动态的管理

安全目标管理的“目标”，不仅是激励的手段，而且是管理的目的。毫无疑问，安全目标管理最终的目的是实现系统（如一个企业）整体安全的最优化，即安全的最佳整体效应。最佳整体效应具体体现在系统的整体安全目标上。因此，安全目标管理的所有活动都是围绕着实现系统的安全目标进行的。

为了实现系统的整体安全目标，必须做好以下工作：

第一，要制定一个先进可行的整体安全目标，即安全管理的总体目标。这个总目标要全面反映安全管理工作应该达到的要求，即它不是一个孤立的目标，而是能够全面反映安全工作的若干指标，体现安全工作综合水平的目标体系。只有按照这样的要求所确定的总目标才能全面推动企业安全工作的发展，真正反映出安全工作的优劣，起到充分调动工作积极性的作用。

第二，总目标要自上而下地层层分解，制定各级、各部门直到每位职工的安全目标。纵向到底，横向到边，形成一个纵横交错、全方位覆盖的系统安全目标网络。这是因为企业的安全总目标要依靠所有部门全体人员步调一致的共同努力才能实现，这就要求每个部门的每位成员都应该在总目标下设置自己的分目标、子目标，自下而上地实现自己的目标，从而保证总目标的实现。子目标、分目标、总目标之间是局部和整体的关系，必须自下而上，一级服从一级，一级保证一级。每个部门、每个成员都应该清醒地意识到自己在整体中的地位，在保证实现上级目标和总目标的前提下，追求自己的目标的实现。总之，安全目标管理的目标不仅仅是单一层次的总目标，而是一个以实现总目标为宗旨的高度协调统一的目标系统。

第三，要重视对目标成果的考核与评价。安全目标管理以制定目标为起点，以实现目标为归宿。只有圆满地实现了目标，才能取得最佳的整体效应，达到安全管理的目的。为了了解目标达到的程度，就要进行目标成果的考核、评价。通过对目标成果的考核与评价，可以总结成绩，找出存在的问题，为进行下一周期的管理奠定基础；可以明确优劣，使目标激励的作用真正落到实处。重视目标成果，就是重视实效，认真考核、评价目标成果也有助于克服形式主义，培养和发扬踏实、细致的工作作风。

第四，要重视目标实施过程的管理和控制。安全目标管理强调重视人、激励人、充分调动每个部门、每位成员的积极性，但这并不等于各自为政，放任自流。实现最佳的整体安全目标要求进行有组织的管理活动，要把所有的积极性集中统一起来，沿着指向目标的轨道向前运动。如果发现偏离，就应及时纠正。为此，要重视信息的收集和反馈，进行有效的指导和帮助以及必要的协调、控制。总之，安全目标管理的目标不是一个静止的"靶子"，而是为击中这个"靶子"所进行的一系列的动态安全管理控制过程。

二、安全目标管理的分类

由于任何安全管理活动都要确定自己的安全管理目标，所以安全目标管理必然有丰富的外延，可以按各种标准进行分类。以下仅列举几种主要类型。

（1）按安全目标管理的领域分类。安全目标管理可分为安全生产目标管理、安全教育目标管理、安全检查目标管理和安全文化目标管理等。在实际安全管理过程中，以上类型还可细分，如安全生产目标管理又可分为公共安全技术目标管理、设备安全技术目标管理、电气安全技术目标管理等。

（2）按安全目标管理的职能分类。安全目标管理可分为安全目标决策、安全目标计划、安全目标组织、安全目标协调、安全目标监督、安全目标控制等。上述各种安全目标管理职能，就一项安全管理的全过程来说，它们是一致的，但就各项安全管理职能的具体行使阶段和行使部门来说，在内容的侧重点上又有所区别。

（3）按安全目标管理的层次分类。安全目标管理可分为高层安全目标管理、中层安全目标管理和基层安全目标管理。上述三层目标是相对而言的。例如，从全国范围来说，国家安全生产监督管理总局的安全目标管理是高层安全目标管理，各企业的安全目标管理是基层安全目标管理。但就一个企业来说，企业的安全目标管理则是高层安全目标管理，车间和班组的安全目标管理是中层和基层安全目标管理。

（4）按安全目标管理的实现期限分类。安全目标管理可分为长期安全目标管理、中期安全目标管理和短期安全目标管理。一般来说，期限在 5 ~ 10 年的为长期安全目标，期限在 2 ~ 3 年的为中期安全目标，期限在 1 年以内的为短期安全目标。

三、实施安全目标管理的意义

（1）有利于从根本上调动各级领导者和广大职工搞好安全生产的积极性。安全目标管理依靠目标和其他一切可能的激励手段，通过建立全方位的安全目标体系，可以最有效地调动系统的所有组织。各级领导者和全体职工围绕着追求实现既定的目标，充分地发挥聪明才智，奋发努力。安全目标管理以安全目标作为起点和归宿，贯穿于管理活动的全过程中。安全目标管理可以全面地、全过程地调动各级领导者和所有职工搞好安全生产的积极性，它在这方面的优越性是其他任何管理方法都不可比拟的。

(2) 有利于贯彻落实安全生产责任制。安全生产责任制规定了各级、各部门组织、各级领导者和全体职工为实现安全生产所应履行的职责，而安全目标则体现了履行职责后所达到的效果。因此可以说确定安全目标是对安全生产责任制的补充和完善，它使得安全生产所应承担的责任更加明确和具体。实行安全目标管理的实质就是把承担安全生产责任转化成了对实现安全目标的追求。为了实现安全目标，必须圆满地履行责任。实现了目标，就是履行了责任；而没有实现目标，就要承担未履行责任的后果。安全目标管理实行权限下放，强调自我管理和自我控制，以及对目标成果的考评和奖惩，从而把责、权、利紧密地联系在一起。所有这些都可以极大地增强人们履行安全生产责任的自觉性，有效地使安全生产责任制落到实处。

(3) 有利于改善职工素质，提高企业安全管理水平。安全目标管理的强大激励作用可以有效地调动系统的所有组织和全体成员从制定目标到实现目标，始终保持强烈的进取精神。由于在制定目标时要进行深入细致的科学分析并确定有效的事故防治对策，在实施过程中要进行大量、具体的组织工作，对所遇到的困难要充分利用被授予的权利，主观能动地去加以克服，所有这些必将促进各级领导者和广大职工自觉加强学习、增长知识、提高能力，从而改善职工的素质和提高安全管理水平。

(4) 有利于安全管理工作的全面展开及现代安全管理方法的推广和应用。在实行安全目标管理时，为了保证目标的实现，必须贯彻实行系列有效的安全管理措施，这必将带动各方面安全管理工作的全面展开。例如，建立健全安全生产责任制，贯彻安全生产规章制度，进行安全教育、安全检查，实施安全技术措施，组织安全竞赛、评比，进行安全工作的考核、评价等。为了准确地分析情况，有效地采取对策，做到预防为主，实现既定目标，必须积极推广应用各种现代的安全管理方法，如系统安全分析、危险性评价、人机工程、计算机辅助管理等。

安全目标管理属于宏观的管理理论和方法，与其他安全管理方法的关系是总体与局部的关系。安全目标管理通过设定目标，全面、全过程地激励、推动和控制整个安全管理活动，对其他现代安全管理方法的运用具有指导意义。它能充分接纳其他现代安全管理方法并有利于它们充分发挥各自的作用；同时它也需要依靠一切行之有效的安全管理方法来实现既定的安全目标，推进安全管理的现代化、科学化。每一种现代安全管理方法相对安全目标管理而言，都是从某个方面、某个角度发挥作用，以提高安全管理的效果。如果没有安全目标的指导和控制，它们就难以把握准确的方向，不能充分发挥自己的效能，甚至由于彼此不协调而使力量互相抵消。由此可见，安全目标管理与其现代安全管理方法是紧密联系、不可分割的。安全目标管理有利于一切现代安全管理方法的推广和应用，而所有的现代安全管理方法都是从不同方面、不同角度围绕着安全协调配合展开活动，推动安全目标的实现。

综上所述，安全目标管理是种高层次的、综合的科学管理方法。它能有效地调动各级组织、各个部门、各级领导者和全体人员搞好安全生产的积极性；能充分发挥一切现代安全管理方法的积极作用；能充分体现全员、全部门、全过程的现代管理思想。它的实行可以全面推进安全管理水平的提高，有效促进安全生产状况的改善，所有这些已经在实践中得到证明。

第二节　安全目标的制定

制定目标是目标管理的第一步工作，目标是目标管理的依据。因此制定既先进又可行的安全目标是安全目标管理的关键环节。

一、制定安全目标的原则

安全目标的制定，必须坚持正确的原则，主要原则如下：

（1）科学预测原则。安全目标的制定，必须以科学的预测为前提。只有进行科学的预测才能准确地掌握安全管理系统内部和外部的信息，才能预见事物的未来发展趋势，从而为安全目标的确定提供科学而可靠的依据。因此，在制定安全目标时，不仅要进行深入实际的调查研究，还要运用先进预测手段，做到定性预测与定量预测相结合，从而保证安全目标的科学性和可行性。

（2）职工参与原则。安全目标的制定，不应只是企业领导者、安全管理者的事，还应当广泛发动职工共同参与安全目标的制定。发动职工参与目标的制定，不仅可以听取职工的要求和建议，集中职工智慧，增强安全目标的科学性，而且有利于安全目标的贯彻和执行。

（3）方案选优原则。安全目标的制定，必须坚持方案选优原则。这一原则要求在安全目标的制定过程中，首先要有多个选择方案，然后通过科学决策和可行性研究，从多个方案中选出一个满意的方案。满意主要有以下三个标准：①目标要有较高的效益性，其中包括有较高的安全效益、经济效益和社会效益；②目标要有先进性，要有一定的创新和一定的难度；③目标要有可行性，切合实际，通过努力能够实现。

（4）信息反馈原则。在坚持上述原则的基础上所确定的安全目标，并不能保证有足够的科学性、先进性和可行性。这主要是因为：首先，人们的认知能力和知识水平是有限的，有些安全目标在当时看来是科学的、合理的，但随着时间的推移和人们认知能力的提高，事后就会发现其不足之处；其次，企业内部环境和外部环境是不断变化的，条件的不断改变，会使原定的安全目标出现偏差。因此，制定安全目标必须坚持信息反馈原则，不断收集反馈各种有关信息，及时纠正偏差。

二、安全目标的内容

制定安全目标包括企业安全目标方针、总体目标以及实现目标的对策措施三方面内容。

1. 企业安全目标方针

企业安全目标方针就是用简明扼要、激励人心的文字和数字对企业安全目标进行的高度概括。它反映了企业安全工作的奋斗方向和行动纲领。企业安全目标方针应根据上级的要求和企业的客观条件，经过科学分析和充分论证后加以确定。譬如某厂某年制定的安全目标方针是：“加强基础深管理，减少轻伤无死亡，改善条件除隐患，齐心协力展宏图。”

2. 总体目标（企业总安全目标）

总体目标是目标方针的具体化。它具体规定了为实现目标方针在各主要方面应达到的要求和水平。只有目标方针而没有总体目标，目标方针就成了一句空话。也只有根据目标方针确定总体目标，总体目标才有正确的方向，才能保证目标方针的实现。目标方针与总体目标是紧密联系、不可分割的。

总体目标由若干个目标项目所组成。这些目标项目应该既能全面反映安全工作在各个方面的要求，又能适应于国家和企业的实际情况。每一个目标项目都应规定达到的标准，而且达到的标准必须数值化，即一定要有定量的目标值。因为只有这样才能使职工的行动方向明确具体，在实施过程中便于检查控制，在考核评比时有准确的依据。一般来说，目标项目可以包括下列几个方面：

（1）各类工伤事故指标。根据《企业职工伤亡事故分类标准》，主要工伤事故指标有千人无亡率、千人重伤率、伤害频率、伤害严重率。根据行业特点，也可选用按产品、产量计算的死亡率，如百万吨死亡率、万立方米木材死亡率。

（2）工伤事故造成的经济损失指标。根据《企业职工伤亡事故经济损失统计标准》，这类指标有千人经济损失率和百万元经济损失率。根据企业的实际情况，为了便于计算，也可以只考虑直接经济损失，即以直接经济损失率作为控制目标。

（3）粉尘、毒气、噪声等职业危害作业点合格率。

（4）日常安全管理工作指标。对于安全管理的组织机构、安全生产责任制、安全生产规章制度、安全技术措施计划、安全教育、文明生产、隐患整改、班组安全建设、经济承包中的安全保障以及“三同时”“五同时”等日常安全管理工作的各个方面均应设定目标值。

3. 对策措施

为了保证安全目标的实现，在制定目标时必须制定相应的对策措施，对策措施的制定要避免面面俱到或“蜻蜓点水”，应该抓住影响全局的关键项目，针对薄弱环节，集中力量有效解决问题。对策措施应规定时限，落实责任，并尽可能有定量的指标要求。从某些意义上来说，对策措施也可以看作是为实现总体目标而确定的具体工作目标。

三、确定安全目标值的依据和要求

确定安全目标值的主要依据是企业自身的安全状况、上级要求达到的目标值以及历年特别是近期各项目标的统计数据。同时也要参照同行业，特别是先进企业的安全目标值。

安全目标值应具有先进性、可行性和科学性。目标值设得过高，努力也不可能达到，会打击安全工作者与工人的积极性；目标值设得过低，无须努力就能达到，则无法调动安全工作者与工人的积极性和创造性。由此可见，目标值过高或过低均不能对组织的安全工作起到推动作用，起不到目标管理的作用。因此目标值的确定应建立在科学分析论证的基础上，充分了解自身的条件和状况，并对未来进行科学的预测和决策，做到先进性和可行性的正确结合。企业安全目标值设定的依据主要有：

（1）党和国家的安全生产方针、政策，上级部门的重视和要求。

（2）本系统本企业安全生产的中、长期规划。

（3）工伤事故和职业病统计数据。

（4）企业长远规划和安全工作的现状。

（5）企业的经济技术条件。

四、制定安全目标的程序

制定安全目标一般分为三步，即调查分析评价、确定目标、制定对策措施，具体内容如下：

1. 调查分析评价

这是制定安全目标的基础，要应用系统安全分析与危险性评价的原理和方法对企业的安全状况进行系统全面的调查、分析、评价，重点掌握如下情况：①企业的生产、技术状况；②由企业发展、改革开放带来的新情况、新问题；③技术装备的安全程度；④人员的素质；⑤主要的危险因素及危险程度；⑥安全管理的薄弱环节；⑦曾经发生的重大事故情况及对事故的原因分析和统计分析；⑧历年有关安全目标指标的统计数据。

通过调查分析评价，还应确定出需要重点控制的对象，一般有以下几个方面：

（1）危险点。危险点是指可能发生事故，并可能造成人员重大伤亡、设备系统重大损失的现场。

（2）危害点。危害点是指粉尘、毒气、噪声等物理、化学有害因素严重，容易产生职业病和恶性中毒的场所。

（3）危险作业。危险作业是指当生产任务紧急特殊，不适于执行一般性的安全操作规程，安全可靠性差，容易发生人身伤亡或设备损失，事故后果严重，需要采取特别控制措施的特殊作业。

（4）特种作业。特种作业是指容易发生人员伤亡事故，对操作者本人、他人及周围设施的安全有重大危险因素的作业。国家规定特种作业及人员范围包括（见《特种作业人员安全技术培训考核管理规定》）：①电工作业；②压力焊作业；③高处作业；④制冷与空调作业；⑤煤矿安全作业；⑥金属非金属矿山安全作业；⑦石油天然气安全作业；⑧冶金（有色）生产安全作业；⑨危险化学品安全作业；⑩烟花爆竹安全作业；⑪国家安全生产监督管理总局认定的其他作业。

（5）特殊人员。特殊人员是指心理、生理素质较差，容易产生不安全行为，造成危险的人员。

2. 确定目标

关于确定安全目标方针和目标项目如前所述，这里主要介绍目标值的确定。

确定目标值要根据上级下达的指标，比照同行业其他企业的情况。但不应简单地就以此作为自己企业的安全目标值，而应以对企业安全状况的分析评价、历年来有关目标指标的统计数据为基础，对目标值加以预测，在进行综合考虑后确定。对于不同的目标项目，在确定目标值时可以有三种不同的情况。

（1）只有近几年统计数据的目标项目，可以以其平均值作为起点目标值。如经济损失率的统计近几年才开始受到重视，过去的数据很不准确，不能作为确定目标值的依据。

（2）对于统计数据比较齐全的目标项目（如千人死亡率、千人重伤率等），可以利用回归分析等数理统计方法进行定量预测。

（3）对于日常安全管理工作的目标值，可以结合对安全工作的考核评价加以确定，也就是把安全工作考核评价的指标作为安全管理工作的目标值。具体来说，就是根据企业的实际情况确定考核的项目、内容、达到的标准，给出达到标准值应得的分数。所有项目标准分的总和就是日常安全管理工作的最高目标值。以此为基础，结合实际情况确定一个适当的低于此值的分数值作为实际目标值。这样把安全目标管理和对安全工作的考核评价有机地结合起来，就能更加有效地推动安全管理工作，促进安全生产的发展。

3. 制定对策措施

如上所述，制定对策措施应该抓住重点，针对影响实现目标的关键问题，集中力量加以解决。一般来说，可以从下列各方面进行考虑：①组织、制度；②安全技术；③安全教育；④安全检查；⑤隐患整改；⑥班组建设；⑦信息管理；⑧竞赛评比、考核评价；⑨奖惩；⑩其他。

制定对策措施要重视研究新情况、新问题，如企业承包经营的安全对策、采用新技术的安全对策等；要积极开拓先进的管理方法和技术，如危险点控制管理、安全性评价，安全生产标准化达标等；制定出的对策措施要逐项列出措施内容、完成日期，并落实责任。

第三节　安全目标的展开

根据整分合原理，制定目标先要整体规划，还应明确分工，即在企业的总安全目标制定以后，应该自上而下层层展开，将安全目标分解落实到各科室、车间、班组和个人，纵向到底，横向到边，使每个组织每位职工都确定自己的目标，明确自己的责任，形成一个人人保班组、班组保车间、车间保厂部，层层互保的目标连锁体系。安全目标体系如图5－1所示。

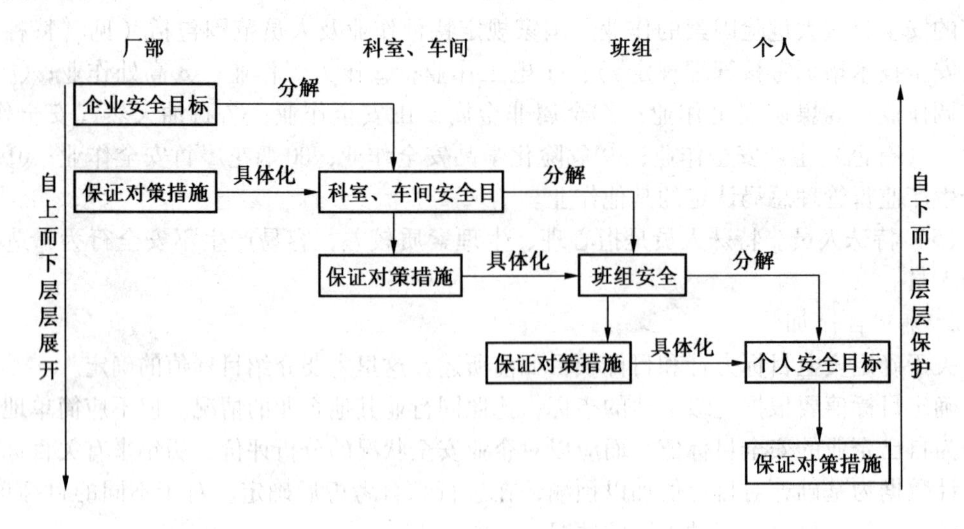

图5－1　安全目标体系

一、目标展开的过程和要求

（1）上级在制定总安全目标时要发扬民主，在征求下级意见并充分协商后再正式确定。与此同时，下级也应参照制定企业总安全目标的原则和方法初步酝酿本级的安全目标和对策措施。

（2）上级公布企业安全目标和保证对策措施，并向下级分解，提出明确要求，下级根据上级的要求制定目标。在制定目标时，上下级要充分协商，取得一致。上级对下级要充分信任并加以具体指导；下级要紧紧围绕上级目标来制定自己的目标，必须做到自己的目标能保证上级目标的实现，并得到上级的认可。

（3）按照同样的方法和原则将目标逐级展开，纵向到底，横向到边，不应存在哪个部门和个人被遗漏的情况。

（4）目标展开要紧密结合落实安全生产责任制，在目标展开的同时要逐级签订安全生产责任状，把目标内容纳入其中，确保目标责任的落实。

二、目标的协调与调控

由于企业的安全目标要依靠各级领导者和所有职工共同努力才能实现，因此在制定目标时，不但上下级之间要充分协商，各部门、各单位之间也必须协调一致，彼此取得平衡。如果做不到这一点，则上级应该加以组织和指导，并进行适当的调整，以取得协调和平衡。譬如，在不同的车间、部门，任务不同，危险因素的程度不同，达到目标的难易不同，那么目标值就应有所区别，与各自的具体情况相一致。

除了安全目标要协调、平衡外，为了保证目标的对策措施，在各部门、各单位之间也要取得协调配合。因为这些对策措施往往要许多部门协调配合才能实现。譬如，为了完成某项安全技术措施，需要设计部门设计、财务部门拨款、计划部门下达计划、工艺部门和车间实施等。

三、目标展开图

为了直观、形象、简明地显示目标和目标对策，明确目标责任，应该编制目标展开图。目标展开图的格式没有统一的规定，不同的企业、不同的管理层都可以根据自己的实际情况编制目标展开图。但无论用什么格式，都应该是以有效、综合的原则，要在目标展开图中明确显示目标内容、目标责任、目标协调以及实施的进度等方面的内容和要求。这样做的好处如下：

（1）使全体职工能一目了然地明确本单位的安全生产总目标和自己的分目标，从而起到振奋人心、加强团结的作用。

（2）使各岗位的职工都能知道与自己有关的其他岗位在什么时间要做什么事情，便于取得联系，协调工作。

（3）有利于掌握下级人员安全目标的完成情况，便于从整体上对众多安全目标项目进行调整和平衡。

（4）把安全目标展开图张贴在显眼的地方，能起到互相提醒、互相促进和互相鼓舞的作用。

第四节　安全目标的实施

在制定和展开安全目标后就转入了目标实施阶段。安全目标的实施是指在落实保障措施，促使安全目标实现的过程中所进行的管理活动。安全目标实施的效果如何，对安全目标管理的成效起决定性作用。在这个阶段中要着重做好自我管理、自我控制，必要的监督与协调，有效的信息交流等方面的工作。

一、自我管理、自我控制

这是目标实施阶段的主要原则，在这个阶段，企业从上到下的各级领导者、各级组织，直到每一位职工都应该充分发挥自己的主观能动性和创造精神，围绕着追求实现自己的目标，独立自主地开展活动，抓紧落实，实现所制定的对策措施。要把实现对策措施与开展日常安全管理和采用各种现代安全管理方法结合起来，以目标管理带动日常安全管理，促进现代安全管理方法的推广和应用。要及时进行自我检查、自我分析，及时把握目标实施的进度，发现存在的问题，并积极采取行动，自行纠正偏差。在这个阶段，上级对下级要注意权限下放，充分给予信任，要放手让下级独立去实现目标，对下级权限内的事不要随意进行干预。

为了做好这一阶段的自我管理、自我控制，可以采取以下两项措施：

（1）编制安全目标实施计划表。安全目标实施计划表可以按照 PDCA 循环的方式进行编制，其格式见表 5－1。在具体实施过程中，还应进一步展开，使每项对策措施更加详细具体。对 PDCA 循环过程也应加以详细记录，以取得更好的效果，同时为成果评价阶段奠定基础。

表 5－1　安全目标实施计划表

安全目标	对策措施（P）	实施（D）						检查（C）						处理（A）			
		单位	负责人	实施进度/月				单位	负责人	检查结果/月				单位	负责人	检查结果	遗留问题
				1	2	…	12			1	2	…	12				

（2）旗帜管理法。旗帜管理法即对实施安全目标的各级组织分别画出类似旗帜的管理控制图，批次连锁，形成一个管理控制图体系，并据此来进行动态管理控制。当某级发现管理失控时，即可沿着图示的线索逐步往下寻找哪里出了问题，以便及时采取措施恢复控制。

二、监督与协调

安全目标的实施除了依靠各级组织和广大职工的自我管理、自我约束，还需要上级对下级的工作进行有效的监督、指导、协调和控制。

首先，实行必要的监督和检查。通过监督检查，对目标实施中好的典型要加以表扬和宣传；对偏离既定目标的情况要及时指出并纠正；对目标实施中遇到的困难要采取措施给予关心和帮助。使上下级两方面的积极性有机地结合起来，从而提高工作效率，保证所有目标的圆满实现。

其次，安全目标的实施需要各部门各级人员的共同努力、协作配合。通过有效的协调可以消除实施过程中各阶段、各部门之间的矛盾，保证目标按计划顺利实施。目标实施过程中的协调方式大致有以下三种：

（1）指导型协调。它是管理中上下级之间的一种纵向协调方式。采取的方式主要有指导、建议、劝说、激励、引导等。该方式的特点是不干预目标责任者的行动，按上级意图进行协调。这种协调方式主要应用于：①需要调整原计划时；②下级执行上级指示出现偏差需要纠正时；③同一层次的部门或人员工作中出现矛盾时。

（2）自愿型协调。它是横向部门之间或人员之间自愿寻找配合措施和协作方法的协调方式。其目的在于相互协作、避免冲突，更好地实现目标。这种方式充分体现了企业的凝聚力和职工的集体荣誉感。

（3）促进型协调。它是各职能部门专业小组或个人相互合作，充分发挥各自的特长和优势，为实现目标而共同努力的协调方式。

三、有效的信息交流

企业组织中的信息交流是企业经营管理中一个不可忽视的重要过程，所有的组织活动都必须依赖信息的传递与交流来进行，包括计划、组织、领导、控制等各个方面。企业是否具备高效、畅通的信息交流机制在很大程度上决定着企业本身的效率和服务的质量。

安全目标的有效实施要注重信息交流，建立健全信息管理系统，使上情能及时下达，下情能及时反馈，从而便于上级及时、有效地对下级进行指导和协调，下级及时掌握不断变化的情况，及时做出判断和采取对策，实现自我管理和自我控制。

第五节　目标成果的考评

目标成果的考评是安全目标管理的最后一个阶段。在这个阶段要对实际取得的目标成果做出客观的评价，对达到目标的给予奖励，对未达到目标的给予惩罚，从而使先进的受到鼓舞，落后的得到激励，进一步调动全体职工追求更高目标的积极性。通过考评还可以总结经验教训，发扬优势、克服缺点，明确前进的方向，为下期安全目标管理奠定基础。

一、目标考评的原则

（1）考评要公开、公正。考评标准、考评过程、考评内容、考评结果及奖惩办法要公开，以增加考评的透明度。考评要有统一的标准，标准要定量化，无法定量的要尽可能细化，使考评便于操作，也要避免因领导者或被考评人的不同，而有不同的考评标准。

（2）自我评价与上级评定相结合。目标成果考评要充分体现自我激励的原则，要以自我评价为主，即在各个层次的评价中，首先进行自我评价。个人在班组内，班组在车间内，车间在全厂内，对照自己的目标，总结自己的工作。本着严格要求自己的精神，实事求是地对实现目标的情况做出评价。

在自我评价的基础上还要结合上级领导的评价，而且要以领导的评定结果作为最终的结果。这是由于上级领导能够统筹全局，保证评定结果的协调平衡；防止自我评价中可能出现的偏颇与疏漏。上级评定也要注意民主协商和具体指导，即在下级进行自我评价时要给予同志式的指导和帮助，启发下级客观地评价自己，正确地总结经验教训；在领导评定时要与下级充分交换意见，产生分歧时要认真听取和考虑下级的申诉，力求使最后评定的结果公正、准确。

（3）重视成果与综合评价相结合。目标成果评价应重视成果，以目标值的实现程度作为主要的依据，要用事实和数据说话，切忌表面印象。但同时也要考虑不同组织和个人实现目标的复杂困难程度和在达标过程中的主观努力程度，还要参考目标实施措施的有效性和单位之间的协作情况，应该对所有这些方面的内容区别主次，综合评价，力求得出客观公正的结果。

（4）考评标准要简化、优化。考评涉及的因素较多，考评结果应最大限度表明目标结果的成效。首先，考评标准尽量简化，避免项目过多，引起考评工作的烦琐和复杂；其次，考评标准要优化，要抓住反映目标成果的主要问题，评定等级要客观。

二、目标考评的方法

目标考评一般采用打分法，其步骤如下：

（1）确定各目标项目得分比例。把完成全部目标项目得分定为100分，再按各个项目的重要程度分别规定其比例。例如，工伤事故指标∶经济损失指标∶尘毒合格率指标∶日常安全管理指标=4∶1∶2∶3。

（2）给各目标项目打分。对每个目标项目，根据其达标程度、目标复杂困难程度、达标过程努力程度等方面分别打分，同时确定各方面内容的比例，把每一方面内容的得分乘以相应比例数值后相加，得到每个目标项目的总分。例如，达标程度∶目标复杂困难程度∶达标过程努力程度=5∶3∶2，则

目标项目得分=达标程度得分×50%+目标复杂困难程度得分×30%+达标过程努力程度得分×20%

比例的分配是人工设定的，可根据需要适当加以调整。比如，当强调要求下级发挥能力时，则可把达标过程努力程度得分的比例提高。

（3）综合评价。把每个目标项目的得分乘以它的比例后，逐项相加就可得到所有目标项目的得分和，以此为基础，再考虑目标实施措施的有效性和协作情况，就可得到目标成果的总分值。即

目标成果总分=各目标项目得分之和+实施措施有效性分+协作分

式中后两项的得分均以各目标项目得分之和乘以系数得到，各项的系数之和以不超过20%为宜。例如，设目标项目得分之和为90分，实施措施有效性和协作情况的系数均为5%，则

目标成果总分=90分+90分×5%+90分×5%=99分

根据我国的实际情况，安全目标管理的成果考评有与安全工作的考核评价结合起来进行的趋势。如前所述，在制定安全目标时，对于日常安全管理工作的目标可以取安全工作考核评价的指标。实际上，有些企业不仅把这两者统一起来，还把其他目标项目也纳入了安全工作考核评价的范围，把这些目标项目的目标值作为安全工作的考评指标，并给出标准分数，确定评分标准。在考核评价时，根据实际达标情况逐项打分，所有项目得分的总和就是安全工作考评的得分，也即目标成果的总分。

这种考评方法是切实可行的，且有利于安全目标管理的持久开展，使之制度化和标准

化，也有利于安全目标管理与贯彻落实安全生产责任制的紧密结合。但这种方法的考评结果只考虑了达标程度一个因素，忽略了目标复杂困难程度和达标过程努力程度等因素，因此，还有待在实践中加以研究改进，使目标成果的考评更加趋于完善。

三、奖惩与总结

在综合评定的基础上要根据预先制定的奖惩办法进行奖惩，使先进者受到奖励，落后者受到鞭策。既要有经济上的奖惩，也要注意精神上的表彰，使达标者获得精神追求的满足，也使未达标者得到精神上的激励。

对待奖罚，上级领导一定要兑现诺言，严格遵循奖罚规定。不能言而无信，也不能搞“照顾情绪”“平衡关系”，否则失信于民，给下期安全目标管理造成困难。

目标考评不但应得出正确的评定结果，还应达到改进提高的目的，为此，在目标考评的全过程中要注意引导全体职工认真总结经验教训，发扬优势，克服缺点，明确前进的方向。

总之要以鼓励为主，即使对未达标者也应充分肯定其达到的目标成果和为达标所做出的努力，同时热情地帮助他们分析研究存在的问题，提出改进的措施。

四、注意事项

为了做好目标成果考评，应注意做好下列事项：

（1）建立好评价组织。在统一领导下建立企业、车间、班组三级评价小组。选作风正、懂业务、会管理、有威信的人参加，使之具有权威性。各级领导者是评价小组的成员。

（2）在民主协商的基础上，预先制定好考核细则、评价标准和奖罚办法，并在安全目标管理开始时就向全体职工明确宣布。

复习思考题

1. 如何理解安全目标管理与目标管理之间的联系与区别？
2. 如何科学制定安全目标？
3. 目标成果的考评对于有效实施安全目标管理有何作用？
4. 进行目标成果考评时需注意哪些主要问题？

第六章　系统安全管理

本章概要和学习要求

本章主要讲述了系统与系统安全、系统安全管理模式以及系统管理标准体系。要求学生了解系统和系统安全的概念，理解系统安全管理模式的内容，掌握系统管理标准体系。

系统安全管理是在传统安全管理基础上发展起来的，以系统安全思想为基础的综合性管理技术，强调研究方法上的整体化、技术应用上的综合化、安全管理科学化。

本章主要介绍了系统安全管理的维度、模式以及系统管理标准体系的相关知识。

第一节　系统与系统安全

一、系统

1. 系统的概念

系统是由相互作用、相互依赖的若干元素结合而成的具有特定功能的有机整体。系统符合以下条件：①元素。系统必须由两个或两个以上的元素组成。②元素间的联系。系统的各元素间相互联系和作用。③边界条件。系统元素受外界环境和条件的影响。④输入、输出的动态平衡。系统元素有着共同的目的和特定的功能，为完成这些功能，系统必须保持输入、输出的动态平衡。

2. 系统的特点

系统的特点：①整体性。系统是由两个或两个以上相互区别的要素（元件或子系统）组成的整体。构成系统的各要素虽然具有不同的性能，但它们通过综合、统一（而不是简单拼凑）形成的整体就具备了新的特定功能，就是说，系统作为一个整体才能发挥其应有功能。所以，系统的观点是一种整体的观点，一种综合的思想方法。②相关性。构成系统的各要素之间、要素与子系统之间、系统与环境之间都存在着相互联系、相互依赖、相互作用的特殊关系，通过这些关系，使系统有机地联系在一起，发挥其特定功能。③目的性。任何系统都是为完成某种任务或实现某种目的而发挥其特定功能的。要达到系统的既定目的，就必须赋予系统规定的功能，这就需要在系统的整个生命周期，即系统的规划、设计、试验、制造和使用等阶段，对系统采取最优规划、最优设计、最优控制、最优管理等优化措施。④有序性。系统有序性主要表现在系统空间结构的层次性和系统发展的时间顺序性。系统可分成若干子系统和更小的子系统，而该系统又是其所属系统的子系统。这种系统的分割形式表现为系统空间结构的层次性。另外，系统的生命过程也是有序的，它总是要经历孕育、诞生、发展、成熟、衰老、消亡的过程，这一过程表现为系统发展的有序性。系统的分析、评价、管理都应考虑系统的有序性。⑤环境适应性。系统是由许多特定部分组成的有机集合体，而这个集合体以外的部分就是系统的环境。系统从环境中获取必要的物质、能量和信息，经过系统的加工、处理和转化，产生新的物质、能量和信息，然后再提供给环境。另一方面，环境也会对系统产生干扰或限制，即约束条件。环境特性的变化往往能够引起系统特性的变化，系统要实现预定的目标或功能，必须能够适应外部环境的变化。研究系统时，必须重视环境对系统的影响。⑥动态性。世界上没有一成不变的系统。系统不仅作为状态而存在，而且具有时间性程序。在整个人类社会和自然环境的运行中，系统中的各元素、子系统都是随着时间的改变而不断改变的。

3. 系统的功能结构

为了实现系统自身的正常运行和功能，系统需要以一定的方式构成，应具有保持和传递能量、物质和信息的特征。系统种类繁多，根据控制论观点，系统由三部分组成，即输入、处理和输出，如图 6－1 所示。任何系统都具有输出某种产物的功能，例如，以信息流为主体的系统，如一项计划可视为输入，计划经过执行，即处理阶段，最后得到的结果视为输出。这种系统称为管理系统。处理后得到的结果与原定目标不一致时，需要修正，改善执行环节，以达到预期的目标，这个过程就是反馈。

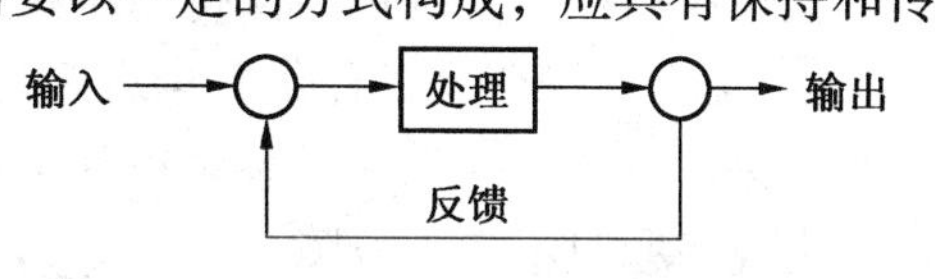

图 6－1　系统功能结构示意图

二、系统安全

1. 系统安全的概念

系统安全是指在系统生命周期内应用系统安全工程和系统安全管理方法，辨识系统中的危险源，并采取有效的控制措施使其危险性最小，从而使系统在规定的性能、时间和成本范围内达到最佳的安全程度。

系统安全体现了人们在研制、开发、使用、维护这些大规模复杂系统的过程中的实际需求。20 世纪 50 年代以后，科学技术进步的一个显著特征是设备、工艺及产品越来越复杂。这些复杂的系统往往由数以千万计的元素组成，各元素之间的非常复杂的连接，在被研究制造或使用过程中往往涉及高能量，系统中微小的差错就会导致灾难性的事故。大规模复杂系统安全性问题受到了人们的关注，于是，出现了系统安全理论和方法。

2. 系统安全思想

（1）安全是相对的思想。世界上没有绝对安全的事物，任何事物中都包含有不安全的因素，具有一定的危险性。安全是通过对系统的危险性和允许接受的限度相比较而确定的，安全是主观认识对客观存在的反应，这一过程可用图 6－2 加以说明。

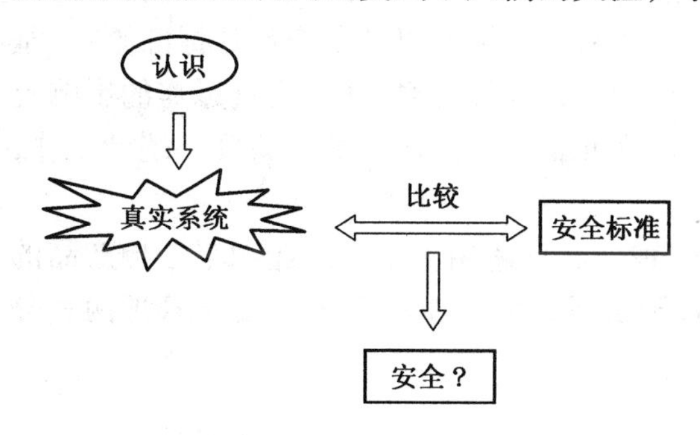

图 6－2　安全的认识过程

系统安全认为，安全工作的首要任务就是在主观认识能够真实地反映客观存在的前提下，在允许的安全限度内，判断系统危险性的程度。在这一过程中要注意：认识的客观性、真实性；安全标准的科学性、合理性；安全是伴随着人们的活动过程，是一种与时间、空间相联系的状态。

（2）安全伴随着系统生命周期的思想。系统安全强调安全管理不能是一项孤立和静止的工作，而应从系统的构思开始，经过可行性论证、设计、建造、试运转、维修直至系统报废（完成一个生命周期），考虑和解决其各个环节存在的不同的安全问题，将安全活动贯穿于系统生命整个周期，直到系统报废为止。

系统安全特别重视系统生命周期中两个方面的安全问题。

① 本质化安全。系统的本质化安全追求两个基本的目标：一是系统正常运行条件下本身是安全的，即系统在其生命周期中不依赖保护与修正的安全设施也能安全运行。二是系统的故障安全，也就是当系统处于内外故障或操作失误时，不会导致事故发生或能够自动阻止错误操作，系统仍能保持稳定状态。

② 工程化安全。工程化安全思想是对本质安全的补充，其主导思想就是应用工程化的安全保护设备进一步加强系统在其生命周期中的安全性，同时必须确保工程安全设备在系统出现问题时不产生故障。

（3）系统中的危险源是事故根源的思想。按照系统安全的观点，危险源是可能导致事故潜在的危险因素，这些危险因素包括物的故障、人的失误、不良的环境因素等。危险源造成人员伤亡或物质损失的可能性称作危险性，它可以用危险度来度量。任何系统都不可避免地存在某些危险源，而这些危险源只有在事件的触发下才会产生事故。

三、系统安全管理

1. 系统安全管理的特点

（1）系统安全管理认为现代安全管理的中心任务是风险管理。运用系统安全分析方法，而且通过定量分析，预测事故发生的可能性和事故后果的严重性，从而可以采取相应的措施预防事故发生。

（2）系统安全管理强调辩证唯物的认识论。现代工业的大规模化、连续化和自动化，使生产关系日趋复杂，各个环节和工序之间相互联系、相互制约。系统安全管理通过系统分析，全面地、系统地、彼此联系地以及预防性地处理生产系统中的安全性，而不是孤立地、就事论事地解决生产系统中的安全性问题。

（3）系统安全管理重视对基本信息的管理。开展定量的风险分析和安全评价，需要以各种安全管理标准（如许可安全值、故障率、人机工程标准以及安全设计标准等）、基本的风险概率和严重度指标为基础（如系统中危险物质泄漏的概率、火灾爆炸的影响范围等）。系统安全管理重视各项标准的制定和有关可靠性数据的收集、整理、统计工作，不断提升安全管理的科学化水平。

（4）系统安全管理的方法，不仅适用于管理，而且适用于工程，还用来指导产品的设计、制造、使用、维修和检验。目前已初步形成系统安全工程和系统安全管理两大分支。

2. 系统安全管理的基本工作方法

系统安全管理的基本方法是 PDCA 循环法。这个方法由美国质量管理专家戴明（W. E. Deming）首先提出并运用到质量管理工作上，所以又称戴明循环或戴明（PDCA）管理模式。

戴明管理模式包括 4 个阶段 8 个步骤：

(1) 4 个阶段。即策划（Plan）、实施（Do）、检查（Cheek）、处置或改进（Action）。第一阶段是策划阶段，即 P 阶段。通过调查、设计和试验制定技术经济指标、质量目标、管理目标以及达到这些目标的具体措施和方法。第二阶段是实施阶段，即 D 阶段。按照所制订的计划和措施去付诸实施。第三阶段是检查阶段，即 C 阶段，要对照计划，检查执行情况和效果，及时发现计划实施过程中的问题。第四阶段是处置或改进阶段，即 A 阶段，要根据检查的结果采取措施，把成功的经验加以肯定，形成标准；对于失败的教训，也要认真总结，以防日后再出现。对于一次循环中解决不好或者还没有解决的问题，要转到下一个 PDCA 循环中去继续解决。PDCA 循环，像一个车轮不停地向前转动，同时不断地解决产品质量中存在的各种问题，从而使产品质量不断得到提高（图 6-3）。

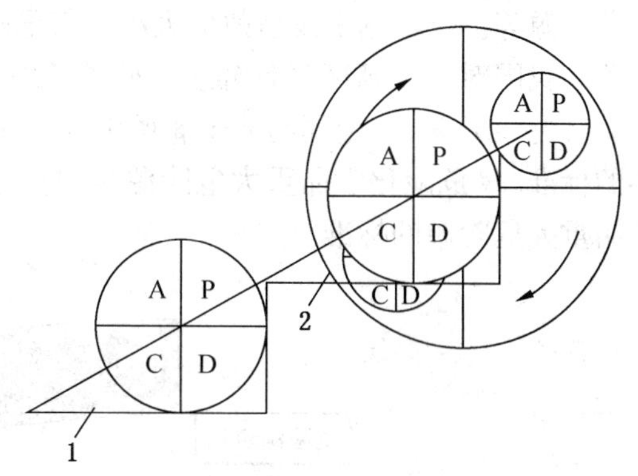

1—原有水平；2—新的水平

图 6-3　PDCA 循环上升示意图

(2) 8 个步骤。8 个步骤是 4 个阶段中主要内容的具体化，包括：①调查现状；②分析原因；③找出主要原因；④制订计划和活动措施。以上 4 个步骤是策划（P）阶段的具体化；⑤实施（D）阶段，按预定的计划认真执行；⑥检查（C）阶段，调查了解采取对策后的实际效果；⑦根据检查的结果进行总结；⑧把本次循环没有解决的遗留问题转入下一个 PDCA 循环中去。⑦、⑧两步骤是处理（A）阶段的具体化。

PDCA 循环的 4 个阶段 8 个步骤，体现着科学认识论的管理手段和科学的工作程序。它不仅在质量管理工作中可以运用，同样也适用于安全、环境、健康等其他各项管理工作。目前在国内外企业有将质量（Quantity）、健康（Healthy）、安全（Safety）、环境（Environment）管理整合的趋势，设立 EHS（或 QEHS）管理部门。遵照 ISO 9001 质量标准、ISO 14001 环境标准以及 OSHAS 18001 安全管理标准化管理体系，其核心就是根据戴明管理模式构建管理体系，贯彻和实施全面的、持续改进的科学化管理。

四、系统安全管理的维度

1. 系统安全管理的时间维度

为了预防和控制因危险源引发的事故，系统安全管理在时间维度上强调任何具体的安全工作都应该包含对系统中危险源进行辨识、评价和控制三项基本内容。这三项基本活动在时序上相互关联、逐项递进、循环发展，构成了一个有机的整体。通过持续的努力，实现系统安全水平的不断提升。这三项基本工作的具体内容和相互关系结构如图 6-4 所示。

1) 危险源辨识

危险源辨识是发现、识别系统中的危险源。危险源辨识包括以下几个方面：

(1) 辨识危险源的类别。除了两类危险源的分类外，危险源还有多种分类方式：①根据引发事故的能量和危险物质可将危险源分为火灾危险源、爆炸危险源、毒性危险源、粉尘危险源、机械危险源、电气危险源、放射危险源、热媒危险源、冷媒危险源、噪声危险源等。②根据引发事故的大小可将危险源分为一般危险源、重大危险源、特大危险源等。我国对于储罐区（储罐）、库区（库）、生产场所、压力管道、锅炉、压力容器、煤矿（井工开采）、金属与非金属矿山（井工开采）、尾矿库等分别制定了区别危险源大小的标准。《危险化学品重大危险源辨识》（GB 18218—2009）还专门规定了判定危险化学品重大危险源的标准。

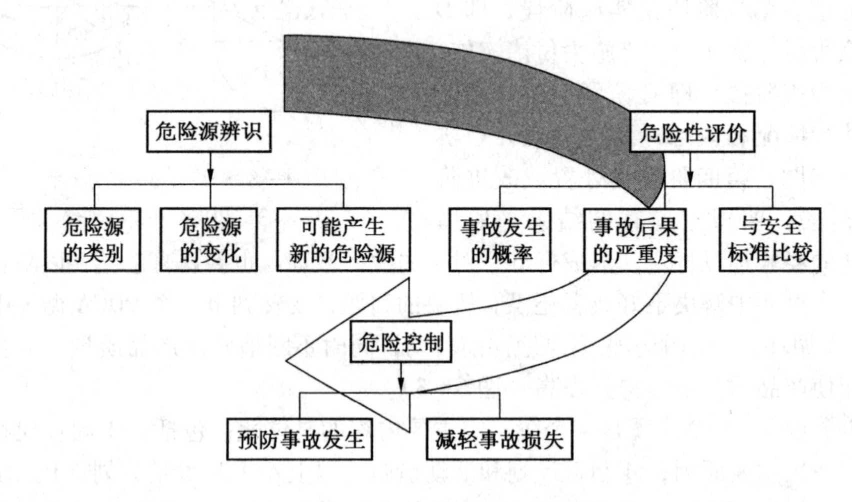

图6-4　系统安全工程的时序结构

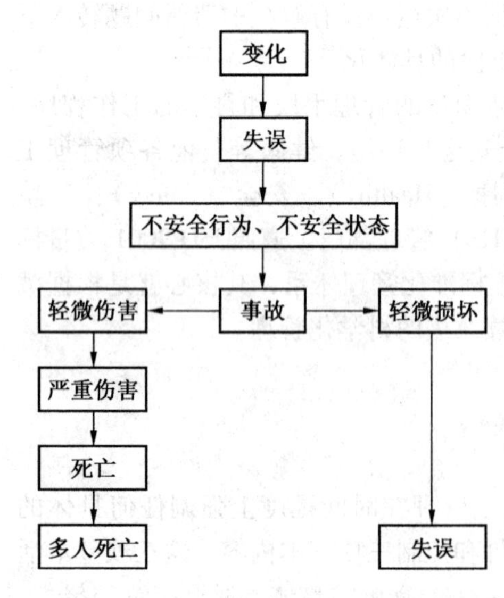

图6-5　约翰逊的事故因果连锁模型

（2）辨识危险源的变化。任何系统都是动态的，系统中的危险源也不可能一成不变。约翰逊（Johnson）认为人的失误和物的故障的发生都与系统的变化有关，图6-5所示为约翰逊的事故因果连锁模型。在安全管理工作中，变化被看作是一种潜在的事故致因，危险源的变化包括数量的变化、类型变化、位置的变化、传递方式的变化等，危险源辨识必须认真分析和识别这些变化。

（3）辨识可能产生的新危险源。系统在运行过程中，其状态、载荷、功能、目标、环境等可能发生变化，因此可能出现新的危险因素和危险源。

2）危险性评价

危险性评价是评价危险源导致各类事故的可能性、事故造成损失的严重程度，判断系统的危险性是否超出了安全标准，以决定是否应采取危险控制措施以及采取何种控制措施。危险性评价包括以下几个方面：

（1）事故发生概率的确定。事故发生概率指所研究的系统在单位时间内发生事故的次数。事故发生概率通常根据不同行业、不同企业事故的统计或生产工艺安全分析得到；在事故样本缺少的情况下，也可以通过模糊数学的方法推断。

（2）事故后果严重度的确定。事故后果严重度指事故造成损失的大小，包括经济损失和非经济损失两部分。对于后者通常难以确定，因此事故后果严重度一般仅考虑经济损失。经济损失是可以用货币折算的损失，是人员伤亡和财产损失的总和，包括直接经济损失和间接经济损失。

（3）与安全标准比较。安全标准又称为风险标准，是社会公众允许的、可以接受的危险度。由于安全标准因时、因地、因人而异，因此需要通过具体的风险分析来确定。

当系统危险性低于可以接受的安全标准时，就需要采取控制措施。

3）危险控制

系统危险控制主要是通过改善生产工艺和改进生产设备来降低系统危险性实现系统安全的。危险控制可以划分为预防事故发生的危险控制及防止或减轻事故损失的危险控制两部分。

2. 系统安全管理的空间维度

系统安全管理在空间维度上强调“人—机器（设备）—环境”系统的有机结合来预防和控制因危险源引起的事故。这是因为，对于一个具体的生产系统，作为第一类危险源的能量或危险物质在客观上已经确定了，其数量和状态通常变化不大，而作为第二类危险源致使系统屏蔽失效的人的失误、物的故障以及环境因素却是随时变化的。因此，必须综合分析和整体控制人、机、环境中存在的危险因素及其相互的影响。系统安全管理的空间维度的基本要素如图6－6所示。

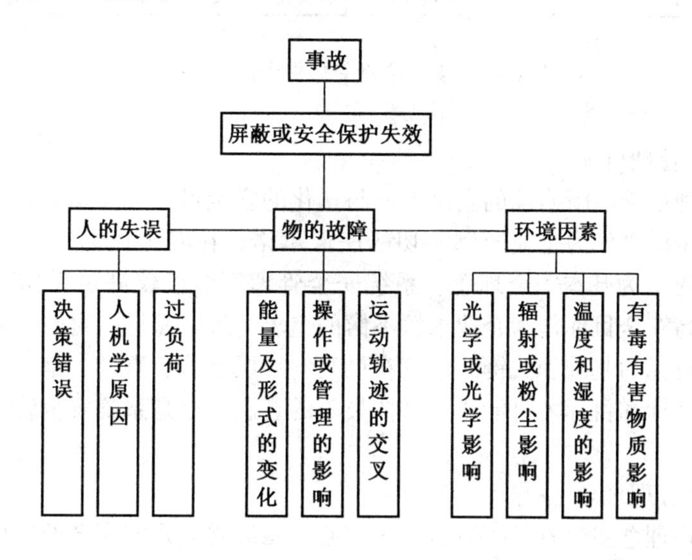

图6－6 系统安全管理的空间维度

第二节 系统安全管理模式

一、概述

1. 安全管理模式

管理模式，是企业在管理规章制度和企业文化上最基本的不同特征，就是将一种或一套管理理念、管理方法、管理工具反复运用于企业，使企业在运行过程中自觉加以遵守的管理规则或管理体系。

企业安全生产管理模式是为实现企业安全目标，在国家的法律、规定和技术标准、管理体制等外部环境及企业自身安全管理资源和安全生产的实际状况等内部环境的约束下建立的管理组织形式和生产行为方式。类似地，企业安全管理模式由安全管理组织、安全管理制度、安全管理方法、安全文化等基本要素构成。

2. 系统安全管理模式

系统安全管理模式强调由“事故应对型”向“风险管理型”的转变。即把安全管理的重点放在事故超前预防上，全过程控制各类风险；把安全管理的幅度拓展到可能存在危险因素的各个方面，实现事故预防的整体效应。系统安全管理模式逻辑结构如图6－7所示。

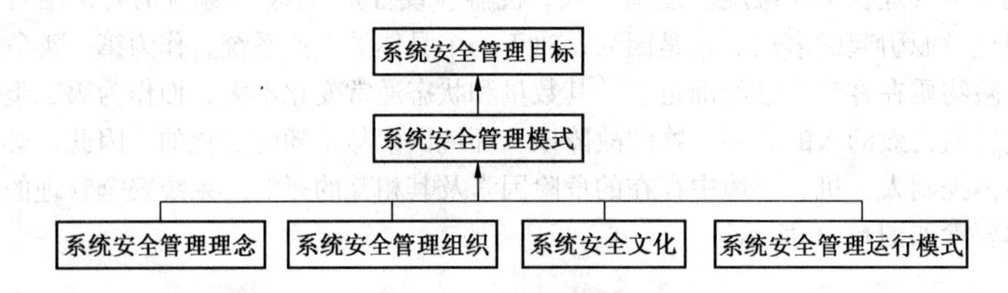

图6－7　系统安全管理模式逻辑结构

1）系统安全管理目标

系统安全管理追求清晰明确的安全方针与量化的安全目标。在安全方针的制定中，将员工的健康、安全保障作为企业压倒一切的庄严承诺；在安全目标定位上，以“一切事故都是可以防止的”为基本安全理念。系统安全管理不能仅仅满足零伤害、零事故，而要以零风险的最高安全目标作为企业永恒不懈的追求。最高领导层对安全的重视与承诺是实现安全方针和目标的基础和关键。只有在最高领导层承认、重视、全力支持和亲身参与的前提下，安全方针和目标才可能成为全体员工的意志，这是系统安全管理模式的最高准则。

2）系统安全管理理念

系统安全管理理念主要有：①以目标为中心，始终强调系统安全的、可量化的、可比较的客观效果，而不是“坐井观天”式的主观印象；②以整个系统为中心，决策时强调整个系统最优化，而不是强调子系统的最优化；③以责任为中心，每个管理人员都承担着一定的安全责任，确保可量化考核；④以人为中心，每个员工都担负着具有挑战性的工作，根据其业绩予以奖罚，使安全管理理念现实化。

3）系统安全管理组织

系统安全管理组织应使安全管理的权、责与人员、部门对应，同时有很强的水平影响和垂直作用。水平影响是指对于企业的安全管理意志，通过安全部门的管理协调，安全小组、委员会等的检查和监督使得安全管理成为一个有机的整体，各部门具有明确的安全责任，确保各部门“一把手”成为安全管理工作的第一责任人。垂直作用主要是指对企业内部不同的岗位都有相对应的安全管理制度和控制措施，使每项工作标准化、规范化、可控化。畅通安全管理信息通道，使安全管理指令可以顺畅下达，风险隐患问题能够迅速上传。

4）系统安全文化

安全文化是融于企业员工内心的安全意识、安全情感和安全行为习惯，系统安全文化是以“以人为本，关爱生命”为精髓的安全文化。以人为本，保护人的身心健康，尊重人的生命，实现人的安全价值的文化，是企业安全形象的重要标志。应通过大力宣传、培训以及组织形式多样的安全活动来进一步提升企业的安全文化层次，营造良好的安全文化氛围，使员工能将每一个强制性的安全管理规定和规范转化为自觉的安全行为，并能关心周围同事的行为是否符合安全规范的要求。

5）系统安全管理运行模式

系统安全管理模式遵循 PDCA 原理，是循环发展和持续改进管理模式。这不但是企业安全生产管理的自身要求；也是实施国际标准化管理体系的客观要求，关于这一点将在下一节详细说明。

二、系统安全管理模式范例

1. GE 安全管理模式

美国通用电气公司（GE）的先进的安全管理理念与完善的安全管理模式为企业自身的良好发展奠定了坚实基础。

1）GE 安全方针和目标

GE 一直追求卓越的环境、健康、安全（EHS）绩效表现，这是所有管理人员和员工的职责之一，并且是可测量的绩效表现，具体目标是：①遵守可适用的 EHS 法律法规，无论在任何地方出售任何商品都应该百分之百遵守 EHS 规定；②评估所有新的行为以及产品对 EHS 的影响；③在所有的区域都必须贯彻 GE 的 EHS 管理体系；④清除危险，预防工作伤害和职业病，为职工提供一个安全、健康的工作环境；⑤尽可能减少或者避免危险材料的使用；⑥确保执行 EHS 体系是整个运营战略的重要内容。

2）GE 安全管理理念

追求卓越的 EHS 绩效是 GE 永恒的安全管理理念。GE 将环境保护、保障员工安全和健康作为压倒一切的承诺。从公司全球 CEO 总裁到全球所有工厂总经理，无一不将其安全业绩与商业业绩一起作为其政绩考核的必不可少的指标。全球所有工厂总经理每年必须亲自参加一个专门的安全工作审查会，向总部安全专家介绍一年来安全工作的各项指标的完成情况和存在的问题，其间对于总部安全专家的疑问，各工厂总经理必须亲自作答，其工厂安全人员不准帮助回答，审查的结果将发给全球 CEO 和各事业部 CEO，他们会亲自表扬先进者，批评落后者。

3）GE 安全组织结构

GE 安全组织结构如图 6－8 所示，正是凭着这一结构，GE 的 EHS 管理才能高效全面地推行。GE 要求所有工厂的安全管理工作全部由非专职安全人员承担，从各部门精挑细选出来的值得公司重点培养的优秀员工或管理人员作为兼职安全专家。安全管理由这些兼职安全专家来负责在全厂范围内推动执行，管理体系中的“21 要素”也分别由这些兼职安全专家来负责在全厂范围内推动执行。比如，要素中的安全责任制及安全考核这一要素也分别由从生产部门选出的优秀员工负责组织实施；承包商的安全管理工作由物业或采购部经理负责推动和执行等。这些员工或管理人员也获得相应的额外报酬或待遇及更多的升迁机会。这样，安全部门的专职安全人员的职责就是：培养这些兼职人员成为所负责方面的安全专家，指导他们的安全管理工作使其达到公司总部要求的标准，定期评审各要素的运行情况汇报给总经理。他们不直接参与任何安全管理工作，而是以安全顾问的角色出现在公司中，以推动整个安全管理模式的成功运行。

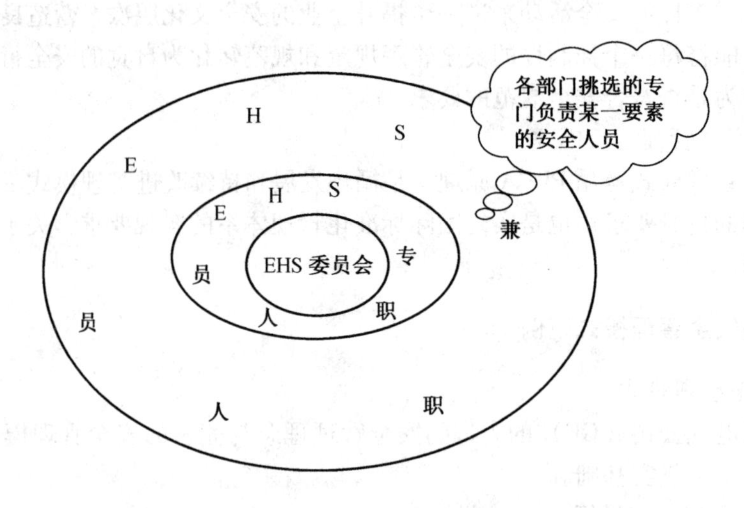

图6-8　GE安全组织结构

4）GE安全文化

GE安全管理“四大基石”，即GE安全管理工作所遵循的4个基础原则与工作方针，也是GE安全文化的核心。

第一“基石”：企业上层管理者的支持。

GE的上层领导者对于安全管理的态度表现得非常支持与重视。这一方面源自GE长期的企业文化氛围影响，另一方面也是企业EHS部门长期与上层领导高效率协作的成果。企业高层对于安全的重视必将影响全员对企业安全的认真程度，这样便促使了安全文化与氛围的有利发展，安全文化同时又反作用来影响高层对于安全的重视程度，以此形成良性循环。

第二“基石“：EHS部门的能力、经验、技巧以及胆识。

GE的安全管理部门主要是企业内部的EHS部门，他们所进行的工作内容有以下4点：①遵循相关的EHS法律与规定进行企业安全管理；②预防工作场所的伤害以及疾病，保障安全健康的工作环境；③评定新产品及活动对环境、健康和安全的影响；④简化EHS体制、提高效率以及可操作性策略。

第三“基石”：全员参与安全管理。

GE将“人人参与”作为本企业安全管理的建设基石。这在原则上符合管理学的基本原理，有利于员工在参与过程中形成主人翁精神，促使其实现自我价值。在“人人参与”的环境里，每个人扮演的不一定是大方向管理者，但每个人都会是细节管理者。另外，企业有一整套关于“人人参与”的方案与奖励政策，比如兼职安全管理员体制、辐射状态管理方案、奖励机制等均促使了 GE“人人参与”气氛的形成与良好发展。此外还成立各种专门的安全组织，如义务消防员、急救员，专业小组如安全检查组、事故调查专家组、人际工程问题分析小组、工作岗位安全分析组等，开展全员安全建议、隐患报告、安全知识宣传和竞赛等。所有员工参与安全工作的努力都会根据其所做贡献的程度给予不同的奖励。同时设立“每月安全之星”“每月安全红旗小组”等鼓励计划来争取最大限度的全员参与安全工作。

第四“基石”：兼职安全管理人员的设置。

兼职安全管理人员是企业安全管理的核心成员，根据其各自所负责要素的需要及工厂的规模和人数，为专职安全管理人员找一些帮手，即分别从每一个部门或小组挑选负责在本部门内推动相应要素实施的兼职安全员。他们只负责在本部门或小组范围内某单个要素的推动执行。比如，有 21 个要素在有 10 个部门的工厂内，理论上需要 210 个兼职安全员，21 个兼职安全专家，最大限度地实现全员参与安全管理工作，真实体现“安全生产，人人有责”的原则。

GE 的安全管理“四大基石”在原理上是环环相扣的。从企业最上层开始由上至下进行科学的制度推行，使最上层对安全高度重视与支持，在此基础上 GE 的 EHS 部门凭借其经验、能力、技巧与沟通对企业内部实施强有力的 EHS 监管，并在上层的带动下推行全员参与的制度，形成良好的企业安全文化底蕴。同时，凭借以上几点，推行具体的、创新的兼职安全管理员制度，使理论落到实处，“四大基石”将 GE 的安全管理工作和企业的安全文化不断地推向更高的境界。

5）GE 安全管理运行模式

GE 的安全管理部门主要是企业的 EHS 部门，但是各个工厂的 EHS 部门专业安全人员配备却只有三四位，这么少的人员配备来应付庞大的公司 EHS 管理，主要依赖于全员的参与和责任的分解，即以企业高层特别管理小组类似的管理方式，流通于各个工厂内的辐射式管理模式。

如图 6－9 所示，GE 安全管理在基于前文所述的“四大基石”基础上由 EHS 部门牵头，推动工厂健康安全管理。结合“四大基石”中的后三条即 EHS 部门的能力、经验、技术与胆识，全员参与，兼职安全管理人员三大要素，灵活变通为实际应用的辐射状态管理模式。GE 要求其所有工厂的安全管理工作全部由非专职安全人员即从各部门精挑细选出来的值得公司重点培养的优秀员工或管理人员作为兼职的安全专家来承担，安全管理体系中“21 要素”分别由这些兼职安全专家来负责在全厂范围内推动执行。同时，公司对于兼职安全人员的选择也很有目的性，对于其工作量的把握也很适度，原则上在不影响其正常工作完成量的情况下让其负责某方面的安全监督工作。这些兼职安全人员在安全管理方面可以自由发挥，比如可以同样组建自己的安全管理兼职人员小队、安全管理智囊团等。在 EHS 周围围绕着 21 位兼职管理人员之外，继续向外向全员中扩展渗透，继而形成辐射式安全管理模式，影响全体员工。

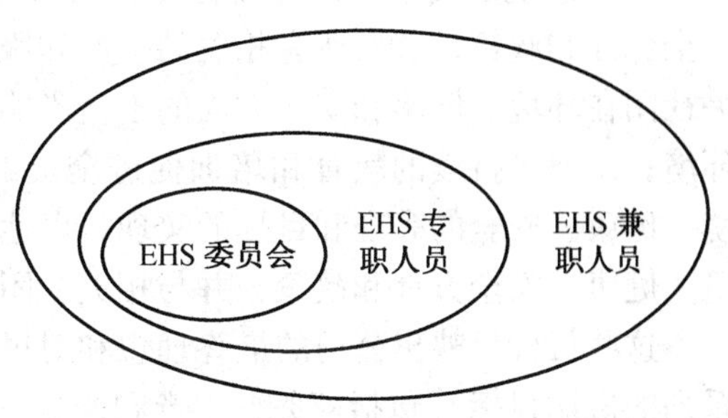

图 6－9　GE EHS 管理模式表达

安全部门专职安全人员的职责就是：培养这些兼职人员为其所负责方面的安全专家，指导他们的安全管理工作使其达到公司总部要求的标准，定期评审各要素的运行情况汇报给总经理。他们不直接参与任何安全管理工作，而是以安全顾问的角色出现在公司中。

6）GE 特点要素

GE 安全管理方面一个很重要的措施，即量化实施的细节方案——“21 要素”。具体是：①工作岗位健康安全计划；②健康安全期望与业绩考核评估；③危险分析与整改；④员工参与；⑤健康与安全专家；⑥事故报告、调查和整改追踪；⑦健康安全培训；⑧健康、安全以及车间整洁检查；⑨个人防护用品；⑩承包商健康与安全；⑪消防及应急预案；⑫工作安全分析：⑬高风险操作；⑭设备产品，工艺新、改、扩的 EHS 审批；⑮工业卫生；⑯化学品管理；⑰人机工效管理；⑱机动车安全；⑲医疗急救服务；⑳各要素方案评估；㉑上锁挂牌。

GE 的安全管理“21 要素”在内容上既涉及了全局管理，如第一项工作岗位健康安全计划（Site H&S Plan），也包含了某些关键细节，比如第 21 项上锁挂牌（Lock out/Tag out），从全局角度给予保障，在实施过程中，比较重点的要素是①、②、③、④、⑥、⑦、⑬、㉑。这些要素紧扣 GE 安全管理“四大基石”，从全局的角度给予重视，要素⑬、㉑两条则是从细节操作的高风险性切入。

2. 摩托罗拉安全管理模式

摩托罗拉公司是世界公认的 EHS 培训方面的领先者，它的 EHS 体系为世界范围内企业的安全管理提供了典型范例。

1）摩托罗拉安全方针与目标

摩托罗拉的管理承诺保持一套全面的环境、健康和安全管理系统（EHS 系统），系统中包含遵守和执行、持续改进、预防污染、职业健康与安全四大部分。

EHS 系统的安全方针与目标是：①遵守一切适用的法律和法规，以及环境、健康和安全标准和政策；②对所有相关的生产和服务活动进行管理，不断地减少对公司员工和相关社团在环境、健康和安全方面的不良影响；③致力于预防污染，提供健康和安全的工作环境；④通过持续的教育和培训促进全员的环境、健康和安全意识；⑤不断检讨自身环境、健康、安全的表现和目标的实现，以达到持续改善；⑥保持每年与公司的员工通报环境、健康、安全方针和政策，并与相关社团分享。

这些目标反映出公司的最终理想和对可持续发展世界的预期。以上长期目标可通过一系列的短期目标（包括商务、生产和产品三大类）来实现，并有公司整套的 EHS 管理体系作保障，使之得以实施和执行。

2）摩托罗拉安全管理理念

安全最高目标：追求工厂对环境的零影响、零事故发生、零垃圾产出，良性排放、能源得到高效利用，充分回收利用废弃物，努力设计、制造出性能优异但环境影响极低的产品。

3）摩托罗拉组织结构

公司强调员工有责任就 EHS 管理体系的执行情况向高级管理层汇报，以便总结并为促进 EHS 管理体系的发展提供依据（图6－10）。

4）摩托罗拉安全文化

该公司安全文化的最大特点就是“尊重个人”。也就是以礼待人，忠贞不渝，提倡人人有权参与，重视集体协作，鼓励创新。摩托罗拉公司通过为员工提供培训、教育、专业发展机会、后勤保障、公司内部沟通等方式来实现对个人尊严的肯定。公司对员工要信守承诺，员工要有完美的职业操守。拒绝任何“不报告”，反对任何“秋后算账”。摩托罗拉公司内部关于安全工作的任何疑问都要求首先与直接相关人沟通，沟通不能达成共识再向上一级求助，反映问题不能越级，指挥管理也不能越级，就是写举报信也必须署名，任何匿名举报都不受理，对任何主管人员如果对属下员工工作不满都必须及时沟通并帮助改进，反对平时不说，事后“算总账”。直接沟通，保证员工之间坦诚相待，也能及时地发现问题并尽早解决，避免更大损失。摩托罗拉的环境健康安全政策方针是对保护环境、保障所有相关人员的健康和安全做出承诺。

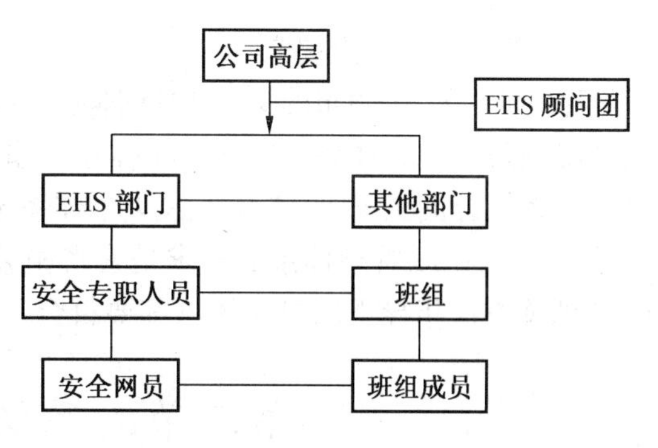

图6-10 摩托罗拉公司组织结构

5）摩托罗拉安全管理运行模式

该公司的 EHS 管理模式的运行依照 PDCA 原则，强调规划、执行和检查。

（1）规划。包括环境因素（FA）、职业健康与安全风险（OHSR）评估、法律法规要求、EHS 目标管理等。FA 和 OHSR 评估分为 3 个步骤：第一，识别各个部门的各种行为、产品、工艺及服务的 FA 和 OHSR；第二，评估每个 FA 和 OHSR 的影响；第三，计算 FA 的影响因子，以确定重大的 FA 和 OHSR。当 FA 和 OHSR 具有显著性影响时，必须有相应的管理项目或控制措施。公司建立了一套完整的程序来识别、收集有关的法律法规，并列出了一份目前正在应用的有关规定的详细清单。EHS 目标管理是一个双向的流程，它充分考虑了公司 EHS 政策、法规、重大 FA 和 OHSR、技术条件、有效资源、经营情况以及相关社团的观点。

（2）执行。具体的执行程序由环境健康安全部来实施并由其他部门相关人员配合。执行过程中包含着沟通与交流、员工参与、EHS 管理体系文件管理与执行中的过程控制、九大管理系统（包括污染预防、危险化学品、应急准备和响应、职业健康管理、伤害和疾病管理、人员安全管理、设备安全管理、承包商安全管理和培训体系）。比如，交流和员工参与过程中包括培训与教育、沟通与奖励机制，环境健康安全部每天都安排有一定的培训任务。

（3）检查改进。包括检查不正确行为的纠正与预防，记录 EHS 评估和汇报。设备校验每年由政府部门的有资质的人员随机检查，检查中发现的重大不符合项目通过隐患整改通知单进行追踪和改正，体系中的每一项活动都应做好记录，作为管理评审的依据。

EHS 评估用于定期地检查 EHS 管理体系的实施情况。每年执行内部 EHS 管理体系审计、ISO 14001 内部审计和相关法规的遵循状况评价。通过管理体系的评估，不断完善 EHS 管理体系。

（4）管理评审。EHS 管理评审由本地高级管理层来执行。

6）摩托罗拉特点要素

摩托罗拉公司颁布的9个EHS体系标准是：污染防止体系、危险材料管理体系、紧急情况预防与应急体系、职业卫生体系、事故伤害体系、个体防护体系、设备安全体系、培训体系、合同工EHS体系。这9个体系分别覆盖了环境、健康和安全三大领域。EHS体系标准与EHS管理体系的要求是紧密相关的，特种作业场所EHS管理和世界上先进的EHS训练方法指导下的操作体系都要符合和执行这个标准。

第三节　系统管理标准体系

一、系统管理标准体系的产生和发展

标准化管理是当代企业管理的趋势。现代企业为了全面提升其管理水平，规范生产经营行为，提高企业产品质量，在世界经济一体化进程中保持企业竞争力，必须依据社会认可的一系列标准和管理体系来组织、指导企业的生产经营行为。

系统管理标准体系是以系统管理理论和方针指导的一系列标准化管理的总称，系统管理标准体系遵循戴明管理原则，主张在组织承诺的基础上，通过循环开展的计划、实施、检查、改进等一系列活动，持续不断地提升组织管理水平，达到组织管理目标。

通常所说的系统管理标准体系是由国际社会认可的组织颁布的系统管理标准和体系，安全管理所涉及的是质量、环境、安全、健康标准和管理标准体系。

1. ISO 9000质量管理体系标准（GB/T 19000）

第二次世界大战后，世界军事工业迅猛发展。一些发达国家在采购军用物资时，不但对产品特性有要求，而且对产品质量保证提出了要求。20世纪50年代末，世界各国先后发布了一些关于质量管理体系及审核的标准。但由于各国实施的标准不一致，阻碍了国际贸易的发展。为清除这一障碍，国际标准化组织（ISO）于1987年发布了首版ISO 9000族标准，后于1994年对标准进行了首次修订，称为1994年版ISO 9000族标准。

2000年，ISO对质量管理标准进行了再次修订。2000年版ISO 90系列标准由三个核心标准（ISO 9000、ISO 9001、ISO 9004）、一个质量和环境管理体系审核指南（ISO 9001）构成，其他标准作为技术报告予以支持。我国进行了等同转化，其核心标准是：GB/T 19000—20000《质量管理体系基础和术语》（IDT ISO 9000—2000）；GB/T 19004—2000《质量管理体系要求》（IDT ISO 9001—2000）；GB/T 19004—2000《质量管理体系业绩改进指南》（IDT ISO 9004—2000）；GB/T 19011—2000《质量和（或）环境管理体系审核指南》。图6－11所示为基于过程的质量管理体系表述GB/T 19000族标准。

2. ISO 14000族环境管理体系标准（GB/T 24000）

20世纪60年代以来，在人们关注质量管理的同时，大规模的全球环境问题使人们对环境保护问题更加重视。1996年颁布了ISO 14000环境管理系列标准，包括ISO 14001、ISO 14004、ISO 14010、ISO 14011、ISO 14012等。它规定了环境管理体系的要求，明确了环境体系的诸要素，根据组织确定的环境方针目标、活动性质和运行条件把标准的所有要求纳入组织的环境管理体系中。ISO 14000标准从“预防为主”的原则出发，通过不断改进环境管理体系和管理工具的标准化，规范从政府到企业等所有组织的环境表现，达到

降低资源消耗、改善全球环境质量的目的。其环境管理体系运行模式如图 6 – 12 所示。

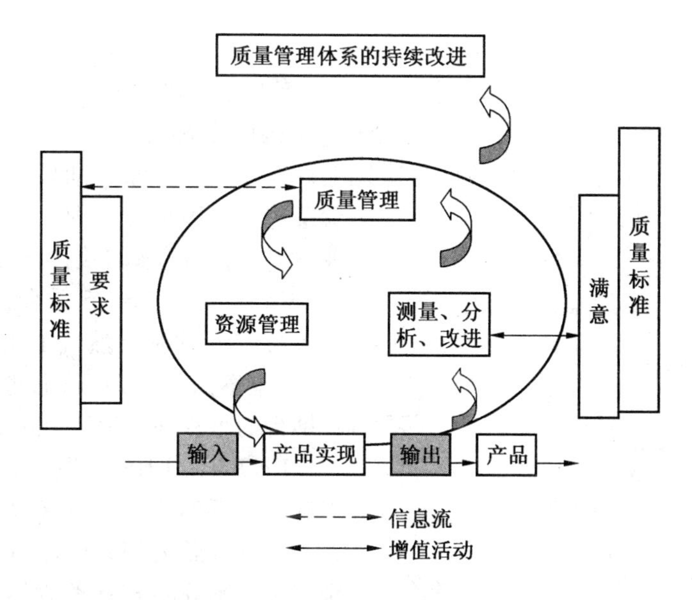

图 6 – 11　基于过程的质量管理体系运行模式

ISO 14001 标准作为整个 ISO 14000 系列标准中唯一可以进行认证的标准，是 ISO 14000 系列标准的核心。ISO 14001 针对组织的环境管理系统提出一系列具体的要求。其目的和作用主要是顺应市场要求，减少非关税贸易壁垒，要求组织在自己的环境方针中明确规定自己环境行为的宗旨和方向，主动地承担起对社会和人类环境的责任，从比法律要求更宽广的范围和更大的深度上约束自己的行为，并且持续不断地加以改进。

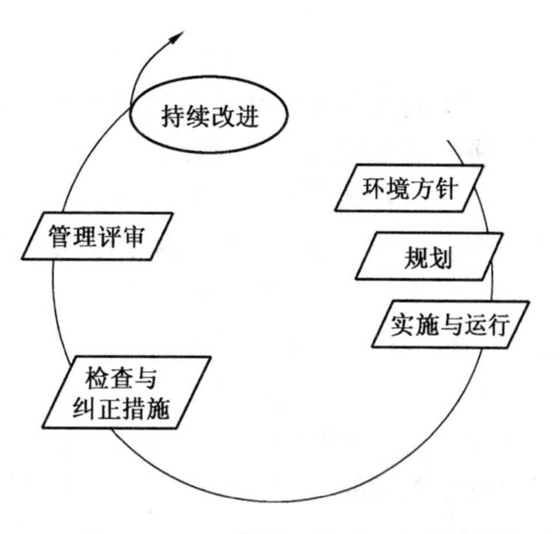

图 6 – 12　环境管理体系运行模式

3. OHSAS 18000 系列职业安全卫生标准 (GB/T 28000)

随着国际社会对职业安全卫生问题的日益关注，以及 ISO 9000 和 ISO 14000 系列标准在各国得到广泛认可与成功实施，考虑到质量管理、环境管理与职业安全卫生管理的相关性，ISO 于 1996 年 9 月召开会议，讨论制定职业安全卫生管理国际标准。虽未能达成一致，但许多国家和国际组织都继续在本国或地区发展这一标准。1999 年，英国标准协会 (BSI)、挪威船级社等 13 个组织提出了职业安全卫生评价系列（OHSAS 18000），即《职业安全卫生管理体系规范》。OHSAS 18002 标准引用了 ISO 14001 标准的结构框架，分为“职业健康安全方针、策划、实施与运行、检查与纠正措施、管理评审”5 个方面 17 个要素。

我国一直跟踪研究职业安全卫生管理体系工作。2001 年 12 月 19 日，国家正式发布了（GB/T 28001—2001）《职业健康安全管理体系标准》。这表明职业安全卫生管理标准已成为继质量管理、环境管理标准化之后的又一管理标准。

4. EHS 管理体系（SY/T 6276）

EHS 是环境（Environment）、健康（Health）、安全（Safety）英文首字母的缩写，EHS 管理体系起源于石油天然气行业。1988 年，英国北海油田阿尔法平台发生火灾事故，造成 167 人死亡，直接经济损失 10 多亿美元，美国西方石油公司被迫退出欧洲北海油田的勘探开发市场。为防止重大事故的再次发生，许多西方国家石油公司陆续建立了 EHS 管理体系。1996 年 1 月，负责石油天然气工业材料、设备和海上结构标准化的技术委员会 ISO/TC 67 的 SC 6 委会发布了（ISO/CD 14690）《石油和天然气工业 EHS 管理体系》（标准草案），成为 EHS 管理体系在国际石油业推行的里程碑。运行模式如图 6－13 所示。

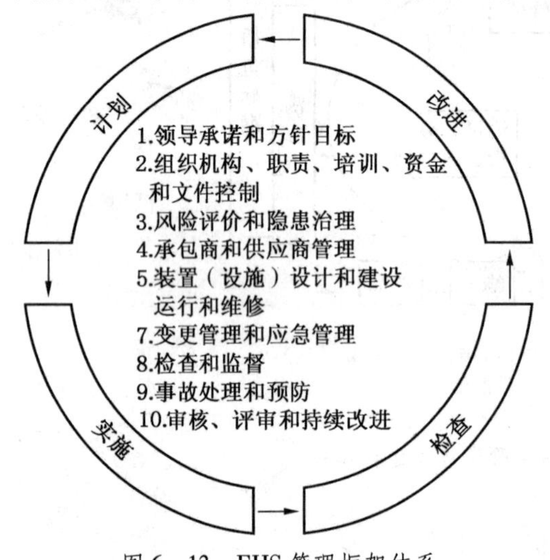

图 6－13　EHS 管理框架体系

1997 年，EHS 管理体系正式进入中国，引起我国石油化工界的高度重视。同年中国石油天然气总公司、中国石化集团公司等分别制定了系统的 EHS 管理体系标准。

二、EHS 一体化管理体系

1. EHS 管理体系的特点和益处

EHS 管理体系将环境与健康安全管理标准进行系统的有机整合，是管理体系向一体化迈进的重要标志，代表着单项管理向系统化管理的革命性转折。

EHS 管理体系要求组织进行风险分析，确定其自身活动可能发生的危害和后果，从而采取有效的防范手段和控制措施防止其发生，以便减少可能引起的人员伤害、财产损失和环境污染。它强调预防和持续改进，具有高度自我约束、自我完善、自我激励机制，因此是一种现代化的企业管理模式。

1）EHS 管理体系的特点

与传统管理有许多不同特点，具体表现在：①先进性。EHS 系统所宣传和贯彻始终的理念是先进的，如：从员工的角度出发，注重以人为本，注重全员参与等。②系统性。EHS 本身就是一个系统。强调各要素有机组合，以一系列层次分明、相互联系的体系文件实施管理。③预防性。危害辨识、风险分析与评价是 EHS 管理体系的精髓，实现了事故的超前预防和生产作业的全过程控制。④可持续改进和长效性。EHS 管理体系运用戴明管理原则，周而复始地推行“策划、实施、监测、评审”活动，使企业健康、安全、环境的表现不断改进，呈现螺旋上升的状态。⑤自愿性。EHS 的相关标准都是推荐执行的、非强制性的标准，建立 EHS 管理体系也是企业管理自身生存、发展的内在要求。

2）推行 EHS 管理体系的益处

EHS 管理体系将给企业发展带来明显的益处，具体表现在以下几个方面：

（1）建立 EHS 管理体系符合可持续发展的要求。将有效地规范组织的活动、产品和服务，从原材料加工、设计、施工、运输、使用到最终废弃物的处理进行全过程的健康、安全与环境控制，满足安全生产、人员健康和环境保护的要求，实现企业的可持续发展。

（2）可促进企业进入国际市场。制定和执行 EHS 管理体系标准就能促进石油企业的健康、安全与环境管理与国际接轨，树立我国企业的良好形象，并使作业队伍能顺利进入国际市场，创造可观的经济效益。

（3）可减少企业的成本，节约能源和资源。EHS 管理体系提倡积极的预防措施，将健康、安全与环境管理体系纳入企业总的管理体系中，减少废物治理和防止职业病发生的开支，从而降低成本，提高企业经济效益。

（4）可以帮助企业规范管理体系，提高企业健康、安全与环境管理水平；可提升企业的形象，改善企业与当地政府和居民的关系，吸引投资者；可使企业将经济效益、社会效益和环境效益有机地结合在一起。

2. EHS 管理体系的构建

构建 EHS 管理体系分为 10 个步骤，具体如下。

（1）领导决策和准备。首先需要最高管理者做出承诺，即遵守有关法律、法规以及其他要求的和实现持续改进的承诺，在体系建立和实施期间，最高管理者必须为此提供必要的资源保障。建立和实施 EHS 管理体系是一个十分复杂的系统工程，最高管理者应任命 EHS 管理者代表，来具体负责 EHS 管理体系的日常工作。最高管理者还应授权管理者代表成立一个专门的工作小组，来完成企业的初始状态评审以及建立 EHS 管理体系的各项任务。

（2）教育培训。EHS 管理体系标准的教育培训，是建立 EHS 管理体系十分重要的工作。培训工作要分层次、分阶段、循序渐进地进行，并且必须是全员培训。

（3）制订工作计划。通常情况下，建立 EHS 管理体系需要一年以上的时间，因此需要拟订详细的工作计划，在制订工作计划时要注意：目标明确、控制进程、突出重点、提出资源需求。

（4）初始状态评审。初始状态评审是建立 EHS 管理体系的基础，其主要目的是了解企业的 EHS 管理现状，为企业建立 EHS 管理体系搜集信息并提供依据。

（5）危险识别和风险评价。危险辨识是整个 EHS 管理体系建立的基础，主要分为危险识别、风险评价和隐患治理。

（6）体系的策划和设计。主要任务是依据初始评审的结论，制定 EHS 方针、目标、指标和管理方案，并补充、完善、明确或重新划分组织机构和职责。

（7）编写体系文件。EHS 管理体系是一套文件化的管理制度和方法，因此编写体系文件是企业建立 EHS 管理体系不可缺少的内容，是建立并保持 EHS 管理体系重要的基础工作，也是企业达到预定的 EHS 方针、评价和改进 EHS 管理体系、实现持续改进和事故预防必不可少的依据。

（8）体系的试运行和正式运行的目的就是在实践中检验体系的充分性、适用性和有效性。试运行阶段，企业应加大运作力度，特别是要加强体系文件的宣贯力度，使全体员工了解如何按照体系文件的要求去做，并且通过体系文件的实施，及时发现问题，找出问题的根源，采取措施予以纠正，及时对体系文件进行修改。

体系文件得到了进一步完善后，可以进入正式运行阶段。在正式运行阶段发现的体系文件不适宜之处，需要按照规定的程序要求进行补充、完善，以实现持续改进的目的。

（9）内部审核。内部审核是企业对其自身的 EHS 管理体系所进行的审核，是对体系是否正常运行以及是否达到预定的目标等所做的系统性的验证过程，是 EHS 管理体系的一种自我保证手段。内部审核一般是对体系全部要素进行的全面审核，可采用集中式或滚动式两种方式。应由与被审核对象无直接责任的人员来实施，以保证审核的客观、公正和独立性。

（10）管理评审。管理评审是由企业的最高管理者定期对 EHS 管理体系进行的系统评价，一般每年进行一次，通常发生在内部审核之后和第三方审核之前，目的在于确保管理体系的持续适用性、充分性和有效性，并提出新的要求和方向，以实现 EHS 管理体系的持续改进。

3. EHS 管理体系示例

（1）中国石化集团公司 EHS 管理体系种类繁杂，面临的 EHS 问题非常突出：油田面广，对地层和地表植被破坏很大；滩海和海上作业易受风暴袭击；长距离的管道运输极易发生油气泄漏事故；炼化企业具有高温高压、易燃易爆、有毒有害、易发生重大事故的特点；销售企业点多面广，遍布城乡，管理上存在一定难度。因此在集团公司内推广 EHS 管理体系不但能有效地控制重大灾害事故的发生率，降低企业成本，节约能源和资源，而且还能树立企业的健康、安全和环境形象，改善企业和所在地政府、居民的关系，吸引投资者，实现社会效益、环境效益和经济效益的协调提高。

此外，走进国际市场一直是集团公司的发展战略，而国际石油石化市场对 EHS 有着严格的要求，因此只有在集团公司内推行 EHS 管理体系，树立起 EHS 国际形象，才能拿到进入国际市场的通行证。

中国石化集团公司为在安全、环境和健康体系方面既符合中国石化的特色，又逐步实现与国际的接轨，做了大量的调研、宣贯、起草试行标准及试点等工作。经过数年的努力，集团公司于2001 年2 月8 日正式发布了集团公司 EHS 管理体系10 个标准，包括1 个体系，4 个规范和5 个指南。

① 1 个体系。是指《中国石化集团公司环境、健康、安全（EHS）管理体系》。EHS 管理体系标准明确了石化集团公司 EHS 管理的十大要素，各要素之间紧密相关，相互渗透，不能随意取舍，以确保体系的系统性、统一性和规范性。

a）领导承诺，方针目标和责任。最高管理者提供强有力的领导和自上而下的承诺，是成功实施 EHS 管理体系的基础，集团公司以实际行动来表达对 EHS 的重视，努力实现不发生事故、不损坏人身健康、不破坏环境的目标，这是集团公司承诺的最终目的。

b）组织机构、职责、资源和文件控制。公司和企业为了保证体系的有效运行，必须合理配置人力、物力和财力资源，广泛开展培训，以提高全体员工的意识和技能，遵章守纪，规范行为，确保员工履行自己的 EHS 职责。同时为了给 EHS 管理提供切实可行的依据，必须有效地控制 EHS 管理文件，定期评审并在必要时进行修订，确保 EHS 文件与企业的活动相适应。

c）风险评价和隐患治理。风险评价是一个不间断的过程，是建立和实施 EHS 管理体系的核心。它要求企业经常对危害、影响和隐患进行分析和评价。采取有效或适当的控制、防范措施，把风险降到最低程度。企业领导应直接负责并制定风险评价的管理程序，亲自组织隐患治理工作。

d）承包商和供应商管理。要求企业从承包商和供应商的资格预审、选择及开工前的准备、作业过程的监督、承包商和供应商的表现评价等方面对其进行管理，这一工作是当前各企业的薄弱环节，应重点加强。

e）装置（设施）设计与建设。要求新建、改建和扩建的装置（设施）必须按照“三同时”原则，遵守有关标准规范进行设计、设备采购、安装和试车，确保装置（设施）保持良好的运行状态。

f）运行与维护。要求企业对生产装置、设施、设备、危险物料、特殊工艺过程和危险作业环境进行有效控制，提高设施、设备运行的安全性和可靠性，并结合现有的、行之有效的管理制度对生产的各个环节进行管理。

g）变更管理和应急管理。变更管理是指对人员、工作过程、工作程序、技术、设施等永久性或暂时性的变化进行有计划的控制，以避免或减轻对安全、环境与健康方面的危害和影响。应急管理是指对生产系统进行全面、系统、细致的分析和研究，确定可能发生的突发性事故，制定防范措施和应急计划。

h）检查、考核和监督。企业定期对已建立的EHS管理体系的运行情况进行检查和监督，建立定期检查、监督制度，保证EHS管理方针目标的实现。

i）事故处理和预防。建立事故处理和预防管理程序，及时调查、确认事故或未遂事件发生的根本原因。制定相应的纠正和预防措施，确保事故不会再次发生。

j）审核、评审和持续改进。企业只有定期地对EHS管理体系进行审核、评审，确保体系的适应性和有效性并使其不断完善，才能达到持续改进的目的。

② 4个规范。EHS管理规范是在管理体系十大要素具体要求的基础上，依据集团公司已颁发的各种制度、标准、规范和各专业的特点，编制了油田企业的EHS管理规范、炼油企业EHS管理规范、销售企业EHS管理规范和施工企业EHS管理规范。4个规范更加突出了专业特点，非常具有可操作性。

③ 5个指南。EHS管理体系实施的最终落脚点是作业实体（如生产装置、基层队等），因此实施EHS的重点是要抓好作业实体EHS管理的实施。为此，集团公司分专业编制了EHS实施程序编制指南，即《油田企业基层队EHS实施程序编制指南》《炼油化工企业生产车间（装置）EHS实施程序编制指南》《销售企业油库、加油站EHS实施程序编制指南》《施工企业工程项目EHS实施程序编制指南》和《职能部门EHS职责实施计划编制指南》。

（2）壳牌公司的EHS管理方法。壳牌公司是世界四大石油跨国公司之一，1984年前尽管也重视EHS管理，但效果不佳。后来该公司学习了美国杜邦公司先进的EHS管理经验，分析了以前EHS管理效果较差的原因，吸取教训，取得了非常明显的成效。目前，该公司的EHS管理水平堪称世界一流。他们的先进管理方法主要表现在以下几个方面：

① 全面实施EP95－55000勘探与生产安全手册。该手册是为其下属子公司及所雇请的承包商而制定的，体现公司的EHS管理的政策、方针、原则和做法。

② 壳牌公司EHS管理的原则。包括：EHS管理的具体保证；EHS管理的政策；EHS是部门经理的责任；有效的EHS培训；能胜任的EHS顾问；通俗易懂的EHS标准；监测EHS实施情况的技术；EHS标准和实践的检验；现实可行的EHS目标管理；人员伤害和事故的彻底调查和跟踪；有效的EHS激励和交流。

③ 壳牌公司的 EHS 方针。壳牌公同认为 EHS 方针是 EHS 规划中必不可少的组成部分，要求其政策简明易懂，适合每个人。并强调必须有下列的方针：任何事故都是可以预防的；EHS 是业务经理的责任；EHS 目标同其他经营目标一样具有同样的重要意义；创造一个安全和健康的工作环境；保证有效的安全、健康训练；培养每个人对 EHS 的兴趣和热情；每个职工对 EHS 都要负有责任；为可持续发展做出贡献。

④ 壳牌公司的 EHS 培训。壳牌公司认为：对于一个能正确执行 EHS 政策的人来说，不仅要懂实际的危险情况而且要知道如何发现和消除它，还必须具有完成 EHS 任务的能力和技巧。EHS 培训的主要任务包括：对新雇员和承包商进行诱导式培训，不培训就不能进入施工区。实践证明，培训职工进行急救能使工伤事故率降低，把急救与培训结合起来所产生的效果比任何一种培训都大得多。急救培训也可以使每个人提高采取措施的主动性，应该把具体的安全培训纳入到规划之中。培训计划要安排适当，使行为方法与完成任务所需要的技术保持平衡。

⑤ 壳牌公司的 EHS 规划和目标。公司提出的 EHS 规划和目标必须是合理的、可以达到的和适合的。一个好的 EHS 管理部门目标，应是实现和保持事故频率、严重程度和费用应是降低的趋势，尽量减少对环境的影响及职业病对健康的危害。公司制定安全规划时应对生产事故、财产损失和停工损失有明确的目标，实现这些目标的方法应尽可能用数字表示。制定落实 EHS 规划的详细方法，每个部门都应编写一份书面的时间表，各部门的 EHS 规划与公司的 EHS 总体规划相一致。

⑥ 建立 EHS 规划的内部审查制度。壳牌公司认为要提高 EHS 规划的效果，就必须配备检测设备和人员，而且应制定一套审查程序，以便能够及时监督 EHS 的执行情况，指定一个行动小组来协调和跟踪执行反馈建议。管理人员在检查施工作业时应注意检查员工的不安全行为和原因，检查施工人员在做什么和如何去做，检查防护用品的穿戴和工具使用情况，检查设备和一般的施工现场等。

⑦壳牌公司的 EHS 管理组织。壳牌公司考虑到技术、商业风险和法律责任 3 个主要因素而采取 EHS 措施，提出必须要舍得花费人力和财力来预防事故的发生。为了做到行之有效的 EHS 管理，必须制订一个明确的计划和建立一个必不可少的管理机构，应把其看成是承担法律责任，也是技术上不可缺少的条件。这个组织机构的管理任务包括：通过工作现场查看来发现风险；医疗和职业保健评价；环境评价和审查；事故和事故报告；EHS 检查报告；安全会议报告；地方病类型统计报告等。通过 EHS 委员会制定管理层的正确措施和政策，这个委员会应包括壳牌公司和承包商的高级管理人员，指定一个协调员来执行委员会的决议和建议，通过协调员与有关部门共同执行行动计划。这些计划包括发展或更新工艺过程、供应或更换个人防护品、制订和改进培训计划等。对事故或事件进行审查，根据统计数字分析发展趋势，派安全管理小组进行全面的现场检查。

三、QEHS 一体化管理体系

QEHS 管理是在 EHS 管理体系的基础上，融入质量管理标准而进行的管理系统的进一步有机整合，代表着管理体系由一体化迈进新的里程碑。现代企业管理的实践证明：将质量、职业安全健康、环境要素有机地结合起来，形成使用共有管理要素的一体化管理体系，将是企业提升管理水平的重要途径。

1. QEHS 管理一体化的必要性和可行性

1）QEHS 管理一体化的必要性

管理标准体系一体化是企业质量、环境、健康、安全管理的内在要求。从企业推行标准化管理体系的实践来看，管理体系相互独立运行存在许多问题，主要表现在以下方面。

（1）多个管理体系要素交叉、重叠，不但加大了管理成本，而且容易产生管理矛盾。质量、环境、健康等多个管理体系并存，每个体系关注的对象、目标和覆盖的范围等焦点问题存在差异。体系同时应用于生产的每个环节，渗入生产组织的所有部门，引起生产各部门职责交叉，界定模糊，增加管理体系整体规范运行的复杂程度和无序性，不利于生产组织者实施共同的和连续的管理。

（2）多个管理体系要素交叉、重叠，降低了管理信息传递的准确性，减弱了管理措施的执行力。在如何提供有效解决问题的驱动力方面有待提高，还存在以会议传递压力，以文件传递责任，以听汇报代替审计的做法，公司的健康安全环境管理依然处于依靠组织管理、制度约束阶段。

（3）多个管理并存，不利于实现全面监督，也不利于整体企业管理水平。多个体系并存、应用，人为的隔离质量、安全健康与环境管理体系之间的关联性，妨碍公司各职能部门取长补短，增加了对生产过程中存在质量、环境、健康、安全等管理问题的检查监督的难度，也阻碍了管理力量的综合调度和相互借鉴。

2）QEHS 管理一体化的可行性

企业质量、职业安全健康和环境缺一不可、互为补充。在体系结构上，三要素的国际标准化管理体系具有基本相同的体系结构。从发展历程看，QEHS 管理体系是一个分项发展、逐步集成的一体化管理体系，是突出预防为主、领导承诺、全员参与、持续改进的管理标准体系，是企业实现现代化管理，走向国际大市场的准行证。它集各国同行管理经验之大成，集中体现当今企业在国际化大市场环境下的规范运作管理模式。

QEHS 管理体系框架如图 6－14 所示。GB/T 19000、GB/T 24000、GB/T 28000 和 SY/T 6276 这 4 个管理体系之间并不存在严重的冲突或不相容之处，如果抛开不同标准的细节和针对性的差别，其基本思想都是相同的。因此，把质量管理体系、环境管理体系、职业健康安全管理体系、EHS 管理体系整合为一个综合的管理体系是可行的。在有据可循的

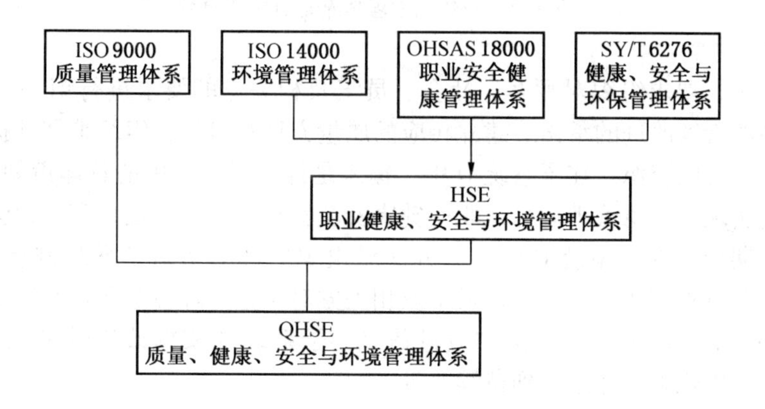

图 6－14　QEHS 管理体系框架

情况下，企业有必要融合相关管理体系标准，形成一个互相兼容、互相补充的一体化管理标准，并依据该标准建立一套综合的既满足质量管理又满足 EHS 的整合管理体系，以解决标准文本多样性、企业管理需求多样性与企业管理行为统一性的矛盾。

2. QEHS 一体化管理体系的设计和运行

1）QEHS 一体化管理体系的设计

制定一体化管理体系通用标准时，以 GB/T 19000 质量管理体系标准中的过程方法模式为框架，将其他标准的共性要求与质量管理体系标准的相应部分整合，提出一致性的运行方式和控制要求，而不同标准的特定要求应在相应工作领域中得以明确，并提出适宜的运行方式和控制要求。基于 PDCA 过程方法的一体化管理体系运行模式如图 6－15 所示。

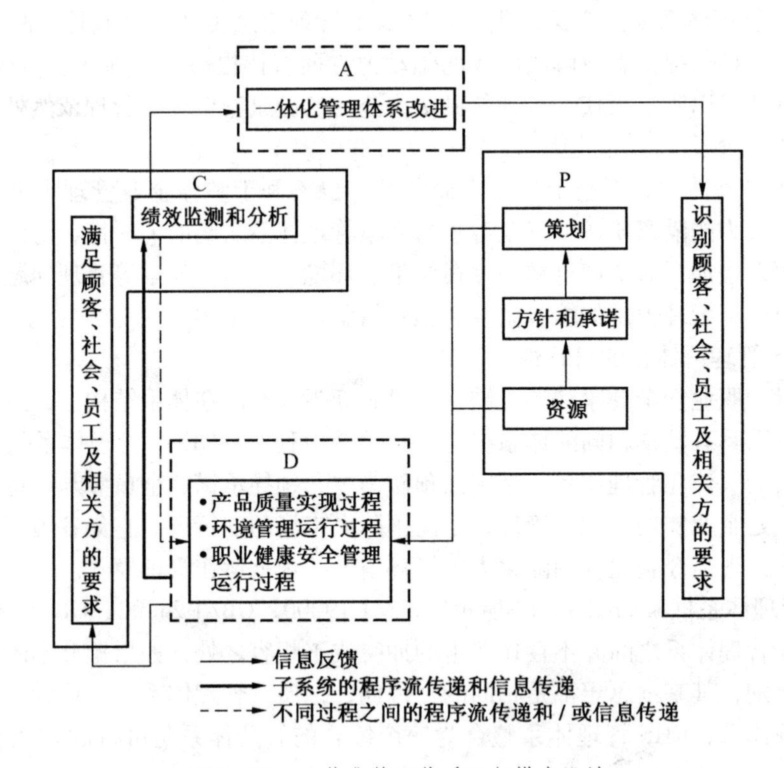

图 6－15　一体化管理体系运行模式设计

子系统 P 中，要求组织对顾客、社会、员工及相关方的要求进行识别，并做出为满足其要求而做的持续改进的承诺。建立相应的质量方针和目标，组织策划并提供为达到质量目标要求所需要的资源。在子系统 D 中，输入是计划子系统中的具体策划和资源配置。通过产品质量实现、环境管理运行、职业健康安全管理运行，满足顾客、社会、员工及相关方的要求和期望。在子系统 C 中，一方面对组织内部的实施子系统进行监视、测量；另一方面需要了解外部顾客、社会、员工及相关方对质量、环境及职业健康安全的满意程度，在分析基础上为改进子系统提供改进信息，子系统 A 实施改进后进入下一个循环，从而使组织的一体化管理体系得到持续改进。

2）QEHS 一体化管理体系运行待点

（1）系统特征。系统特征体现在两个方面，一是一体化管理体系是一个系统，即组织在建立实施该体系时，不仅需要考虑它的各个组成部分，而且需要从各个组成部分的相互影响和联系上把握系统的整体功能，将组织结构、策划、职责、程序、过程和资源作为一个有机的整体。二是建立实施一体化管理体系的过程是一个系统工程，因此组织应运用系统的方法组织体系要素建立一体化管理体系。

（2）动态特征。一体化管理体系建立了一个由“计划、实施、检查、改进”诸环节构成的动态循环过程。

（3）一体化特征。一体化管理体系实现了将组织的质量、健康、安全、环境管理的方针、目标组织机构、资源、程序等要素统一协调考虑。从系统的观点来看，该管理体系仍是组织整体管理体系的一部分，一体化是建立在组织现有管理体系基础之上的。

（4）功能特征。一体化管理体系是组织实施健康安全环境管理的系统工具和有效途径，该体系对实现质量、健康、安全和环境绩效提供了一个结构化的运行机制。

（5）文件化特征。一体化管理体系是通过文件化的体系运作来实现其联动功能的。

3）QEHS 一体化整合需要考虑的关键因素

企业在多套管理体系并行的情况下，实施 QEHS 一体化整合，应考虑以下几方面因素：

（1）管理过程和管理部门的整合。管理体系是否有共同的体系策划和管理部，是否有统一的管理者代表，各体系关键的管理活动是否能够同步策划、同步实施。

（2）人员的整合。是否培养了足够充分的三种整合体系的内审员，内审员的能力是否能够承担三种整合体系建立、实施和审核的任务。

（3）文件的整合。包括手册的整合、程序文件的整合、作业文件和记录表单的整合。

（4）审核的整合。三种体系内审是否同步，是否采用了整合体系的方法进行内审，认证审核是否同步实施。

复习思考题

1. 简述系统的概念，介绍系统的主要特征。
2. 简述系统安全的概念，介绍系统安全的主要思想。
3. 说明系统安全管理的主要特征。
4. 解释系统安全管理的时间维度和空间维度。
5. 说明系统安全管理模式及其要素的主要特征。
6. 简述美国通用电气公司（GE）系统安全管理模式的主要内容。
7. 解释管理标准体系的概念，说明几个主要管理标准体系的内容。
8. 简述整合管理标准体系的必要性。
9. 如何构建 EHS 管理体系？
10. 说明构建 QEHS 一体化管理体系的意义。

第七章　安全行为管理

本章概要和学习要求

本章主要讲述了安全行为科学的概念、安全行为管理的内容和方法以及安全行为科学的应用。通过本章学习，要求学生了解行为科学的定义，理解安全行为管理的研究内容，掌握安全行为科学在安全管理中的应用。

现有研究表明，人的不安全行为是事故发生的主要原因之一。为了解决“人因”问题，发挥人在劳动过程中安全生产和预防事故的作用，需要研究和应用行为安全理论。因此，安全行为管理研究对于安全生产来说至关重要。

第一节　安全行为基本理论

一、行为的概念、特征与种类

1. 行为的概念

人的行为泛指人外观的活动、动作、运动、反应或行动。在很多情况下，人的行为是决定事故发生频率、严重程度和影响范围的一个重要因素。因此，探索人的不安全行为表现，进而揭示行为的实质，有利于改变和控制人的不安全行为，减少事故的发生。

对于行为的理解，不同的心理学派有不同的观点。早期行为主义心理学认为，行为是由刺激所引起的外部可观察到的反应（如肌肉收缩、腺体分泌等），可简单归结为下式所示的模式：

刺激(S)—反应(R)

近代“彻底的行为主义”者把一切心理活动均视为行为，如斯金纳（B. F. Skinner）把行为区分为S型（应答性行为）和R型（操作性行为），前者是指由一个特殊的可观察到的刺激后情境所激起的反应，后者是指在没有任何能观察到的外部刺激或情境下发生的反应。

在此基础上，工业心理学家梅耶（R. F. Maier）提出如图7－1所示的模式。

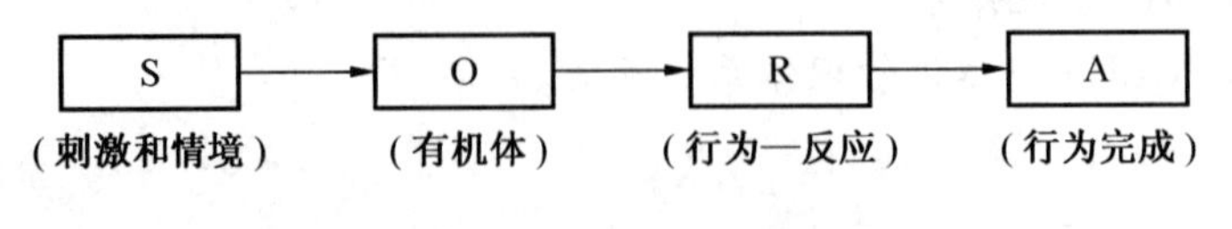

图7－1　刺激—反应模式

梅耶有如下观点：

（1）刺激和情境，两者是不可分割的。在生产环境中，如光线、声音、温度等，以及班组同事或管理人员的言行举止等，都可以形成刺激，继而被人感知，便成了情境。

（2）有机体，是指个体由于遗传和后天条件获得的个体独特性、个性发展的成熟度、学习过的技术和知识、需求、动机、态度、价值观等。

（3）行为—反应，包括身体的运动、语言、表情、情绪、思考等。

（4）行为完成，包括改变情境、生存活动、逃避危险、灾害及他人的攻击等。

梅耶认为，一方面，相同的行为（如违反操作规程、缺乏劳动热情以及工作散漫等）可以来自不同的刺激（如劳动用工制度、工资报酬和奖金、生产管理、个人因素等）；另一方面，相同的刺激在不同的人身上，也可以产生不同的行为，如家庭纠纷对员工工作行为的影响有：

（1）做白日梦，脱离实际，终日沉溺于幻想之中。

（2）忽略安全措施，易出工伤事故。

（3）不注意产品的质和量，生产效率下降。

（4）视完成工作为一种摆脱，拼命地工作。

（5）对管理人员的批评过于敏感及采取不合作的方式。

（6）心情忧郁、烦躁，易和同事争吵。

梅耶推而论之，认为即便是相同的管理措施也会使职工产生许多不同的行为。因此，必须因人而异，上下沟通，提供良好的咨询服务，根据具体情况帮助职工解决情绪和适应上的问题。

从基本的哲学逻辑概念来讲，行为就是人类日常生活所表现的一切动作。德国心理学家勒温（K. Lewin）把行为定义为个体与环境交互作用的结果，引入了“个体”的变量，提出了人行为的基本原理表达式，见下式。他否定行为主义心理学派的刺激—反应公式，提出心理学的场理论，认为人是一个场，“包括这个人和他的心理环境的生活空间（LSP）”，行为是由这个场决定的。

$$B = f(PE) = f(LSP)$$

式中　B——人的行为；

P——一个人的内在心理因素；

E——环境的影响（自然、社会）。

上式表述了人的行为（B）是一个人的内在心理因素（P）与环境的影响（E）相互作用所发生的函数或结果。这里的“个人”和“环境”不是互相独立的，而是相互关联的两个变量。

根据勒温的学说，一个人有了某种需求（包括物质和精神），会产生一种心理紧张状态（被称为激励状态），如坐立不安，这时人就会采取某种行为，以达到他的目的。当目的达到后，人的需求得到满足，心理紧张状态也随即解除，而后又会有新的需求激励人去达到新的目的，如图 7－2 所示。

需求是一切行为的动因。人有了安全需求就会产生安全动机，从而引发出有效的安全行为。因此，需求是推动人们进行安全活动的内在驱动力。动机是为满足某种需求而进行活动的念头和想法。一个需要生产安全来确保企业经济收益的领导应该使员工产生安全需求。研究行为的基本原理“需求—动机—行为”之间的关系，可以透过现象看本质，为指导人的安全行为提供理论指导。

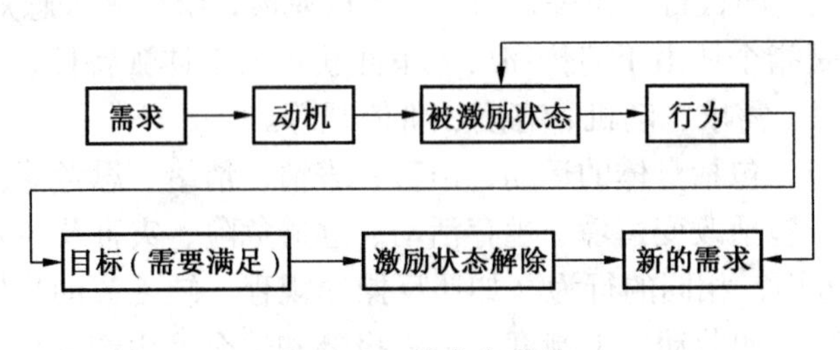

图7-2 需求和激励

根据以上观点，可见行为的实质就是人对环境（自然环境、社会环境）外在可观察到的反应，是人类内在心理活动的反映。行为是人和环境相互作用的结果，并随人和环境的改变而改变。

2. 行为的特征

综合心理学家的研究成果，人类行为的特征主要表现在以下几方面：

（1）自发的行为。自发的行为是指人类的行为是自动自发的，而不是被动的。外力可能影响他的行为，但无法引发其行为，外在的权力、命令无法使其产生真正的效忠行为。

（2）有原因的行为。有原因的行为是指任何一种行为的产生都有其起因。遗传与环境可能是影响行为的因素，同时，外在条件亦可能影响内在的行为。

（3）有目的的行为。有目的的行为是指人类非盲目的行为，它不但有起因，而且有目标。有时候别人看来毫不合理的行为，对行为发出者来说却是合乎目标的。

（4）持久性的行为。持久性的行为是指行为指向的目标在没有达成之前不会终止的行为。行为发出者也许会改变其行为的方式，或由外在行为转为潜在行为，但还是要持续不断地朝目标行进。

（5）可改变的行为。可改变的行为是指人类为了谋求目标的达成，不但其手段经常变换，而且其行为是可以经过学习或训练而改变的。这与其他受本能支配的动物行为不同，人的行为是具有可塑性的。

3. 行为的种类

行为的种类有很多，可以从不同方面对其分类。

1）按行为主体的不同划分

（1）个人行为。包括个人的成长、发育、学习、意见等行为。

（2）团体行为。包括团结、互助、合作、友好、谅解、默契、分歧、对抗、破坏等行为。

2）按人类活动的不同领域划分

（1）管理行为。包括计划、组织、领导、激励、控制、决策、预测等行为。

（2）政治行为。包括选举、公务、行政、民族团结、国际关系等行为。

（3）社会行为。包括社会控制、社会变迁、社会要求、社会保险、社会文明、社会进步、社会发展等行为。

（4）文化行为。包括文化艺术活动、教育活动、体育活动、学术研究等行为。

二、与安全有关的行为共同特征

人的行为在个体之间尽管千差万别，但存在着一些共同的行为特征。根据有关研究结果，与安全有关的人的行为共同特征主要如下。

1. 人的空间行为

心理学家发现，人类有“个人空间”的行为特征，这个空间是以自己为中心，与他人保持一定距离，当此空间受到侵犯时，会有回避、尴尬、狼狈等反应，有时会引起不快、口角和争斗。此外，人的空间行为还包括独处的个体空间行为。例如，从事紧张操作和脑力劳动时，都喜欢独处而不喜欢外界干扰，否则注意力会分散，不但效率低，有时还会发生差错或事故。与“个人空间”有关的距离有以下4种：

（1）亲密距离。亲密距离是指与他人躯体密切接近的距离。此距离有两种：一种是接近状态，即亲密者之间的爱抚、安慰、保护、接触、交流的距离，此时身体可以接近；另一种是正常状态（15～45 cm），头、脚互不相碰，但手可以相握或抚触对方。

（2）个人距离。个人距离是指个人与他人之间的弹性距离。此距离也有两种：一种是接近状态（45～75 cm），是亲密者允许对方进入而不发生为难、躲避的距离，但亲密者进入此距离时有强烈的反应；另一种是正常距离（75～100 cm），是两人相对站立，指尖刚好能接触的距离。

（3）社会距离。社会距离是指参加社会活动时所表现的距离。接近状态为120～210 cm，通常为一起工作的距离。正常状态为210～360 cm，正式会谈、礼仪等多按此距离进行。

（4）公众距离。公众距离是指演说、演出等公众场合的距离。其接近状态为360～750 cm，正常状态在750 cm以上。

2. 侧重行为

有学者认为，人的大脑由左右两个半球构成，因为大多数人的优势半球为左半球，左半球支配右侧，所以大多数人的惯用侧是右侧。另外，人的选择行为具有偏向性，日本应用心理学家藤泽伸介在一个建筑物的T形楼梯（左右楼梯距离相等，都能到达同一地点）上观察发现上楼梯的人，左转弯者占66%，而右转弯者只占34%。而性别、是否带物品、物品位于何侧、哪只脚先迈等都不是选择左右方向的决定因素。他认为，心脏位于左侧，为了保护心脏，同时用右手的人习惯用有力的右手向外保持平衡，所以常用左手扶着楼梯（或左边靠向建筑物，心理上有所依托）向上走；此外，用右手者右脚有力，表现在步态上就是左侧通行。所以无论从生理上还是心理上，左侧通行对人来说，都是稳定的、理想的。因此，左侧通行的楼梯在发生灾害（如火灾）时，对人的躲避行为是有裨益的。

3. 捷径反应

在日常生活和生产中，人往往表现出捷径反应，即为了少消耗能量又能取得最好效果而采用最短距离的行为。例如，伸手取物往往是直线伸向物品，穿越空地往往走对角线等。但捷径反应有时并不能减少能量消耗，而仅是一种心理因素而已。例如乘公共汽车，宁愿挤在门口，而不愿进入车厢中部人少处。

4. 躲避行为

当发生灾害和事故时，人们都有一些共同的避难行动（躲避行为）。例如，发生恐慌的人为了谋求自身的安全，会争先恐后地谋求少数逃离机会。心理学家通过试验研究表明，沿进来的方向返回、奔向出入口等，是发生灾害和事故躲避行为的显著特征。对于飞来的物体打击，约有80%的人会发生躲避行为，有20%的人未做反应或躲避不及，但当上方有危险物落下时，试验研究指出，有41%的人只是由于条件反射采取一些防御姿势，如抱住头部，或者上身向后仰或者上身向后仰想接住落下物或弯下腰等；有42%的人不采取任何防御措施，只是僵直的呆立不动（不采取措施的人大多数是女性）；只有17%的人离开危险物落下区域，向后方或两侧闪开，并以向后躲避者居多。由此可见，人对于自头顶上方落下的危险物的躲避行为，往往是无能为力的。在工厂和建筑工地，被上方落下的物体（如机械零件、钢筋等）撞击致死的事故屡见不鲜。因此，在一些作业场所（如建筑工地、钢铁和化工企业等），头戴安全帽是最低限度的安全措施。

5. 从众行为

遇到突发事件时，许多人往往难以判断事态和采取行动。因而使自己的态度和行为与周围相同遭遇者保持一致，这种随大溜的行为称为从众行为或同步行为。女性由于心理和生理的特点，在突发事件发生时，往往采取与男性同步行为。一些意志薄弱的人，从众行为倾向强，表现为被动、服从权威等。有人做过试验，当行进时突然前方飞来危险物体，如前方两人同时向一侧躲避，则跟随者会不自觉地向同侧躲避。当前方两人向不同侧躲避时，第三人往往随第二人向同侧躲避。

6. 非语言交流行为

靠姿势及表情而不用语言传递信息（意愿）的行为称为非语言交流（也称体态交流）。人表达思想感情的方式，除了语言、文字、音乐、艺术之外，还可以使用表情和姿势来表达，这也是一种行为。因此，可根据人的表情和姿势来分析人的心理活动。在生产中也广泛使用非语言交流，如火车驾驶员和副驾驶员为确认信号呼唤应答所用的手势；桥式起重机或臂架式起重机在吊运物品时，指挥人员常用的手势信号、旗语信号和哨笛信号，都属于非语言交流的行为。在航运、导航、铁道等交通部门广泛使用的通信信号标志、工厂的安全标志，从广义上来说，都属于非语言交流行为的范畴。

三、安全行为科学

1. 安全行为科学的定义

行为科学是从社会学和心理学角度研究人的行为的一门科学。它主要研究工作环境中个人和群体的行为，目的在于控制并预测行为，强调做好人的工作，通过改善社会环境以及人与人之间的关系来提高工作效率。行为科学的研究对象是人的行为规律，研究的目的是揭示和运用这种规律为预测行为、控制行为服务。

安全行为科学是关于生产经营以及其他人类活动中，与安全生产和人员安全健康有关的人的行为现象及其规律的科学。它运用行为科学、安全科学、组织行为学、心理学、管理学以及工程心理学等学科的原理、方法及研究手段，研究有关人的行为与安全的问题，揭示人在工作、生产、生活环境中的行为规律，从安全生产和保障人员安全健康的角度分析、预测和正确引导人的行为，确保人员安全和生产经营活动的安全。

安全行为科学是行为科学的重要应用分支。安全行为科学不但将行为科学研究的成果为其所用，同时为行为科学丰富了内容，扩大了内涵。因此，安全行为科学与行为科学是相互交叉和兼容的，是行为科学在安全管理中应用发展起来的应用性学科。安全行为科学是一门研究安全活动过程中伴随人的行为和人际交往而产生的心理和生理活动规律的学科，它属于应用科学的范畴。

20世纪90年代以前，安全科学技术体系中很多是对事故心理的研究，其目的是控制人的不安全行为。但是，仅仅考虑心理因素，是不能全面解决“人因”问题的。也可以说，如果从人的角度考虑，安全管理和安全教育仅仅依靠心理学是不够的。因为影响人的行为的因素很多，总体来说大致有两大类：一类是个体的心理素质、社会地位、文化程度等个体状况；另一类是由社会的政治、经济，文化、道德等和具体的作业环境构成的。而人的行为是人与环境相互作用的结果，所以必须从心理学、生理学、社会学、人类工效学等更为广泛的学科角度，既考虑内因又考虑外因。安全管理和安全教育不仅强调对不安全行为的控制，更重视对人的安全行为的激励，同时要建立在对工作环境进行人性化设计的基础上。这样，才能使安全管理和教育的效果更为理想，预防事故的境界更高。

因此，进入20世纪90年代中期以来，安全行为科学逐步被重视起来，即从80年代的一种现代安全理论，发展成为90年代中期的一个独立学科。安全行为科学是建立在社会学、心理学、生理学、人类工效学、管理学、人机学、文化学、经济学、语言学、法律学等学科基础之上，是分析、认识、研究影响人的安全行为因素及模式，掌握人的安全行为和不安全行为的规律，实现激励安全行为、防止行为失误和抑制不安全行为的应用性学科。安全行为科学的研究对象主要是以安全为内涵的个体行为、群体行为和领导行为。安全行为科学的基本任务是通过对安全活动中各种与安全相关的人的行为规律的揭示，有针对性和实用性地建立科学的安全行为激励理论和不安全行为的控制理论及方法，并应用于安全管理和安全教育，从而实现高水平的安全生产和安全活动。

2. 安全行为科学的研究对象

安全行为科学是把社会学、心理学、生理学、人类学、文化学、经济学、语言学、教育学、法学等多学科基础理论应用到安全管理和事故预防的活动之中，为保障人类安全、健康和安全生产服务的一门应用性科学。安全行为科学的研究对象是社会、企业或组织中人和人之间的相互关系，以及与此相联系的安全行为现象，安全行为科学主要研究的对象是个体安全行为、群体安全行为和领导安全行为等方面的理论和控制方法。

1）个体安全行为

要研究个体安全行为，首先要知道什么是个体心理，个体心理指的是人的心理。人既是自然的实体，又是社会的实体。从自然实体来说，只要是在形体组织和解剖特点上具有人的形态，并且能思维、会说话、会劳动的动物，都称为人。从社会实体来说，人是社会关系的总和，这是人最本质的特征，当这些自然社会的本质特点全部集于某一个人的身上时，这个人就称之为实体。

个体是人的心理活动的承担者。个体心理包括个体心理活动过程和个性心理。个体心理活动过程是指认识过程、情感过程和意志过程；个性心理的特征表现为个体的兴趣、爱好、需求、动机、信念、理想、气质、能力、性格等方面的倾向性和差异性。

任何企业或组织都是由众多的个体—人组合而成的。所有这些人都是有思想、有感情、有血有肉的有机体。但是，由于个人先天遗传素质的差别和后天所处社会环境及经历、文化教养的差别，导致了人与人之间的个体差异。这种个体差异也决定了个体安全行为的差异。

在一个企业或组织中，由于人们分工不同，有领导者、管理人员、技术人员、服务人员，以及各种不同工序的工人等不同层次和不同职责的划分。他们从事的劳动对象、劳动环境、劳动条件等方面也不一样，加之个体心理的差异，所以他们在安全管理过程中的心理活动必然是复杂的。因此，在分析人的个体差异和分析各种职务差异的基础上，了解和掌握人的个体安全心理活动，分析和研究个体安全心理规律，对于了解、控制、调整、管理安全行为很重要，这是安全管理最基础的工作之一。

2）群体行为安全

群体是一个介于组织与个人之间的人群结合体。这是指组织机构中，由若干个人组成的为实现组织目标利益而相互信赖、相互影响、相互作用，并规定其成员行为规范所构成的人群结合体。对于一个企业来说，群体构成了企业的基本单位。现代企业都是由大小不同、多少不一的群体所组成的。

群体的主要特征表现为：①各成员相互依赖，在心理上彼此意识到对方；②各成员间在行为上相互作用，彼此影响；③各成员有“我们同属于一群”的感受，即彼此间有共同的目标或需要的联合体。从群体形成的内容上分析可以得知，任何一个群体的存在都包含了3个相关联的内在要素——相互作用、活动与情绪。所谓相互作用，是指人们在活动中相互之间发生的语言沟通与接触。活动是指人们所从事的工作的总和，它包括行走、谈话、坐、吃、睡、劳动等，这些活动被人们直接感受到。情绪指的是人们内心世界的感情与思想过程，在群体内，情绪主要指人们的态度、情感、意见和信念等。

群体的作用是将个体的力量组合成新的力量，以满足群体成员的心理需求，其中最重要的是使成员获得安全感。在一个群体中，人们具有共同的目标与利益。在劳动过程中，群体的需求很可能具有某一方面的共同性，或工作内容相似，或劳动方式一样，或劳动在一个环境之中及具有同样的劳动条件等。他们的安全心理虽然具有不同的个性倾向，但也会有一定的共同性。分析、研究和掌握群体安全心理活动状况，是搞好安全管理的重要条件。

3）领导安全行为

在企业或组织各种影响人的积极性的因素中，领导行为是一个关键性的因素。因为不同领导的心理与行为，会造成企业的不同社会心理气氛，从而影响企业职工的积极性。有效的领导是企业或组织取得成功的一个重要条件。

管理心理学家认为，“领导”是一种行为与影响力，不是指他个人的职位，而是指影响和引导他人或集体在一定条件下向组织目标迈进的行动过程。“领导”与“领导者”是两个不同的概念，它们之间既有联系又有区别。领导是领导者的行为，促使集体和个人共同努力，实现企业目标的全过程；而致力于实现这个过程的人则为领导者。虽然领导者在形式上有集体、个人之分，但作为领导集体的成员在履行自己的职责时，还是以个人的行为表现来进行的。从安全管理的要求来说，企业或组织的领导者对安全管理的认识、态度和行为，是搞好安全管理的关键因素。分析、研究领导安全行为，是安全管理的重要内容。

3. 安全行为科学的研究原则

任何科学的形成和发展都必须遵循一定的基本原则，同时还要掌握科学的研究方法。

安全行为科学是一门新兴学科，至今还很少有系统的研究，如果要在安全行为研究方面得到发展并不断取得成效，就要遵循一定的原则。安全行为研究遵循的基本原则有以下几点：

（1）客观性原则。即实事求是地观察、记录人的行为表现及产生的客观条件，分析时应避免主观偏见和个人好恶。

（2）发展性原则。即把人的行为看作一个过程，历史地、变化地看待行为本质，有预测地分析行为发展方向。

（3）联系性原则。即要看到行为与主、客观条件的复杂关系，注意各种因素对行为的影响。

4. 安全行为管理的研究内容

安全行为管理的基本任务是通过揭示安全活动中各种与安全相关的人的行为规律，有针对性和实用性地建立科学的安全行为激励理论，并应用于提高安全管理工作的效率，从而合理地发展人类的安全活动，实现高水平的安全生产和安全生活，其研究内容主要包括：

1）人的安全行为规律的分析与认识

认识人的个体自然生理行为模式和社会心理行为模式；分析影响人的安全行为的心理因素，如情绪、气质、性格、态度、能力等；分析影响人的安全行为的社会心理因素，如社会知觉、价值观、角色作用等；分析影响群众安全行为的因素，如社会舆论、风俗时尚、非正式团体行为等。

2）安全需求对安全行为的作用

需求是一切行为的来源，安全需求是人类安全活动的基础动力。因此，从安全需求入手，在认识人类安全需求的基本前提下，应用需求的动力性来控制和调整人的安全行为。

3）劳动过程中安全意识的规律

安全意识是良好安全行为的前提条件，是作用于人的行为要素之一。这部分内容主要研究劳动过程的感觉、知觉、记忆、思维、情感、情绪等对人的安全意识的作用和影响规律，从而达到强化安全意识的目的。

4）个体差异与安全行为

主要分析和认识个性差异和职务（职业、职位）差异对安全行为的影响，通过协调、适应等方式，控制、消除个性差异和职务差异对安全行为的不良影响。

5）导致事故的心理因素分析

人的行为与心理状态有着密切的关系，探讨事故在形成和发生的过程中导致人失误的心理过程和影响作用规律，对于控制和防止失误有着重要的意义。这部分主要探讨人的心理因素与事故的关系、致因的机理、作用的方式和测定的技术等。

6）挫折、态度、群体与领导行为

研究挫折特殊心理条件下人的安全行为规律、态度心理特征对安全行为的影响、群体与领导行为在安全管理中的作用和应用。

7）注意力在安全中的作用

探讨人注意力的规律，即注意力的分类、功能、表现形式、属性，以及在生产操作、安全教育、安全监督中的应用。

8）安全行为的激励

应用行为科学的激励理论，即X理论、Y理论、权变理论、双因素理论、强化理论、期望理论、公平理论等，来激励工人个体、企业群体和生产领导的安全行为。行为科学认为，激励就是激发人的行为动机，引发人的行为，促使个体有效地完成行为目标的手段。企业领导者和员工能在工作和生产操作中重视安全生产，依赖于对其进行有效的安全行为激励。激励是目的，创造条件是激励的手段。

在某种情况下，虽然有些作业者的安全技能高，但是由于安全动机激发得不够，其安全生产成绩仍然不显著。安全生产成绩要大幅度提高，除了安全生产技能有待提高外，安全动机激发程度的提高也是一个很重要的环节。

9）安全行为科学的应用

安全行为科学可以用于事故分析、安全管理、班组建设、工种安排与协调、安全教育、安全宣传、安全技术人员和职工素质提高等多方面。

第二节　安全行为影响因素分析

人的安全行为是复杂和动态的，具有多样性、计划性、目的性、可塑性，并受安全意识水平的调节，受思维、情感、意志等心理活动的支配，同时也受道德观、人生观和世界观的影响。态度、意识、知识、认知决定人的安全行为水平，因而人的安全行为表现出差异性。不同的企业职工和领导者，由于上述人文素质的不同，会表现出不同的安全行为水平；同一个企业或生产环境，同样是职工或领导者，由于责任、知识等因素的影响，会表现出对安全的不同态度、认识，从而表现出不同的安全行为。要达到对不安全行为抑制、激励安全行为的目的，需要研究影响人的安全行为的各种因素。

一、影响人的安全行为的个性心理因素

人的心理因素是同物质相联系的，它起源于物质，是物质活动的结果。心理是人脑的机能，是客观现实的反映，是人脑的产物。人的各种心理现象都是对客观外界的“复写”“摄影”和“反应”。但人的心理反应有主观的个性特征，所以同一客观事物，不同的人反应可能是不相同的。例如，从事同一项工作的人，由于心理因素（精神状态）不同，产生的行为结果也就不同。

1. 情绪对人的安全行为的影响

情绪为每个人所固有，是受客观事物影响的一种外在表现，这种表现是体验又是反应，是冲动又是行为。从安全行为的角度来看，情绪处于兴奋状态时，人的思维与动作较快；处于抑制状态时，思维与动作显得迟缓；处于强化阶段时，往往有反常的举动，这种情绪可能导致思维与行动不协调、动作之间不连贯，这是安全行为的忌讳。当不良情绪出现时，可临时改换工作岗位或停止工作，在生产过程中应杜绝因情绪导致不安全行为的发生。

2. 气质对人的安全行为的影响

气质是人的个性的重要组成部分，它是一个人所具有的典型的、稳定的心理特征，俗称性情、脾气，它是一个人与生俱有的心理活动的动力特征。

气质对个体来说具有较大的稳定性，气质使个人的安全行为表现出独特的个人色彩。

一个人若具有某种气质类型，则在一般情况下，经常表现在他的情感、情绪和行为当中。例如，同样是积极工作，有的人表现为遵章守纪，动作及行为可靠安全，有的人则表现为蛮干、急躁，安全行为较差。一个人的气质是先天的，后天的环境及教育对气质的改变是微小和缓慢的。俗话说，“江山易改，禀性难移”，就是指气质具有较大的稳定性、不易改变的特点。因此，分析职工的气质类型，合理安排和支配职工，对保证工作时的行为安全有积极的作用。

人的气质分为4种：

（1）多血质。活泼、好动、敏捷、乐观，情绪变化快却不持久，善于交际，待人热情，易于适应变化的环境，工作和学习精力充沛，安全意识较强，但有时不稳定。

（2）胆汁质。易激动，精力充沛，反应速度快但不灵活，暴躁而有力，情感难以抑制，安全意识较多，血质差。

（3）黏液质。安静沉着，情绪反应慢而持久，不易发脾气，不易流露感情，动作迟缓而不灵活，在工作中能坚持不懈、有条不紊；但有惰性，环境变化的适应性差。

（4）抑郁质。敏感多疑，易动感情，情感体验丰富，行动迟缓、忸怩、腼腆，在困难面前优柔寡断，工作中能表现出胜任工作的坚持精神；但胆小怕事，动作反应性强。

在客观上，多数人属于各种类型之间的混合型。人的气质对人的安全行为有很大的影响，使每个人都有不同的特点以及各种安全工作的适宜性。因此，在工作安排、班组建设、使用安全干部和技术人员，以及组织和管理工人队伍时，要根据实际需要和个人特点来进行合理调配。

3. 性格对人的安全行为的影响

“性格”一词源于希腊文，原意是“特征”“标志”“属性”或“特性”，是人的个性心理特征的重要方面，人的个性差异首先表现在性格上。性格是每个人所具有的、最主要最显著的心理特征，是对某一事物稳定和习惯的方式。但人的性格不是天生的，而是在长期发展过程中所形成的稳定的方式，性格贯穿于一个人的全部活动中，在有些情况下，对待事物的态度是属于一时的、偶然的，那么此时表现出来的态度就不能算是他的性格特征。同样，也不是任何一种行为方式都表明一个人的性格，只有习惯化的，在不同的场合都会表现出来的行为方式，才是其性格特征。

性格较稳定，不能用一时的、偶然的冲动作为衡量人的性格特征的根据。良好的性格并不完全是天生的，经历、环境、教育和社会实践等因素对性格的形成具有更重要的意义。例如，在生产劳动过程中，如果不注意安全生产、失职或其他原因而发生了事故，轻则受批评或扣发奖金，重则受处分甚至法律制裁。而安全生产受到表扬和奖励，这就在客观上激发人们以不同方式进行自我教育、自我控制、自我监督，从而形成工作认真负责和重视安全生产的性格特征。因此通过各种途径注意培养职工认真负责、重视安全的性格，对安全生产将带来巨大的好处。

性格表现在人的活动目的上，也表现在达到目的的行为方式上。例如，有的人胸怀坦荡，有的人诡计多端；有的人克己奉公，有的人自私自利等。

人的性格表现多种多样，有理智型、情绪型、意志型。理智型用理智来衡量一切，并支配行动；情绪型的情绪体验深刻，安全行为受情绪影响大；意志型有明确目标，行动主动，安全责任心强。

4. 能力对人的安全行为的影响

1）人的能力分类

能力有一般和特殊之分。人要顺利完成一项任务，必须既要具有一般能力，又要具有特殊能力。一般能力是指在很多种基本活动中表现出来的能力，如观察力、记忆力、抽象概括能力等。特殊能力是指在某些专业活动中表现出来的能力，如数学能力、音乐能力、专业技术能力等。

能力反映了个体在某一工作中完成各种任务的可能性，是对个体能够做什么的评估。能力又可以分为心理能力、体质能力、情商。

（1）心理能力。心理能力就是从事心理活动所需要的能力。一般认为，在心理能力中包括7个维度，即算术、言语理解、知觉速度、归纳推理、演绎推理、空间视觉以及记忆力。不同的工作要求员工运用不同的心理能力。对于需要进行信息加工的工作来说，较高的总体智力水平和语言能力是成功完成此项工作的必要保证。当然，高智商并不是所有工作的前提条件。事实上，在很多工作中，对员工的行为要求十分规范，如安全操作规程等。此时，高智商与工作绩效无关。然而，无论什么性质的工作，在语言、算术、空间和知觉能力方面的测验，都是工作熟练程度的有效预测指标。

（2）体质能力。在信息加工的复制工作中，心理能力起着极为重要的作用。同理，对于那些技能要求较少而规范化程度较高的工作而言，体质能力是十分重要的。例如，一些工作要求具有耐力、手指灵活性、腿部力量以及其他相关能力，因而管理人员需要借助一些方式确定员工的体质能力水平。

研究人员对上百种不同的工作要求进行了调查，确定在体力活动的工作方面包括9项基本的体质能力，见表7-1。个体在每项能力中，都存在着不同程度上的差异，而且这些能力之间的相关性极低。所以，一个人在某一项能力中得分高并不意味着在另一项能力中得分也高。如果管理者能确定某一工作对这9项能力中每一项的要求程度，并保证从事此工作的员工具备这种能力水平，则会提高工作绩效。

表7-1 9项基本的体质能力

类型		定义
力量因素	动态力量 驱赶力量 静态力量 爆发力	在一段时间内重复或持续运用肌肉力量的能力 运用躯干肌肉（尤其是腹部肌肉）以达到一定肌肉强度的能力 在一项或一系列爆发活动中产生最大能量的能力
灵活性因素	广度灵活性	尽可能远地移动躯干和背部肌肉的能力
	动态灵活性	尽快快速、重复的关节活动的能力
其他因素	躯体协调性	躯体不同部分进行同时活动的相互协调的能力
	平衡性	受到外力威胁时，依然保持躯体平衡的能力
	耐力	当需要延长努力时间时，保持最高持续性的能力

（3）情商（一种新型的能力）。萨洛维（Frank J. Sulloway）和梅耶在早期的论文中提出，情绪智力包含准确地觉察、评价和表达情绪的能力，接近并产生感情以促进思维的能力，理解情绪及情绪知识的能力，调节情绪以帮助情绪和智力发展的能力。这种能力如下

所述：①情绪的知觉、鉴赏和表达的能力；②情绪对思维的引导和促进能力；③对情绪理解、感悟的能力；④对情绪成熟的调节，以促进心智发展的能力。这4方面能力在发展与成熟过程中有一定的先后次序和高低级别。第①类对于自我情绪的知觉能力是最基本的和最先发展的，第④类的情绪调节能力比较成熟，而且要到后期才能发展。情商的核心要点在于强调认知和管理情绪（包括自己和他人的情绪）、自我激励、正确处理人际关系三方面的能力。有研究表明，一个人的成就只有20%来自智商，而80%都取决于情商。

2）能力与工作的匹配

显然，当能力与工作匹配时，员工的工作绩效便会提高。较高的工作绩效对具体的心理能力、体质能力、情商方面的要求，取决于该工作本身对能力的要求。例如，飞行员需要有很强的空间视觉、知觉能力；海上救生员需要有很强的空间视觉、知觉能力和身体协调能力；高楼建筑工人需要有很强的平衡能力。因此，仅仅关心员工的能力或仅仅关心工作本身对能力的要求都是不够的。员工的工作绩效取决于前者之间的相互作用以及后者的协调作用。因此，不同的工作类型有不同的工作能力要求，与工作匹配度较强的能力能够减少不安全行为的发生，促进工作绩效的提高。

二、影响人的安全行为的社会心理因素

1. 社会知觉对人的安全行为的影响

知觉是眼前客观刺激物的整体属性在人脑中的反应。客观刺激物既包括物也包括人。人在对别人感知时，不应只停留在被感知的面部表情、身体姿态和外部行为上，还要根据这些外部特征来了解他的内部动机、目的、意图、观点、意见等。

人的社会知觉可分为三类：

（1）对个人的知觉。对个人的知觉主要是对他人外部行为表现的知觉，并通过对他人外部行为的知觉，认识他人的动机、感情、意图等内在心理活动。

（2）人际知觉。人际知觉是对人与人关系的知觉。人际知觉的主要特点是有明显的感情因素参与其中。

（3）自我知觉。自我知觉是指一个人对自我的心理状态和行为表现的概括认识。人的社会知觉与客观事物的本来面貌常常不一致，这会使人产生错误的知觉或者偏见，使客观事物的本来面目在自己的知觉中发生歪曲。

2. 价值观对人的安全行为的影响

价值观是人的行为的重要心理基础，决定一个人对人和事的接近或回避、喜爱或厌恶、积极或消极。领导者和职工对安全价值的认识不同，会从其对安全的态度及行为上表现出来。因此，要求职工具有合理的安全行为，首先需要有正确的安全价值观。

3. 角色对人的安全行为的影响

在社会生活的大舞台上，每个人都在扮演着不同的角色。有人是领导者，有人是被领导者，有人当工人，有人当农民，有人是丈夫，有人是妻子等。每一种角色都有一套行为规范，人们只有按照自己所扮演角色的行为规范行事，社会生活才能有条不紊地进行，否则就会发生混乱。角色实现的过程，就是个人适应环境的过程。在角色过程中，常常会发生角色行为的偏差，使个人行为与外部环境发生矛盾。在安全管理中，需要利用人的这种角色作用来为其服务。

三、影响人的安全行为的主要社会因素

1. 社会舆论对安全行为的影响

社会舆论又称公众意见，它是社会上大多数人对共同关心的事情，用富于情感色彩的语言所表达的态度、意见的集合。要社会或企业人人都重视安全，需要有良好的安全舆论环境。一个企业、部门乃至国家，要想把安全工作搞好，就需要利用舆论手段。

2. 风俗与时尚对安全行为的影响

风俗是指地区内社会多数成员比较一致的行为趋向。风俗与时尚对安全行为的影响既有有利的方面，也会有不利的方面，通过安全文化的建设可以实现其扬长避短的目的。

四、环境、物的状况对人的安全行为的影响

人的安全行为除了内因的作用和影响外，还有外因的影响。环境、物的状况对劳动生产过程中的人也有很大的影响。环境变化会刺激人的心理，影响人的情绪，甚至打乱人的正常行动。物的运行失常及布置不当，会影响人的识别与操作，造成混乱和差错，打乱人的正常活动。环境差（如噪声大、尾气浓度高、气温高、湿度大、光亮不足等）造成人的不舒适、疲劳、注意力分散，人的正常能力受到影响，从而造成行为失误和差错。由于物的缺陷，影响人机信息交流，操作协调性差，从而引起人的不愉快刺激、烦躁等，产生急躁等不良情绪，引起误操作，导致不安全行为产生。这一过程可以用如下模式表示：

（1）环境差→人的心理受不良刺激→扰乱人的行动→产生不安全行为。

（2）物设置不当→影响人的操作→扰乱人的行动→产生不安全行为。

因此，要保障人的安全行为，必须创造良好的环境，保证物的状况良好和合理，使人、物、环境更加协调，从而增强人的安全行为。

第三节　人员不安全行为控制方法

不安全行为是事故发生的主要原因之一，因此，加强对工作人员作业行为的管理和控制是企业安全管理的重要组成部分，是不安全行为管理措施制定与实施的关键。产生不安全行为的原因是多方面的，安全意识不足、安全知识缺乏、作业程序不当、安全防护不当、环境因素影响等多方面的原因均会直接或间接引起不安全行为，为事故的发生埋下隐患。为了预防事故的发生，必须从多方面着手，进行不安全行为控制。常见的不安全行为控制方法有如下几种。

一、安全行为能力测试

关于安全行为能力，目前存在不同的论述和界定。整体来讲，安全行为能力就是安全能力或安全素质，是人的先天秉性并通过后天学习形成的稳定心理和生理特性，较强的安全行为能力能帮助人员在日常和紧急状态下避免人身伤亡、财产损失、环境破坏等事故以及职业病发生。

安全行为能力不足是导致不安全行为发生，进而导致事故发生的深层次原因。通过安

全行为能力测试可大体判断出个人的安全行为能力状况，及早发现其不安全行为倾向，从而及时采取多种方式进行干预，能够有效阻止其不安全行为的发生。同时，通过安全行为能力测试还可判断出人员能力与岗位是否相匹配，经过测试，如果人员不符合岗位要求，则应该对其人员进行岗位调整或安全培训教育等。因此，研究和评估工作人员安全行为能力，分析其与风险、事故等的关联性对有效预防事故具有重要意义。

安全行为能力一般从员工的生理机能、心理机能以及业务素质等层面对企业员工进行相应的测量。其中，对于心理机能指标、业务素质指标以及管理因素指标等可采用成熟量表或自编量表的方法测量；对于生理机能指标，可采用实验测量，借助于实验仪器进行测量分析。生理机能一般从注意品质、反应特性、工作机能等方面进行测量；心理机能一般会测量心理压力、情绪应激、工作倦怠、人格特征、忠诚度、风险感知能力等指标；业务素质一般从知识与技能掌握程度、安全思想素质、安全诚信等角度进行测量。

二、安全文化宣传

通过开展安全生产宣传教育活动，可进一步加强安全生产宣传教育力度，将安全生产目标落到实处，牢固树立安全发展理念，增强员工安全意识，为促进安全生产状况的持续稳定好转提供思想基础和精神动力。

要实现安全生产，就要抓好安全文化宣传工作，抓好企业安全文化宣传教育的关键就是要管好人、教化人、激励人。让员工在潜移默化中形成强烈的安全意识，掌握必备的安全技能知识，具有相当程度的安全预知能力、判断水平和应急方法，实现“要我安全”到“我要安全”及“我会安全”的根本转变。

安全文化宣传可以开展多种形式的活动，如安全知识竞赛、事故案例学习、安全文化图片展、漫画展、安全员工评选、领导及员工安全承诺等。

三、安全知识培训

安全知识不足往往会引起安全意识不强或安全习惯不佳，从而产生不安全动作，进而导致事故的发生。安全知识培训就是增加员工的安全知识，这是减少事故直接原因的最有效办法之一。通过安全知识培训，帮助员工认识、理解并记忆各种安全行为原理、安全操作规程、事故的危害及形成原因、不安全行为与事故的关系等，从而提高员工对各种不安全因素的识别能力，加深员工对安全行为的认识，提高员工的安全行为意识。

安全知识培训应考虑到不同层次、不同程度的人员培训需求，将需要培训的内容按知识体系、不安全行为的风险等级要求、内容的倾向性等设计成各个模块，模块之间还有相互关联的过渡链进行承上启下的贯通，具体使用时可针对人员的不同层次、不安全行为的严重程度及人员的工作时间进行安排选用。培训手段采用常规培训、体验式培训及参与式培训等相结合的方式。

企业可以通过多种途径和方法促使员工学习和掌握与自己工作相关的各种安全知识，强化其个体认知能力。具体来说，需要使用个体自学、视频教学、单位讲学、系统帮学等手段，促使员工学习相关安全知识；采用员工自考、定期笔试、随机抽考等形式即时动态地掌握员工的实际学习效果，调动员工学习安全知识的热情，如图 7 – 3 所示。

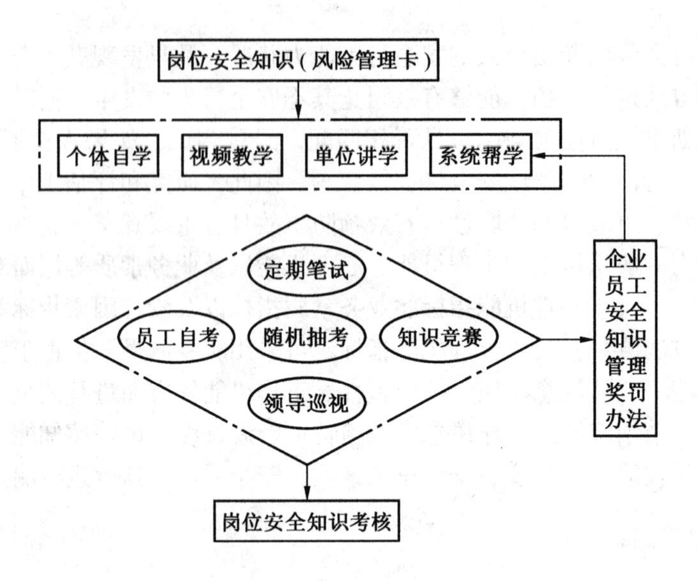

图7-3 企业安全知识培训形式

四、安全意识教育

安全意识，就是员工在安全活动中的态度，是人们关于安全生产的思想、观点、知识和心理素质的总和，是安全生产重要性在人们头脑中所反映的程度。如果安全意识淡薄、掌握安全知识不够，就很容易出现违章指挥、违章作业的现象，势必造成各种事故频繁发生，事故发生率居高不下。

员工在工作过程中因为各种原因会产生侥幸心理。例如，曾多次违章却没有发生事故；或明知违规违章会有危险，但怕麻烦、图省事，总想以“投机取巧”的方式在最短的时间内完成工作，以赚取更多的酬劳；还有员工盲目自信，认为违章并不一定都会导致事故发生，或者不一定会在自己身上发生等。通过教育可以增强员工安全意识，较高的安全意识可以减少员工的侥幸心理。

五、行为安全观察法

观察法是行为研究中常用到的方法，观察法是指观察者通过感官或借助仪器直接观察他人的行为，并把观察结果按时间顺序做系统记录的方法。行为观察法是一种典型的利用行为干扰方式改变员工行为方式的管理方法，该方法的原理为通过在现场观察判断员工的行为状态，如出现不安全行为即对其行为进行纠正，从而达到改变员工行为方式的目的。

行为观察法有以下4个步骤：

（1）准备。进行行为观察的第一步是工作准备，只有经过充分的准备才能保证行为观察的顺利进行。工作准备包括确定观察人员、确定观察区域、制订工作计划等几方面的工作。

（2）观察。观察阶段是整个行为观察工作的核心阶段，包括他查和自查两个环节。他查就是行为观察员对被观察者进行观察。自查就是员工的自我检查，是在一项工作结束后，按照作业流程对自己工作的核对检查。

（3）沟通。沟通是对作业流程进行观察的一个重要阶段，包括观察过程中的沟通和观察结束后的沟通。在沟通阶段需要做好表扬、讨论、沟通、启发、感谢5个方面，才能达到较理想的效果。

（4）记录、分析和反馈。记录、分析和反馈阶段是作业流程行为观察的最后一个阶段，它包括4个环节：记录观察情况、数据汇总与分析、编制报告及提出改进措施、反馈信息。

常见的安全行为观察方法有B－safe方法、TOFS（Time Out For Safety）方法、ASA（Advanced Safety Auditing）方法、STOP（Safety Training Observation Program）方法、CarePlus方法等。

不同的方法有各自的特点：B－safe方法的特点是设置专门的观察者，在观察期观察者一直不变，能够用一致的标准识别安全与不安全的动作。TOFS方法是让员工自己观察自己，思考自己是否有不对的作业方式或状态，如有则立刻停止。ASA方法是在每次行为观察时都设置一名观察纠正人员，下次行为观察时转换为另一个观察者。STOP方法是设置轮流的观察者，定期观察班组同伴的操作行为并予以纠正。CarePlus方法是由专门的安全检查人员进行行为观察与纠正，无其他特殊之处。

六、标准作业程序

标准作业程序（Standard Operation Procedure，简称SOP），就是在对作业系统调查分析的基础上，将现行作业方法的每一操作程序和每一动作进行分解，以科学技术、规章制度和实践经验为依据，以安全、质量效益为目标，对作业过程进行改善，从而形成一种优化作业程序，逐步达到安全、准确、高效、省力的作业效果。

SOP的精髓，就是将某事件的标准操作步骤和要求以统一的格式描述出来，将细节进行量化，用来指导和规范日常的工作。这样，任何一个人处于某个岗位时，经过合格培训后都能很快胜任该岗位工作，并且按照同样的程序操作，从而减少不安全行为发生的可能性。

SOP具有以下内在的特征：

（1）SOP是一种程序。SOP是对一个过程的描述，不是对一个结果的描述。同时，SOP既不是制度，也不是表单，是流程下面某个程序中的控制点如何来规范的程序。

（2）SOP是一种作业程序。SOP是一种操作层面的程序，是实实在在的、具体可操作的，不是理念层次上的东西。

（3）SOP是一种标准的作业程序，是经过不断实践总结出来的在当前条件下可以实现的最优化的操作程序设计。

（4）SOP不是单个的，而是一个体系。SOP的有效性取决于程序的彻底执行情况。因此，为了保证SOP的执行，必须进行相应的监督、检查。

七、安全警示标志

安全警示标志是指提醒人们注意的各种标牌、文字、符号以及灯光等，由安全色、几何图形、图像符号等组成，常见的安全警示标志有禁止标志、指令标志、提示标志、警告标志等几种形式。

《安全生产法》规定，生产经营单位应当在有较大危险因素的生产经营场所和有关设施、设备上，设置明显的安全警示标志。设置安全警示标志能及时提醒从业人员注意危险，防止从业人员发生事故，这是一项在生产过程中，保障生产经营单位安全生产的重要措施。

一般来说，有较大危险因素的生产经营场所和有关设施、设备，是指因生产经营场所进行的作业性质，使用的设备、材料或者储存的物品有危险因素，容易造成从业人员或者其他人员伤亡，或者在有关设施、设备的操作使用中容易对人身造成伤害。例如，高压变电站、石油液化站、切割车间、吊装作业现场、危险物品的储存仓库、剧毒物质生产场所、发电厂、加油站等，就是具有较大危险因素的生产经营场所。对这些有较大危险因素的生产经营场所和有关设施、设备，应当设置明显的安全警示标志。

安全警示标志需要妥善制作，尤其是要按照法规、标准的要求来制作和安装，大部分安全警示标志设置在操作现场，可以随时通过各种文字、声光等方式进行警示，提醒操作人员提高注意力，加强自我保护，减少不安全行为的发生。

第四节　安全行为科学的应用

安全行为科学首先可应用于深入、准确地分析事故原因和责任，以使人们科学、有效地控制人为事故。同时，安全行为科学还可应用于安全管理、安全教育、安全宣传、安全文化建设等，也可以为提高安全专业人员和职工的素质服务。

一、在安全管理中运用安全行为科学

1. 用安全行为科学合理安排工作

安全行为科学中对于性格、气质、兴趣等个性心理行为规律研究的结果，可应用于一些工作岗位的工作适应性和胜任力的指导；同时，可以通过对情绪、能力、爱好等特点和状态的分析，在生产安排上做出合理的调节，以减少行为失误或事故发生的可能性。

2. 科学地应用管理手段

安全管理中可应用激励理论来进行科学的管理，如科学应用激励理论能激发安全行为、抑制“三违”行为；利用角色理论来调动各级领导者和安全专职人员的积极性；应用领导理论进行有效的安全管理等。下面主要介绍强化理论在安全管理中的运用。

动机对人的行为有强化作用。强化可分为正强化和负强化。在企业安全管理中，常常都在自觉或不自觉地运用着强化理论，如进行表扬与奖励、批评与处罚等。

表扬与奖励、批评与处罚是企业管理的主要方法，也是安全管理的有效手段。“奖”起着正面引导的作用，不但使本人有成就感，增进保持荣誉的内在动力，也有利于形成竞争气氛，激励员工上进；“罚”可以起劝阻和警告作用，使本人与他人不再发生或少发生错误行为。“奖”与“罚”好比一条航道上的左右两个航标，是保证正确航向必不可少的武器。

然而在安全管理中，要真正用好这两个“航标”做到奖罚分明，达到预期的强化目标，调动领导者和职工安全生产的自觉性和积极性却并不容易。在运用强化理论进行表扬与批评、奖励与处罚时，要注意以下几点：

（1）以正强化为主，即表扬与批评相结合，以表扬为主的原则，这样才符合心理学原理。因为表扬可以使受表扬的人产生一种积极的情绪体验，感到愉快，受到鼓舞，正视正确行为，把安全生产的目标作为一种自觉行为。

（2）利用“对期望行为的强调”的科学手段，注意表扬与批评、奖励与惩罚的目的性。批评与惩罚，目的在于少出现或不出现不期望出现的行为。例如，某个企业一段时期以来最突出的问题是职工劳动纪律差，不遵守规章制度，严重影响安全生产，企业领导者就应该有意识地围绕“劳动纪律”问题，表扬好的，批评差的，以形成所期望的遵章守纪的局面。

（3）因人而异，形式多样。运用奖惩这一强化激励方法，注意从不同对象的心理出发，采取不同的方式和要求。由于每一个人的性格（特点）不一样，对正负强化的反应也不同。有的人爱面子，口头表扬就有作用；有的人讲实惠，希望得到物质的奖励；有的人脸皮薄，仅是批评就受不了；有的人则相反，如果不狠狠地触动，就起不到强化作用等。因此，要达到好的实际的强化效果就得讲究方法，要讲时效性，注意对象和个体的心理差异。

3. 进行合理的班组建设

在考虑班组人员的构成上，为使团体行为协调、安全和高效，需要研究人员的结构效应，如考虑班组成员的价值观趋同、气质互补和性格互补的搭配等问题。

二、用安全行为科学原理分析事故原因和责任

1. 事故原因的分析

安全行为科学的理论指出，人的行为受个性心理、社会心理、生理和环境的影响，因而在生产中引发人的不安全行为。造成安全事故的原因是复杂多样的。有了这样的认识，对于人为事故原因的分析就不能停留在“人因”这一层次上，应该进行更为深入的分析。例如，在分析人的不安全行为表现时，应分清是生理原因还是心理原因，是客观环境还是主观原因。对于心理或主观的原因，要从人的内因入手，通过教育、监督、检查、管理等手段来控制和调整。对于生理或客观的原因，要从物态和环境方面进行研究，以适应人的生理客观要求，减少人的失误。

安全行为科学中人的行为模式、影响人行为的因素分析、挫折行为研究、注意心理与安全行为、事故心理结构、人的意志过程等理论和规律，都有助于研究和分析事故的原因。

2. 事故责任的分析

根据心理学所揭示的规律，人的行为是由动机支配的，而动机则是由需求引起的。行为一般来说都是有目的的，都是在某种动机的策动下为了达到某个目标而进行的。

需求、动机、行为、目标四者之间的关系很密切。例如，安全管理中开办的特种作业人员的培训工作，学员来自各个企业，他们都表现出积极的学习热情，这种热情来源于其学习动机。因为在工作中，如果一个特种作业人员缺少应有的安全技术知识和技能，就不可能胜任自己的工作，甚至会导致事故。就是这种实际工作的需求产生了学习的动机，进而产生了学习的热情。

动机是指为满足某种需求而进行活动的念头或想法，它是推动人们进行活动的动力。

动机和行为关系复杂，在对待事故责任者的分析判断上，也要从行为与动机的复杂关系入手。为此，可从以下两方面考虑：

(1) 在分析一起事故责任者的行为时，要全面分析个人因素与环境因素相互作用的情况。任何一种行为，都是个人因素与环境因素相互作用的结果，是一种“综合效应”，人们在分析事故责任者的行为时必须同时看到个人因素和环境因素这两方面，否则有片面性。

(2) 分析个人因素时，要分析其外在表现和内在动机，要从分析行为和动机的复杂关系入手。为此，可以从以下三方面考虑：①同一动机可引起不同的行为。例如，想尽快完成生产任务，这种动机可表现为努力工作、提高效率，也可能出现盲干违章、不顾操作规程等。②同一行为，可出自不同的动机。例如，埋头工作可由种种动机引起，如争当先进，多拿奖金，争获表扬，事业心驱动等。③合理的动机也可能引起不合理甚至错误的行为。例如，为了完成生产任务，加班加点干活，忽视了劳逸结合，使工人在极度疲劳的情况下连续工作，导致了工伤事故。

因此，在分析问题、解决问题时，要透过现象看本质，从人的行为动机入手，实事求是地进行分析处理，就能做到既符合实际，又切中其弊。

三、在安全宣传教育中运用安全行为科学

安全宣传教育的效果与其进行的方式密切相关。从行为科学的角度，利用心理学、教育学、管理学的方法和技术会取得较好的效果。例如，可利用认知技巧中的第一印象作用和优先效应强化新工人的“三级”教育；应用意识过程的感觉、知觉、记忆、思维规律设计安全教育的内容和程序；利用安全意识规律，通过宣教的方法来强化人们的安全意识。

四、用安全行为科学指导安全文化建设

安全文化建设的实践之一就是要提高全员的安全文化素质。显然，针对不同的对象（管理者、技术人员、普通员工）所进行的安全文化教育的内容和要求是不一样的，不同的对象应采用不同的安全文化建设方式（管理、宣传、教育等）。

安全行为科学理论表明：人的行为不仅受生理等内部因素的支配和作用，也受人文环境和物态环境等外部因素的影响和作用。因而，人的行为表现出动态性和可塑性。这样，对于行为的控制和管理就需要运用动态的、变化的方式。因此，安全文化活动需要定期与非定期相结合进行，在必要的、重复的基础上，从简单地审查变为艺术地激励和启发等。

五、塑造安全监管人员良好的心理素质

安全管理和安全监察人员工作的多样性、复杂性与重要性，要求他们具有较高的思想品质和能力素质，否则就不能顺利完成自己的工作职责。一般来说，一个安全监管人员的个性品质、思维能力都是在进行相关工作的实践中形成的。在工作实践中，他们考虑多种多样的事物，遇到并解决多种多样的问题，逐渐地形成所从事的职业的心理品质。这些心理品质表现在如下几点：

(1) 安全监管人员应当具备工作所必需的道德品质，这是由他们的工作任务来决定

的。他们要对生产过程中因不安全所致的事故及责任者进行处理、教育，或对企业的安全管理提出客观公正的评价意见。只有受过良好教育，具有崇高的道德品质的人，才能对事件的处理做到实事求是，秉公办理，从而产生良好的效果和影响。

（2）安全监管人员必须有良好的分析问题的能力。例如，处理事故时对其原因的分析和责任的处理都需要有分析和综合的能力。所以，对于一个安全监管人员来说，还要求其思维敏捷、灵活，善于综合处理问题。在分析事故时，需要设想肇事的行为，这要求安全监管人员具有空间想象的能力，同时具有果断、主见、耐心、沉着、自制力、纪律性和认真精神等个性品质，以及较好的人际关系处理能力。安全监管人员只有在实践中锻炼、学习，才能提高自己的心理素质和品质。

六、为环境和设备设施的安全设计提供依据

人在工作中的安全行为除了内因的作用和影响外，还受外因如环境、设备设施的状况的影响。环境变化会影响人的心理和行为，设备设施的运行失常及布置不当会影响人的识别与操作，造成混乱和差错，甚至导致事故。设备设施设置恰当、运行正常，有助于人的控制和操作。环境差会造成人的不适、疲劳及注意力分散，从而造成行为失误和差错。要保障人的安全行为，必须创造良好的环境，以保证物的状况良好与合理，使人、物、环境更加协调。这些要求在环境、设备设施的设计上首先考虑人的行为特点，才能有助于减少人为事故隐患。

复习思考题

1. 安全行为管理的研究内容主要有哪些？
2. 安全行为科学的研究对安全生产有何意义？
3. 安全行为科学可以应用到哪些领域？
4. 常见的安全行为控制方法有哪些？

第八章　安全管理体系

本章概要和学习要求

本章主要讲述了安全管理标准化体系、职业安全健康管理体系、HSE管理体系及风险预控体系的原理及作用，并进一步简要阐述了体系的要素及要素之间的联系。通过本章学习，要求学生能够了解几大体系的原理及作用，理解这些体系的重要因素之间的联系，掌握有效的管理体系，并能够将其运用到具体案例中。

预防事故是安全管理工作的核心，而预防事故的重要方式就是通过构建有效的管理体系来控制危险源、消除事故隐患，减少人员伤亡和财产损失，使整个企业达到最佳的安全水平，为劳动者创造一个安全舒适的工作环境，从而保证企业生产顺利进行和社会稳定。本章以常用的安全管理体系为例，如安全生产标准化、职业安全健康管理体系、HSE管理体系及风险预控管理体系等，阐述了各体系的原理、具体要素及内容。

第一节　安全生产标准化概述

安全生产标准化是为了使安全生产活动获得最佳秩序，保证安全管理及生产条件达到法律、行政法规、部门规章和标准等要求制定的规则，是落实企业安全主体责任、建立安全生产长效机制、实现企业本质安全的重要手段和有效途径。

一、安全生产标准化的起源和发展

2004年，国务院印发了《关于进一步加强安全生产工作的决定》，第一次提出了“安全质量标准化”的要求，要求制定和颁布重点行业、领域安全生产技术规范和安全生产质量工作标准，其中对安全生产技术规范的提法在我国安全工作的历史上是一个新的起点。文件明确要求在全国所有工矿商贸、交通运输、建筑施工等企业普遍开展安全质量标准化活动。

在矿山危险化学品机械等行业安全质量标准化试点工作的基础上，国家安全监管总局于2010年发布了AQ/T 09006—2010《企业安全生产标准化基本规范》，正式明确了“安全生产标准化”的定义为“通过建立安全生产责任制，制定安全管理制度和操作规程，排查治理隐患和监控重要危险源，建立预防机制，规范生产行为，使各生产环节符合有关安全生产法律法规和标准规范的要求，人、机、物、环处于良好的生产状态，并持续改进，不断加强企业安全生产规范化建设”。《企业安全生产标准化基本规范》还规定了各行业安全生产标准化标准应涵盖的13个核心要求，并规定企业安全生产标准化工作实行企业自主评定、外部评审的方式；安全生产标准化评审分为一级、二级、三级，一级为最高。《企业安全生产标准化基本规范》标准的发布，标志着我国安全生产标准化建设进入了全面展开的阶段。

2010年，国务院《关于进一步加强企业安全生产工作的通知》指出，全国生产安全事故逐年下降，安全生产状况总体稳定、趋于好转，但形势依然十分严峻；文件进一步要求企业“深入开展以岗位达标、专业达标和企业达标为内容的安全生产标准化建设”，所谓建设，就是要求企业将安全生产标准化作为一项长期的、持续改进的基础工作。

根据国务院的要求，国务院安全生产委员会于2011年5月下发了《关于深入开展企业安全生产标准化建设的指导意见》，明确要求全面推进企业安全生产标准化建设。随后不久，国家安全监管总局于6月7日下发了《关于印发全国冶金等工贸企业安全生产标准化考评办法的通知》，制定了考评发证、考评机构管理及考评员管理等实施办法，进一步规范工贸行业企业安全生产标准化建设工作。

2011年8月2日，国家安全监管总局进一步下发《关于印发冶金等工贸企业安全生产标准化基本规范评分细则的通知》，发布《冶金等工贸企业安全生产标准化基本规范评分细则》，规范了冶金等工贸企业的安全生产。2013年1月29日，国家安全监管总局等部门又下发《关于全面推进全国工贸行业企业安全生产标准化建设的意见》，提出要进一步健全工贸行业企业安全生产标准化建设政策法规体系，加强企业安全生产规范化管理，推进全员、全方位、全过程安全管理。力求通过努力，实现企业安全管理标准化、作业现场标准化和操作过程标准化，2015年底前所有工贸行业企业实现安全生产标准化达标，企业安全生产基础得到明显强化。2014年，新修订的《安全生产法》进一步提出企业推进安全生产标准化建设的要求。

二、安全生产标准化的概念、特点及基本思想

1. 安全生产标准化的概念和特点

安全生产标准化是指通过建立安全生产责任制，制定安全设备生产相关操作规程，排查治理隐患和监控重大危险源，建立预防机制，规范生产行为，使各生产状态环节符合有关安全生产法律法规和标准规范的要求，人、机、物、环处于良好的生产状态，并持续不断加强企业安全生产规范化建设。

安全生产标准化体现了“安全第一，预防为主，综合治理”的方针和“以人为本”的科学发展观，强调企业安全生产工作的规范化、科学化、系统化和法制化，强化风险管理和过程控制，注重绩效管理和持续改进，符合安全管理的基本规律，代表了现代安全管理的发展方向，是先进安全生产管理思想与我国传统安全管理方法、企业具体实际的有机结合，能有效提高企业安全生产水平，从而推动我国安全生产状况的根本好转。

安全生产标准化具有以下特点：

（1）先进性。安全生产标准化吸收了管理体系的思想，采用了国际通用的计划（P，Plan）、实施（D，Do）、检查（C，Check）、改进（A，Action）动态循环的现代安全管理模式，以实现自我检查、自我纠正和自我完善，达到持续改进的目的，具有管理方法上的先进性。

（2）系统全面性。安全生产标准化的内容涉及安全生产的各个方面，从安全目标，组织机构和职责，安全生产投入，法律法规与安全管理制度，教育培训，生产设备设施，作业安全，隐患排查和治理，重大危险源监控，职业健康，应急救援，事故报告、

调查和处理，绩效评定和持续改进13个方面提出了比较全面的要求，具有系统性和全面性。

（3）可操作性。企业在贯彻安全生产标准化中，根据体系中13个要素具体、细化的内容要求，全员参与规章制度、操作规程的制定，并进行定期评估检查，这样使得规章制度、操作规程与企业的实际情况紧密结合，避免“两张皮”的情况发生，有较强的可操作性，便于企业实施。

（4）管理量化性。安全生产标准化吸收了传统标准化分级管理的思想，有配套的评分细则，在企业自主建立和外部评审定级中，根据对比衡量，得到量化的评价结果，能够较真实地反映自身的安全管理水平和改进方向，便于企业进行有针对性的改进和完善。量化的评价结果也是监管部门分类监管的依据。

（5）强调预测预警。安全生产标准化要求企业应根据生产经营状况及隐患排查治理情况，运用定量的安全生产预测预警技术，建立企业安全生产状况及发展趋势的预警指数系统。企业应根据安全生产标准化的评定结果和安全生产预警指数系统所反映的趋势，对安全生产目标、指数、规章制度、操作规程等进行修改完善，持续改进，不断提高安全绩效。

2. 安全生产标准化的基本思想

现代安全管理体系的基本思想是“以人为本，遵守法规，风险管理，持续改进，可持续发展”，管理的核心是系统中导致事故的根源即危险源，强调通过危险源辨识、风险评价和风险控制来达到控制事故、实现系统安全的目的。

安全管理体系的运行基础是戴明循环，即PDCA循环：

P——计划（Plan），确定组织的方针、目标，配备必要资源；建立组织机构，规定相应职责、权限和相互关系；识别管理体系运行的相关活动或过程，并规定活动或过程的实施程序和作业方法等。

D——实施（Do），按照计划所规定的程序（如组织机构程序和作业方法等）加以实施。实施过程与计划的符合性及实施的结果决定了组织能否达到预期目标，因此保证所有活动在受控状态下进行是实施的关键。

C——检查（Check），为了确保计划的有效实施，需要对计划实施效果进行检查，并采取措施修正，消除可能产生的行为偏差。

A——改进（Action），管理过程不是一个封闭的系统，因而需要随着管理活动的深入，针对实践中发现的缺陷、不足、变化的内外部条件，不断对管理活动进行调整、完善。

三、安全生产标准化的构成要素

安全生产标准化包含安全目标，组织机构和职责，安全生产投入，法律法规与安全管理制度，教育培训，生产设备设施，作业安全，隐患排查和治理，重大危险源监控，职业健康，应急救援，事故报告、调查和处理，绩效评定和持续改进13个方面，见表8－1。

1. 安全目标

企业应根据自身安全生产实际，制定总体和年度安全生产目标，按照所属基层单位和部门在生产经营中的职能，制定安全生产指标和考核办法。

表 8-1　安全生产标准化的构成要素

序号	一级要素	二级要素
1	安全目标	
2	组织机构和职责	组织机构；职责
3	安全生产投入	安全生产投入保障制度；安全费用提取和使用制度
4	法律法规与安全管理制度	法律、法规、标准规范；规章制度；操作规程；评告；修订；文件和档案管理
5	教育培训	教育培训管理；安全生产管理人员教育培训；操作岗位人员教育培训；安全文化建设
6	生产设备设施	生产设备设施建设；设备设施运行管理；新旧设备设施验收及旧设备拆除、报废
7	作业安全	生产现场管理和生产过程控制；行为管理；警示标志；相关方管理；变更
8	隐患排查和治理	隐患排查；排查范围与方法；隐患治理；预测预警
9	重大危险源监控	辨识与评估；登记建档与备案；监控与管理
10	职业健康	职业健康管理；职业危害告知和警示；职业危害申报
11	应急救援	应急机构和队伍；应急预案；应急设施、装备、物资；应急演练；事故救援
12	事故报告、调查和处理	事故报告；事故调查和处理
13	绩效评定和持续改进	绩效评定；持续改进

制定年度安全目标时，目标计划应尽可能符合 SMART 标准：S 是 Specific，目标计划必须具体、明确；M 是 Measurable，目标计划必须是可衡量的；A 是 Attionable，目标计划必须是可实现的；R 是 Realistic，目标计划必须是实实在在的；T 是 Timeable，目标计划必须有时间表。必要时，可结合一些动词，如减少、避免、降低等。

2. 组织机构和职责

1）组织机构

企业应按规定设置安全生产管理机构，配备安全生产管理人员。具体设置时，应结合具体的行业要求进行。

（1）矿山、金属冶炼、建筑施工、道路运输单位和危险物品的生产、经营、储存单位，应当设置安全生产管理机构或者配备专职安全生产管理人员。

（2）上述规定以外的其他生产经营单位，从业人员超过 100 人的，应当设置安全生产管理机构或者配备专职安全生产管理人员；从业人员在 100 人以下的，应当配备专职或者兼职的安全生产管理人员。

2）职责

企业主要负责人应按照安全生产法律法规赋予的职责，全面负责安全生产工作，并履行安全生产义务。企业应建立安全生产责任制，明确各级单位、部门和人员的安全生产职责。

其中，生产经营单位的主要负责人应当行使下列职责：

（1）建立、健全本单位安全生产责任制。

（2）组织制定本单位安全生产规章制度和操作规程。

（3）组织制定并实施本单位安全生产教育和培训计划。

（4）保证本单位安全生产投入的有效实施。

（5）督促、检查本单位的安全生产工作，及时消除生产安全事故隐患。

（6）组织制定并实施本单位的生产安全事故应急救援预案。

（7）及时、准确、完整地报告生产安全事故，有效组织事故救援工作。

法定代表人应当行使下列职责：

（1）要依法确保安全投入、管理、装备、培训等措施落实到位，确保企业具备安全生产基本条件。

（2）分管安全生产的负责人协助主要负责人履行安全生产管理职责。

（3）其他负责人对各自分管业务范围内的安全生产负领导责任。

（4）安全生产管理机构及其人员对本单位安全生产实施综合管理。

要建立一个完善的生产经营单位安全生产责任制的总体要求是“纵向到底、横向到边”，即从主要负责人到全体员工，要覆盖企业的所有方面。其中，纵向到底是指将主要负责人到岗位工人分成相应的层级，结合其工作实际，对应承担的安全职责做出规定，包括各级正副职领导，工程技术人员、管理人员、岗位人员等。横向到边是指按照本单位设置的职能部门（如安全、设备、计划、技术、生产、基建、人事、财务、党办、宣传、团委等部门），分别对其在安全生产中应承担的职责做出规定。

3. 安全生产投入

企业应建立安全生产投入保障制度，完善和改进安全生产条件，按规定提取安全费用，专项用于安全生产，并建立安全费用台账。

安全生产投入的资金使用范围包括：

（1）完善、改造和维护安全防护设备设施。

（2）安全生产教育培训和配备劳动防护用品。

（3）安全评价、重大危险源监控、重大事故隐患评估和整改。

（4）职业危害防治，职业危害因素检测监测和职业健康体检。

（5）设备设施安全性能检测检验。

（6）应急救援器材、装备的配备及应急救援演练。

（7）安全标志及标识。

（8）安全科研费用。

（9）事故预防。

（10）其他与安全生产直接相关的物品或者活动。

4. 法律法规与安全管理制度

1）法律法规、标准规范

企业应建立识别和获取适用的安全生产法律法规、标准规范的制度，明确主管部门，确定获取的渠道、方式，及时识别和获取适用的安全生产法律法规、标准规范。

企业各职能部门应及时识别和获取本部门适用的安全生产法律法规、标准规范，并跟踪、掌握有关法律法规、标准规范的修订情况，及时提供给负责安全生产法律法规的主管部门汇总。

企业应将适用的安全生产法律法规、标准规范及其他要求及时传达给从业人员。

企业应遵守安全生产法律法规、标准规范，并将相关要求及时转化为本单位的规章制度，贯彻到各项工作中。

2）规章制度

企业应建立健全安全生产规章制度，并发放到相关工作岗位，规范从业人员的生产作业行为。

安全生产规章制度至少应包含安全生产职责、安全生产投入、文件和档案管理、隐患排查与治理、安全教育培训、特种作业人员管理、设备设施安全管理、建设项目安全设施“三同时”管理、生产设备设施验收管理、生产设备设施报废管理、施工和检验维修安全管理、危险物品及重大危险源管理、作业安全管理、相关方及外用工管理、职业健康管理、防护用品管理、应急管理、事故管理等内容。

3）操作规程

企业应根据生产特点，编制岗位安全操作规程，并发放到相关岗位。具体应由岗位操作人员和专业技术人员，根据生产工艺、技术、设备特点和原材料、辅助材料、产品的危险性编制安全操作规程。另外，在新工艺、新技术、新装置、新产品投产或投用前，应编制新的操作规程。

4）评估

企业应每年至少一次对安全生产法律法规、标准规范、规章制度、操作规程的执行情况进行检查、评估。

5）修订

企业应根据评估情况、安全检查反馈的问题、生产安全事故案例、绩效评定结果等，对安全生产管理规章制度和操作规程进行修订，确保其有效和适用，保证每个岗位所使用的为最新有效版本。

修订时应注意以下问题：

（1）根据安全生产法律法规、标准规范、规章制度、操作规程执行情况及检查评估的结论及时修订安全生产管理规章制度和操作规程。

（2）对安全检查反应的问题进行分析，对涉及规章制度、操作规程产生的问题，应及时修订相应的规章制度、操作规程。

（3）收集本企业、其他企业发生的事故案例，分析事故的原因，借鉴相关事故教训，修订规章制度、操作规程。

（4）在安全生产绩效评定后，根据规章制度、操作规程的适宜性、充分性、有效性的绩效评定情况，以及安全生产目标、指标完成情况等绩效评定结果，及时修订规章制度、操作规程。

（5）国家以及所在地的法律法规、标准规范有最新要求的，及时做好修订工作。随着国家对安全生产要求的不断重视和提高，有关安全生产的法律法规、标准等不断完善更新，企业应及时修订有关规章制度、操作规程，避免“违法不知”带来不必要的影响和后果。

（6）借鉴国际、国内先进的安全管理理论和方法。

6）文件和档案管理

企业应严格执行文件和档案管理制度，确保安全规章制度和操作规程编制、使用、评审、修订的效力。企业还应建立主要安全生产过程、事件、活动、检查的安全记录档案，并加强对安全记录的有效管理。

具体的文件和档案主要有安全生产会议记录（含纪要），安全工作计划与年度报告，工作考核与奖惩，安全费用提取使用记录，交接班记录，新改（扩）建项目“三同时”档案资料，劳动防护用品采购发放记录，安全生产检查记录，危险源登记台账，事故隐患排查、治理记录，培训考核记录，特种作业人员登记记录，授权作业指令单，经过批准实施的作业许可证档案材料，特种设备管理记录，安全设备设施管理台账，外来工队伍安全管理记录，有关强制性检测检验报告或记录，应急预案，事故的调查和处理报告等。

5. 教育培训

1）教育培训管理

企业应确定安全教育培训主管部门。按规定及岗位需要，定期识别安全教育培训需求，制订、实施安全教育培训计划，提供相应的资源保证。培训时应做好安全教育培训记录，建立安全教育培训档案，实施分级管理，并对培训效果进行评估和改进。其中，培训对象应包括各级领导干部，部门负责人，技术、管理人员，各级安全管理人员，生产岗位操作人员，从事装置检修、维修、维护作业的人员，从事特种作业的人员和其他有作业风险的岗位人员。培训计划应包括培训实施单位、培训方式、内容、培训对象、培训日程安排、培训教材和应达到的预期效果等。

另外，企业还应定期收集和分析员工的培训需求，及时对培训的有效性进行评价，并依据分析和评价结果及时修改和完善培训计划。

2）安全生产管理人员教育培训

企业的主要负责人和安全生产管理人员，必须具备与本单位所从事的生产经营活动相适应的安全生产知识和管理能力。法律法规要求必须对其安全生产知识和管理能力进行考核的，经考核合格后方可任职。

《生产经营单位安全培训规定》的有关要求如下：

（1）国家安全监管总局组织、指导和监督中央管理的生产经营单位的总公司（集团公司、总厂）的主要负责人和安全生产管理人员的安全培训工作。

（2）国家煤矿安全监察局组织、指导和监督中央管理的煤矿企业集团公司（总公司）的主要负责人和安全生产管理人员的安全培训工作。

（3）省级安全生产监督管理部门组织、指导和监督省属生产经营单位及所辖区域内中央管理的工矿商贸生产经营单位的分公司、子公司主要负责人和安全生产管理人员的培训工作，组织、指导和监督特种作业人员的培训工作。

（4）省级煤矿安全监察机构组织、指导和监督所辖区域内煤矿企业的主要负责人安全生产管理人员和特种作业人员（煤矿矿井使用的特种设备作业人员）的安全培训工作。

（5）市级、县级安全生产监督管理部门组织、指导和监督本行政区域内除中央企业、省属生产经营单位以外的其他生产经营单位的主要负责人和安全生产管理人员的安全培训工作。

3）操作岗位人员教育培训

企业应对操作岗位人员进行安全教育和生产技能培训，使其熟悉有关的安全生产规章制度和安全操作规程，并确认其能力符合岗位要求。未经安全教育培训，或培训考核不合格的从业人员，不得上岗作业。例如，新厂（矿）人员在上岗前必须经过厂（矿）、车间（工段、区、队）、班组三级安全教育培训。在新工艺、新技术、新材料、新设备设施投入使用前，应对有关操作岗位人员进行专门的安全教育和培训。操作岗位人员转岗、离岗一年以上重新上岗者，应进行车间（工段）、班组安全教育培训，经考核合格后，方可上岗工作。从事特种作业的人员应取得特种作业操作资格证书，方可上岗作业。

4）其他人员教育培训

企业应对相关方的作业人员进行安全教育培训。作业人员进入作业现场前，应由作业现场所在单位对其进行进入现场前的安全教育培训。其中，相关方是指与企业的安全绩效相关联或受其影响的团体或个人。企业应对外来参观、学习等人员进行有关安全规定、可能接触到的危害及应急知识的教育和告知。

其他人员教育培训依托企业安全培训部门或委托安全培训机构、劳务派遣单位，组织相关方的作业人员参加安全教育培训，对考核合格的作业人员发放入厂证。培训内容应当包括与企业安全生产相关的法律法规、企业安全生产管理制度、操作规程、现场危险危害因素等。作业现场所在单位在作业人员进入作业现场前，还要有针对性地对其进行作业现场有关规定、安全管理要求及注意事项、事故应急处理措施等的现场安全教育培训。由安全生产管理部门和接待部门对外来参观、学习等人员进行安全教育和告知，使外来人员熟悉企业安全生产特点、地理环境、可能接触到的危害及应急知识、所涉及场所的安全要求等。

5）安全文化建设

企业应通过安全文化建设促进安全生产工作。企业应采取多种形式的安全文化活动，引导全体从业人员的安全态度和安全行为，逐步形成全体员工所认同、共同遵守、具有本单位特点的安全价值观，实现法律和政府监管要求之上的安全自我约束，保障企业安全生产水平持续提高。

安全文化建设可采取的形式包括：①文学艺术的方法，如安全文艺、安全文学等；②宣传教育的方法，如对安全法律法规、方针、目标的宣传，对事故及防范措施的宣传教育等；③科学技术的方法，如安全科学的普及，发展安全科学技术；④管理的方法，如采用行政、法制、经济管理手段等，推行现代的安全管理模式；⑤安全文化活动的方法，如安全生产月（周）活动、安全表彰会、安全技能演练活动等。

6. 生产设备设施

安全设施主要分为预防事故设施、控制事故设施、减少与消除事故影响设施三类。预防事故设施包括检测、报警设施、设备，安全防护设施，防爆设施，作业场所防护设施，安全警示标志；控制事故设施包括泄压和止逆设施、紧急处理设施；减少与消除事故影响设施包括防止火灾蔓延设施、灭火设施、紧急个体处置设施、应急救援设施、逃生避难设施、劳动防护用品和装备。

生产设备设施的管理包括以下几个方面：

1）生产设备设施建设

企业建设项目的所有设备设施应符合有关法律法规、标准规范要求。安全设备设施应与建设项目主体工程同时设计、同时施工、同时投入生产和使用。企业应按规定对项目建议书、可行性研究、初步设计、总体开工方案、开工前安全条件确认和竣工验收等阶段进行规范管理。生产设备设施变更应执行变更管理制度，履行变更程序，并对变更的全过程进行隐患控制。

2）设备设施运行管理

企业应对生产设备设施进行规范化管理，保证其安全运行。

企业应有专人负责管理各种安全设备设施，建立台账，定期检维修。对安全设备设施应制订检维修计划。设备设施检维修前应制订方案。检维修方案应包含作业行为分析和控制措施。检维修过程中应执行隐患控制措施并进行监督检查。安全设备设施不得随意拆除、挪用或弃置不用；确因检维修拆除的，应采取临时安全措施，检维修完毕后立即复原。

3）新设备设施验收及旧设备拆除、报废

设备的设计、制造、安装、使用、检测、维修、改造、拆除和报废，应符合有关法律法规、标准规范的要求。企业应执行生产设备设施到货验收和报废管理制度，应使用质量合格、设计符合要求的生产设备设施。拆除的生产设备设施应按规定进行处置。拆除的生产设备设施涉及危险物品的，须制定危险物品处置方案和应急措施，并严格按规定组织实施。

7. 作业安全

1）生产现场管理和生产过程控制

企业应加强生产现场安全管理和生产过程的控制。对生产过程及物料、设备设施、器材、通道、作业环境等存在的隐患，应进行分析和控制。对动火作业、受限空间内作业、临时用电作业、高处作业等危险性较高的作业活动实施作业许可管理，严格履行审批手续。作业许可证应包含危害因素分析和安全措施等内容。

企业进行生产现场管理和生产过程控制时必须制定书面程序，对作业控制过程进行说明；明确作业控制过程中相关人员的职责；所有作业控制程序中涉及的人员都要经过适当培训并具备相应的资质；作业的计划和进度安排应确定各个作业及其相互关系；不进行风险评估就不实施作业；在实施涉及受限空间进入、在可能产生能量意外释放的系统上作业、地面开挖、动火等作业或其他有害活动前，应获得许可证；企业进行爆破、吊装等危险作业时，应当安排专人进行现场安全管理，确保安全规程的遵守和安全措施的落实。

2）作业行为管理

企业应加强生产作业行为的安全管理。对作业行为隐患、设备设施使用隐患、工艺技术隐患等进行分析，采取控制措施。

3）警示标志

企业应根据作业场所的实际情况，按照 GB 2894 及企业内部规定，在有较大危险因素的作业场所和设备设施上，设置明显安全警示标志，进行危险提示、警示，告知危险的种类、后果及应急措施等。

企业应在设备设施检维修、施工、吊装等作业现场设置警戒区域和警示标志，在检维修现场的坑、井、洼、沟、陡坡等场所设置围栏和警示标志。

4）相关方管理

企业应执行承包商、供应商等相关方管理制度，对其资格预审、选择、服务前准备、作业过程、提供的产品、技术服务、表现评估、续用等进行管理。

企业应建立相关方的名录和档案，根据服务作业行为定期识别服务行为风险，并采取行之有效的控制措施。

企业应对进入同一作业区的相关方进行统一安全管理。

不得将项目委托给不具备相应资质或条件的相关方。企业和相关方的项目协议应明确规定双方的安全生产责任和义务。

5）变更

企业应执行变更管理制度，对机构、人员、工艺、技术、设备设施、作业过程及环境等永久性或暂时性的变化进行有计划的控制。变更的实施应履行审批及验收程序，并对变更过程及变更所产生的隐患进行分析和控制。

8. 隐患排查和治理

1）隐患排查

企业应组织事故隐患排查工作，对隐患进行分析评估，确定隐患等级，登记建档，及时采取有效的治理措施。当出现以下情况时，应及时组织隐患排查：

（1）法律法规、标准规范发生变更或有新的公布。

（2）企业操作条件或工艺改变。

（3）新建、改建、扩建项目建设。

（4）相关方进入、撤出或改变。

（5）对事故、事件或其他信息有新的认识。

（6）组织机构发生大的调整。

隐患排查前应制定排查方案，明确排查的目的、范围，选择合适的排查方法。排查方案应依据有关安全生产法律、法规要求，设计规范，管理标准，技术标准以及企业的安全生产目标等制定。

2）排查范围与方法

企业隐患排查的范围应包括所有与生产经营相关的场所、环境、人员、设备设施和活动，企业可根据安全生产的需要和特点，采用综合检查、专业检查、季节性检查、节假日检查、日常检查等方式进行隐患排查。

3）隐患治理

根据隐患排查的结果，企业应制定隐患治理方案，对隐患及时进行治理。隐患治理方案包括目标和任务、方法和措施、经费和物资、机构和人员、时限和要求。重大事故隐患在治理前应采取临时控制措施并制定应急预案。隐患治理措施包括工程技术措施、管理措施、教育措施、防护措施和应急措施。治理完成后，应对治理情况进行验收和效果评估。

4）预测预警

企业应根据生产经营状况及隐患排查治理情况，运用定量的安全生产预测预警技术，建立体现企业安全生产状况及发展趋势的预警指数系统。

预测预警指数是对企业定期排查出的安全隐患进行统计、分析、处理，并对隐患可能导致的后果进行定性分级，结合安全投入、隐患治理、教育培训、建章立制等因素，运用预测预警技术，建立预测模型，用数值定量化表示企业安全生产现状和趋势的方法。同时，根据预警指数还可形成可直观的、动态的表征企业当前安全生产状况及未来安全生产发展趋势的安全生产预警指数图。

9. 重大危险源监控

1）辨识与评估

企业应依据有关标准对本单位的危险设施或场所进行重大危险源辨识与安全评估。例如,《危险化学品重大危险源辨识》（GB 18218—2009）和《关于开展重大危险源监督管理工作的指导意见》（安监管协调字〔2004〕56 号）文件中对重大危险源的范围进行了扩展，除危险化学品类的重大危险源外，还给出了储罐区（储罐）、库区（库）、生产场所、压力管道、锅炉、压力容器、煤矿（井工开采）、金属非金属地下矿山和尾矿库这 9 类重大危险源需要申报登记的标准。

2）登记建档与备案

企业应当对确认的重大危险源及时登记建档，并按规定备案。

3）监控与管理

企业应建立健全重大危险源安全管理制度，制定重大危险源安全管理技术措施。

10. 职业健康

1）职业健康管理

企业应按照法律法规、标准规范的要求，为从业人员提供符合职业健康要求的工作环境和条件，配备与职业健康保护相适应的设施、工具。

企业应定期对作业场所职业危害进行检测，在检测点设置标识牌予以告知，并将检测结果存入职业健康档案。对可能发生急性职业危害的有毒、有害工作场所，应设置报警装置，制定应急预案，配置现场急救用品、设备，设置应急撤离通道和必要的泄险区。各种防护器具应定点存放在安全、便于取用的地方，并有专人负责保管、定期校验和维护。企业应对现场急救用品、设备和防护用品进行经常性的检维修，定期检测其性能，确保其处于正常状态。

2）职业危害告知和警示

企业与从业人员订立劳动合同时，应将工作过程中可能产生的职业危害及其后果和防护措施如实告知从业人员，并在劳动合同中写明。

企业应采用有效的方式对从业人员及相关方进行宣传，使其了解生产过程中的职业危害、预防和应急处理措施，降低或消除危害后果。对存在严重职业危害的作业岗位，应按照 GBZ 158 的要求设置警示标识和警示说明。警示说明应载明职业危害的种类、后果、预防和应急救治措施。

3）职业危害申报

企业应按规定，及时、如实地向当地主管部门申报生产过程中存在的职业危害因素，并依法接受其监督。

11. 应急救援

1）应急机构和队伍

企业应按规定建立安全生产应急管理机构或指定专人负责安全生产应急管理工作。企业应建立与本单位安全生产特点相适应的专兼职应急救援队伍，或指定专兼职应急救援人员，并组织训练；无须建立应急救援队伍的，可与附近具备专业资质的应急救援队伍签订服务协议。

2）应急预案

企业应按规定制定生产安全事故应急预案，并针对重点作业岗位制定应急处置方案或措施，形成安全生产应急预案体系。应急预案应根据有关规定报当地主管部门备案，并通报有关应急协作单位。应急预案应定期评审，并根据评审结果或实际情况的变化进行修订和完善。

3）应急设施、装备、物资

企业应按规定建立应急设施，配备应急装备，储备应急物资，并进行经常性的检查、维护、保养，确保其完好、可靠。

4）应急演练

企业应组织生产安全事故应急演练，并对演练效果进行评估。根据评估结果，修订、完善应急预案，改进应急管理工作。

5）事故救援

企业发生事故后，应立即启动相关应急预案，积极开展事故救援。

12. 事故报告、调查和处理

1）事故报告

企业发生事故后，应按规定及时向上级单位、政府有关部门报告，并妥善保护事故现场及有关证据。必要时向相关单位和人员通报。

事故报告的内容包括：①事故发生单位概况；②事故发生的时间、地点以及事故现场情况；③事故的简要经过；④事故已经造成或者可能造成的伤亡人数（包括下落不明的人数）和初步估计的直接经济损失；⑤已经采取的措施及其他应当报告的情况。

事故调查报告的内容包括：①事故发生单位概况；②事故发生经过和事故救援情况；③事故造成的人员伤亡和直接经济损失；④事故发生的原因和事故性质；⑤事故责任的认定、对事故责任者的处理建议及事故防范和整改措施。

2）事故调查和处理

企业发生事故后，应按规定成立事故调查组，明确其职责与权限，进行事故调查或配合上级部门的事故调查。

事故调查应查明事故发生的时间、经过、原因、人员伤亡情况及直接经济损失等。事故调查组应根据有关证据、资料，分析事故的直接、间接原因和事故责任，提出整改措施和处理建议，编制事故调查报告。

13. 绩效评定和持续改进

1）绩效评定

企业应每年至少对本单位安全生产标准化的实施情况进行一次评定，验证各项安全生产制度措施的适宜性、充分性和有效性，检查安全生产工作目标、指标的完成情况。

企业主要负责人应对绩效评定工作全面负责。评定工作应形成正式文件，并将结果向所有部门、所属单位和从业人员通报，作为年度考评的重要依据。

企业发生人员死亡事故后应重新进行评定。

2）持续改进

企业应根据安全生产标准化的评定结果和安全生产预警指数系统所反映的趋势，对安全生产目标、指标、规章制度、操作规程等进行修改完善，持续改进，不断提高安全绩效。

第二节　职业安全健康管理体系

职业安全健康管理体系作为管理标准化的标志，是安全管理的一个重要进展和现代企业管理的组成部分，其目的是通过建立科学的安全管理体系，保障企业建立良好的生产活动秩序，促进企业安全、和谐的发展。

一、职业安全健康管理体系的发展概况

职业安全健康管理体系（Occupational Safety and Health Management System，简称OS-HMS），它是20世纪80年代后期在国际上兴起的现代安全生产管理模式，与质量管理体系和环境管理体系等一样被称为后工业化时代的管理方法。该体系是由一系列标准来构筑的一套系统，表达了一种对企业的职业健康安全进行控制的思想。

1. 职业安全健康管理体系的产生

现代社会是一个高度工业文明的社会，但是随着生产力的发展，市场竞争日益加剧，社会往往过多地专注于发展生产，而有意无意间忽视了劳动者的劳动条件和环境状况的改善。国际劳工组织统计表明，全球职业健康安全状况明显呈恶化趋势，职业安全健康管理面临更多新的问题与挑战。

职业安全健康管理体系最早由国际标准化组织（ISO）第207技术委员会于1994年5月在澳大利亚会上提出，其后成立了由中国、美国、英国、法国、德国等国家及国际劳工组织和世界卫生组织的代表组成的特别工作组进行专门研究。职业安全健康管理体系的产生适应了企业自身发展的需求。随着企业规模的不断扩大和生产集约化程度的进一步提高，对企业的质量管理和经营模式提出了更高的要求。企业不得不采用现代化的管理模式，使包括生产管理在内的所有生产经营活动科学化、标准化、法律化。因此，从20世纪90年代初，特别是在国际标准化组织将ISO 9000和ISO 14000成功引入了管理体系方法之后，一些发达国家率先开展了实施职业安全健康管理体系的活动，职业安全健康管理开始进入系统化阶段。

2. 职业安全健康管理体系的发展

1）职业安全健康管理的发展阶段

20世纪50年代，职业安全健康管理的主要内容是控制有关人身伤害的意外，防止意外事故的发生，不考虑其他问题，是一种相对消极的控制。20世纪70年代，其主要内容是进行一定程度的损失控制，涉及部分与人、设备、材料、环境有关的问题，但仍是一种消极控制。20世纪90年代，职业安全健康管理已发展到控制风险阶段，对个人因素、工作或系统因素造成的风险可进行较全面的、积极的控制，是一种主动反应的管理模式。

21世纪，职业安全健康管理是控制风险，将损失控制与全面管理方案配合，实现体系化的管理。这一管理体系不仅需要考虑人、设备、材料、环境，还要考虑人力资源、产品质量、工程和设计、采购货物、承包制、法律责任、制造方案等。英国安全卫生执行委员会的研究报告显示，工伤害、职业病和可被防止的非伤害性意外事故所造成的损失，约占英国组织获利的5%～10%。各国关于职业安全健康的规定日趋严格，不仅强调保障人员的安全，对工作场所及工作条件的要求也相继提高。

2）我国职业安全健康管理体系的发展概况

职业安全健康管理体系的宗旨与我国安全工作中的“安全第一，预防为主，综合治理”的安全生产方针相一致。作为国际标准化组织的正式成员国，我国非常重视职业安全健康管理体系的研究。1995 年，我国政府参加了由国际标准化组织组建的职业安全健康管理体系标准化特别工作小组。1996 年，参加了在日内瓦召开的 OSHMS 标准化国际研讨会。1998 年，中国劳动保护科学技术学会提出了学会标准《职业安全卫生管理体系规范及使用指南》（SSTITP 1001），并根据此标准在国内建立了 OSHMS 实施和认证的试点。

1999 年 10 月，国家经济贸易委员会发布了《关于职业安全卫生管理体系试行标准有关问题的通知》和《关于开展职业安全卫生管理体系认证工作的通知》两个文件，为推动职业安全卫生管理体系的发展提供了新的动力。为促进职业安全卫生管理体系工作的顺利开展，使职业安全卫生管理体系认证工作更加规范，2000 年 9 月，国家安全生产行政主管部门下文，成立了全国职业安全健康管理体系认证指导委员会、全国职业安全健康管理体系认证机构认可委员会和全国职业安全健康管理体系审核员注册委员会。这三个机构的成立，为体系的建设及认证工作提供了组织基础，并组织力量制定了一系列基础性文件，为我国职业安全健康工作的开展起到了积极的作用。国家标准化管理委员会于 2001 年 11 月 12 日批准发布 GB/T 28001—2001《职业健康安全管理体系规范》，并于 2002 年 1 月 1 日正式实施。

二、职业安全健康管理体系的适用范围、特点及作用

1. 职业安全健康管理体系的适用范围

OSHMS 标准针对的是现场的职业安全健康，而不是产品安全和服务安全。它适用于有下列意愿的组织：

（1）建立职业安全健康管理体系，有效地消除和尽可能降低员工和其他相关人员可能遭受的与用人单位活动有关的风险。

（2）实施、维护并持续改进职业安全健康管理体系。

（3）确保遵循其声明的职业安全健康方针。

（4）向社会表明其职业安全健康工作原则。

（5）谋求外部机构对其职业安全健康管理体系进行认证和注册。

2. 职业安全健康管理体系的特点

1）系统性

职业安全健康管理体系的内容由方针、策划、实施与运行、检查与纠正措施、管理评审五大功能模块组成。每个功能模块又由若干要素构成，这些要素之间不是孤立的，而是相互联系的，要素间的相互依存、相互作用使所建立的体系完成特定的功能。职业安全健康管理体系标准强调结构化、程序化、文件化的管理手段，均体现其系统性。

2）先进性

职业安全健康管理体系是改善组织职业安全健康管理的一种先进、有效的标准化管理手段。该体系把组织的职业安全健康工作当作一个系统来研究，确定影响职业安全健康所包含的要素，将管理过程和控制措施建立在科学的危害辨识、风险评价基础上；对每个体系要素规定了具体要求，并建立和保持一套以文件为支持的程序，严格按程序文件的规定

执行。

3）持续改进

职业安全健康管理体系标准明确要求，组织的最高管理者在所制定的职业安全健康方针中，应包含对持续改进的承诺。同时，在管理评审中规定，组织的最高管理者应定期对职业安全健康管理体系进行评审，以确保体系的持续性、适用性、充分性和有效性。

4）预防性

职业安全健康管理体系的精髓是危害辨识、风险评价与控制，它充分体现了“安全第一，预防为主，综合治理”的安全生产方针。实施有效的风险辨识、评价与控制，可实现对事故的预防控制。

5）全员参与、全过程控制

职业安全健康管理体系标准要求实施全过程控制。该体系的建立，引进了系统和过程的概念，把职业安全健康管理作为一项系统工程，以系统分析的理论和方法来解决职业安全健康问题。强调采取先进的技术、工艺、设备及全员参与，对生产的全过程进行控制，才能有效地控制整个生产活动过程的危险因素，确保组织的职业安全健康状况得到改善。

3. 职业安全健康管理体系的作用

职业安全健康管理体系标准的实施对职业安全健康工作将产生积极的推动作用。主要体现在以下几个方面：

（1）全面规范、改进企业职业安全健康管理，保障企业人员的职业健康与生命安全，以及企业的财产安全，提高工作效率。

（2）改善企业与政府、员工、社区的公共关系，提高企业的声誉。

（3）防止安全管理失误、漏洞的发生，消除第三类危险源。

（4）有利于职业安全健康管理体系标准与国际接轨，克服产品及服务在国内外贸易活动中的关税贸易壁垒，取得进入市场的通行证。

（5）有利于提高企业安全与卫生等级，降低企业职工职业安全和健康的保险成本。

（6）有利于提供持续满足法律要求的机制，降低企业风险，预防事故发生。

（7）有利于提高企业的综合竞争力和全员安全意识。

三、职业安全健康管理体系要素

职业安全健康管理体系是按照职业安全健康管理体系标准要求建立起来的，全面、正确地理解职业安全健康管理体系标准是建立职业安全健康管理体系的基础。

1. 职业安全健康管理体系的基本要素

职业安全健康管理体系由5个一级要素组成，即职业安全健康方针、策划、实施与运行、检查与纠正措施、管理评审，如图8-1所示。下分17个二级要素。

1）总要求

企业应按照职业安全健康管理体系标准的要求建立并保持管理体系。同时，企业可以自由、灵活地确定建立和实施体系的范围。

2）职业安全健康方针

企业应有经最高管理者批准的职业安全健康方针，以阐明整体职业安全健康目标和改进职业安全健康绩效的承诺。该方针是建立、实施与改进企业职业安全健康管理体系的推动力，并具有保持和改进职业安全健康行为的作用。

3）策划

策划阶段包括危害辨识、风险评价和风险控制的策划，法律、法规和其他要求，目标以及职业安全健康管理方案4个方面的内容，它是建立体系的启动阶段。

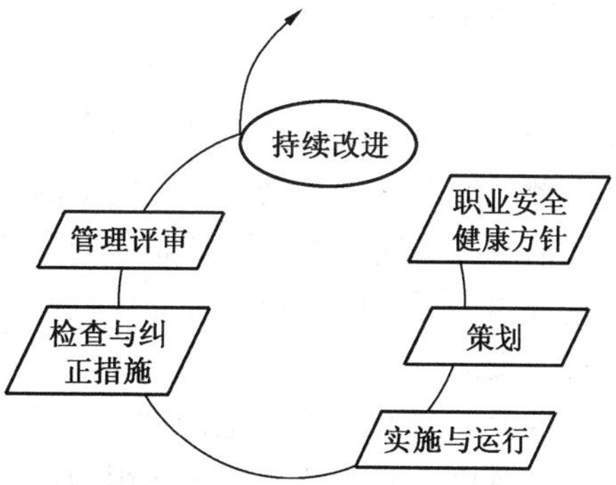

图8-1 职业安全健康管理体系

（1）危害辨识、风险评价和风险控制的策划。企业应建立和保持危害辨识、风险评价和实施必要控制措施的程序。此程序应包括：常规和非常规的活动；所有进入作业场所人员的活动；所有作业场所内的设施。

（2）法律、法规和其他要求。企业应建立并保持识别和获取适用法律、法规和其他职业安全健康要求的程序，并及时更新这些信息，将有关信息传递给相关人员。同时，企业需要认识和了解其活动受到哪些法律、法规和其他要求的影响，并将这方面的信息传达给全体员工。另外，企业也必须与行业保持联系，遵守行业规范。

（3）目标。企业应针对其内部相关职能和层次，建立并保持文件化的职业安全健康目标。在建立和评审目标时，企业应考虑法律、法规、自身的职业安全健康风险、可选技术方案、财务、运行和经营要求，以及相关方的观点。目标应符合职业安全健康方针，并体现对持续改进的承诺。目标的重点应放在持续改进员工的职业安全健康防护措施上，以达到最佳职业安全健康绩效。

（4）职业安全健康管理方案。企业应制定并保持职业安全健康管理方案，以实现其制定的目标。同时，企业还应针对其活动、产品、服务或运行条件的变化修订方案。

职业安全健康管理方案通常应包括：①总计划和目标；②各级管理部门的职责和指标要求；③满足危害辨识、风险评价和风险控制及法律、法规要求的实施方案；④详细的行动计划及时间表；⑤方案形成过程的评审和方案执行中的控制；⑥项目文件的记录方法。

4）实施与运行

实施与运行阶段包括：机构和职责；培训、意识和能力；协商与交流；文件化；文件和资料控制；运行控制；应急预案与响应。

（1）机构和职责。企业的最高管理者应承担职业安全健康的最终责任，并在安全健康管理活动中起领导作用。从事职业安全健康风险的管理、执行和验证的工作人员，应确定自身的作用、职责和权限，并形成文件予以传达。同时，企业应在最高管理层中任命一名成员作为管理者代表来承担特定的职业安全健康管理职责。

（2）培训、意识和能力。培训是手段，提高职业安全健康意识，达到完成任务所必备的能力是真正的目的。为此，企业的管理者应对人员胜任其工作所需的经验、能力和培训水平加以确定。

（3）协商与交流。交流的方式包括报纸、广告、宣传单、会议、意见箱等多种方式。

协商的内容包括员工参与职业安全健康方针、目标、计划、制度的制定、评审，参与危险源辨识、评价与控制措施和事故调查处理等事务，从而体现员工在职业安全健康方面的权利和义务。

协商与交流包括两个方面的含义，一是内部各部门、各层次间的协商与交流；二是与外部的协商与交流。内部协商与交流体现在各层次、各部门之间的协作上，如技术部门与生产部门的合作，不仅要保证危险因素得到良好的控制，而且要不断改进技术经济指标。内部信息的迅速交流是明确职业安全健康责任的另一重要内容，任何信息的停滞和不畅都会造成体系运行的失败。外部信息的交流体现在对所有事故、事件、职业安全健康意见的处理及反馈上。

（4）文件化。企业应以适当的方式（如书面和电子形式）建立并保持下列信息：对管理体系核心要素及其相互作用的描述；提供查询相关文件的途径。

职业安全健康管理体系文件在满足充分性和有效性的前提下，应做到最小化。以文件的形式描述组织的职业安全健康管理体系，并提供相关文件的查询途径，形成一套职业安全健康管理文件系统，全面支持现有的管理体系，为组织的内部管理和外部审核提供依据。

（5）文件和资料控制。企业应建立并保持程序，控制规范所要求的所有文件和资料，以满足下列要求：①文件和资料易于查询；②对它们进行定期评审，必要时予以修订并由授权人员确认其适宜性；③所有对职业安全健康管理体系有效运行具有重要作用的岗位，都能得到有关文件和资料的现行版本；④及时将失效文件和资料从所有发放和使用场所撤回，或采取其他措施防止误用；⑤根据法律、法规的要求或保存信息的需要，留存的档案性文件和资料应予以适当标识。

对职业安全健康管理体系文件的管理，如文件的标示、分类、归档、保存、更新和处置等，是文件控制的主要内容。为了实施对文件和资料的控制，除管理手册和程序文件外，还应有适当的支持文件。管理体系应侧重对体系的运行和危险因素的有效控制，而不是建立过于烦琐的文件控制系统，在建立体系和运行体系中要注重实施。

（6）运行控制。运行控制是指按照目标、指标及有关程序控制职业安全健康管理体系的运转，保证系统有效运行。运行控制是管理体系的实际操作过程，也是逐步实现目标、指标的过程，其3个要素是控制、检查、不符合与纠正措施。运行控制的内容包括：①作业场所危害辨识与评价；②产品和工艺设计安全；③作业许可制度（有限空间、动火、挖掘等）；④设备维护保养；⑤安全设备与个体防护用品；⑥安全标志；⑦物料搬运与储存；⑧运输安全；⑨采购控制；⑩供应商与承包商评估与控制等。

（7）应急预案与响应。企业应制定并保持处理意外事故和紧急情况的程序。程序的制定应考虑在异常、事故发生和紧急情况下的事件，尤其是火灾、爆炸、毒物泄漏等重大事故，并规定如何预防事故的发生，以及事故发生时如何响应。这类程序应定期检验、评审和修订。

同时，企业应对每一个重大危险设施做出现场应急计划。应急计划的内容包括：①可能的事故性质、后果；②与外部机构的联系（消防、医院等）；③报警、联络步骤；④应急指挥者、参与者的责任、义务；⑤应急指挥中心地点、组织机构；⑥应急措施等。

5）检查与纠正措施

检查与纠正措施阶段包括：绩效测量和监测；事故、事件、不符合、纠正和预防措施；记录和记录管理；审核。

（1）绩效测量和监测。绩效测量和监测是职业安全健康管理体系的关键活动，它确保企业按照其所阐述的管理方案的实施与运行开展工作。一是对企业从事的活动进行监测；二是对监测结构的评价。

绩效测量和监测方法包括：①作业场所安全检查与巡视；②设备、设施安全检查、监控；③作业环境监测；④安全行为、管理水平的监测、评估；⑤事故、事件、职业环境监测；⑥产品安全检查；⑦记录检查等。

（2）事故、事件、不符合、纠正和预防措施。当体系出现偏差或不符合法律、法规要求及方针、目标和指标时，要求采取纠正措施以避免再次发生类似现象。对发生的事故要严格按法律、法规和标准进行调查、处理，做到“四不放过”。标准要求建立文件化程序，对不符合现象进行处理：①查明产生不符合现象的原因；②采取纠正和预防措施；③修改原有的程序；④对不符合和纠正预防措施进行记录。

（3）记录和记录管理。记录是职业安全健康管理体系中不可缺少的部分。应保存的记录包括事故记录、投诉记录、培训记录、职业健康的监测记录、紧急事件及应急措施的记录、不符合情况的纠正记录、内部审核记录、管理评审记录等。记录的管理包括记录的标志、收集、编目、归档、储存、维护、查阅、保管和处置等。记录应具有可追溯性，清晰可辨，记录的管理应便于查阅，避免损坏、变质和丢失。

（4）审核。企业应建立并保持定期开展职业安全健康管理体系审核的方案和程序。审核方案（包括时间表）应立足于企业活动的风险评价结果和以前的审核结果。审核程序应包括审核的范围、频次、方法和审核人员的能力要求，以及实施审核和报告审核结果的职责和要求。

6）管理评审

企业的最高管理者应依据预定的时间间隔对职业安全健康管理体系进行评审，以确保体系的持续适应性、充分性和有效性。管理评审过程应确保收集到必需的信息，供管理者进行评价。

管理评审的内容包括：①内部审核报告；②方针、目标、计划（方案）及其实施情况；③事故调查、处理情况；④不符合、纠正和预防措施落实情况；⑤相关方的投诉、建议及要求；⑥实施管理体系的资源（人、财、物）是否适宜；⑦体系要素及相应文件是否修订；⑧对体系符合性、有效性的评价等。

2. 职业安全健康管理体系要素间的联系

职业安全健康管理体系包含着实现不同的功能的要素，要素间的逻辑关系如图 8－2 所示。每一要素都有其独立的管理作用。组织实施职业安全健康管理体系的目的是辨识组织内部存在的危险有害因素，控制其所带来的风险，从而避免通过目标、管理方案的实施来降低其风险；所有需要采取控制措施的风险都要通过体系运行使其得到控制。职业安全健康风险能否按要求得到有效控制，还需要通过不断的绩效测量与监测。因此，职业安全健康管理体系标准中的危害辨识、风险评价和风险控制的政策、目标、职业安全健康管理方案、运行控制、绩效测量与监测，这些要素成为职业安全健康管理体系的一条主线，其他要素围绕这条主线展开，起到支撑、指导、控制作用。

从图 8－2 可以看出，危害辨识、风险评价和控制是职业安全健康管理体系的管理核心；职业安全健康管理体系具有实现遵守法律法规要求的承诺的功能；职业安全健康管理体系的监控系统对体系的运行具有保障作用；明确组织机构与职责后，对风险评价和风险控制进行策划是实施职业安全健康管理体系的必要前提；其他职业安全健康管理体系要素也具有不同的管理作用，各有其功能。

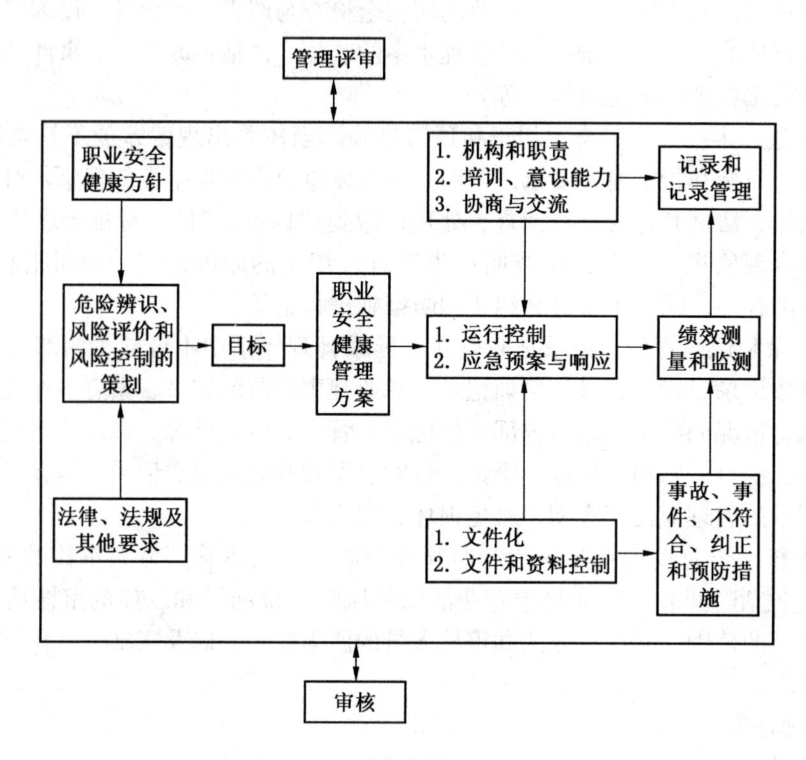

图8-2　职业安全健康管理体系标准要素间的联系

第三节　健康、安全与环境（HSE）管理体系

健康、安全与环境管理体系也就是HSE管理体系（Health，Safety and Environment Management System）是在现代企业原有管理体系基础之上进一步得到发展和完善的综合管理体系，是人类对经济、环境和社会的要求越来越高的体现，是企业实现可持续发展的重要保障。

一、HSE管理体系发展概况

1. HSE管理体系

HSE管理体系源于石油石化企业的管理要求，是石油勘探企业多年管理经验积累的成果，是国际石油化工行业通行的一种科学、系统的管理体系，体现了完整的一体化管理思想。石油、石化、化工行业是一种高风险、高危害、高投入的行业，其行业特点是系统生产的连续性、工艺技术的复杂性、生产介质的危害性。其生产原料和产品具有易燃、易爆性，由于人为操作失误、设备缺陷以及自然灾害等原因极易引发火灾、爆炸和环境污染事故，会造成相当大的危害或损失，对政治和经济影响巨大。因此，必须采取有效措施以减少或避免重大事故和重大环境污染事件的发生。针对这种需求，相关企业进行了探索研究，20 世纪 60 年代以前主要体现在安全方面的要求；70 年代以后，加入了对人的行为的研究，注重考察人与环境的相互关系；80 年代以后，逐渐发展形成了一系列安全管理的思想和方法，由此促使了 HSE 管理体系的产生。

2. HSE 管理体系的发展历程

1）国外 HSE 管理体系的发展历程

纵观国外 HSE 管理体系的发展历程，大致可分为以下几个阶段：

第一阶段，HSE 管理体系的开端。1985 年，壳牌石油公司首次在石油勘探开发领域提出了强化安全管理的构想和方法。1986 年，在强化安全管理的基础上，形成手册，以文件的形式确定下来，HSE 管理体系初露端倪。

第二阶段，HSE 管理体系的初级发展期。20 世纪 80 年代后期，国际上发生了几次重大事故，例如，1988 年 7 月 6 日，阿尔法钻井平台事故造成 167 人死亡；1989 年，埃克森石油公司的瓦尔迪兹油轮发生重大泄油污染事故。这些事故让人们认识到，石油生产和加工都是高风险的作业，必须采取有效、完善的管理体系才能避免重大事故的发生，这对安全工作的深化发展与完善起到巨大的推动作用。1991 年，第一届油气勘探、开发的健康、安全、环保国际会议召开，HSE 这一概念开始逐步为人们所接受，许多大石油公司相继提出了自己的 HSE 管理体系设想。

第三阶段，HSE 管理体系的蓬勃发展期。1994 年，油气开发的安全、环保国际会议在印度尼西亚的雅加达召开，进一步提升了 HSE 在企业管理活动中的地位，全球各大石油公司和服务厂商积极参与。1996 年 1 月，ISO/TC67 的 SC6 分委会发布 ISO/CD14690《石油和天然气工业健康、安全与环境管理体系》，成为 HSE 管理体系在国际石油业普遍推行的里程碑，HSE 管理体系在全球范围内进入了一个蓬勃发展时期。

第四阶段，HSE 管理体系的建设发展成熟期。现阶段，HSE 管理体系有如下几方面的发展：世界各国石油石化公司对 HSE 管理的重视程度普遍提高，HSE 管理已经成为世界性的潮流与主题，建立和持续改进 HSE 管理体系成为国际石油石化公司 HSE 管理的大趋势；HSE 管理体系的审核已向标准化迈进；世界各国的环境立法更加系统，环境标准更加严格。

2）我国 HSE 管理体系的发展历程

国内 HSE 管理体系起步相对较晚。1997 年 6 月 27 日正式颁布了石油天然气行业标准 SY/T 6276—1997《石油天然气工业健康、安全与环境管理体系》，自 1997 年 9 月 1 日起实施。目前，国内石油石化企业均已建立实施 HSE 管理体系，在提高企业安全环保管理水平的同时，降低了成本，树立了良好的企业形象，促进了企业的健康发展。1997 年 6 月，中国石油集团发布了《管理手册》A 版，建立体系试点并建立 HSE 培训中心，开展 HSE 认证。2001 年 2 月，中国石油化工集团公司发布了《中国石油化工集团公司安全、环境与健康（HSE）管理体系》《油田企业安全、环境与健康（HSE）管理规范》《炼油化工企业安全、环境与健康（HSE）管理规范》等文件，形成了系统的 HSE 管理体系标准。2004 年，中国石油集团制定了企业标准 Q/CNPC 104. 1—2004《健康、安全与环境管理体系　第一部分：规范》，实行安全管理、监督两条线，推行基层“两书一表”，全面推行 HSE 认证。2007 年 8 月，中国石油集团为了实现 HSE 管理与国际接轨和跨越式发展，认真总结过去 HSE 管理工作的经验和教训，引入国际先进的 HSE 管理理念和方法工具，以构建中国石油特色的 HSE 管理体系为目标，发布了新的企业标准 Q/SY 1002.1—2007《健康、安全与环境管理体系　第一部分：规范》。新版体系文件统一、规范、可操作。中国石油集团以构建中国石油特色的 HSE 管理体系为目标，建立了完善的制度和标准体系、培训和咨询体系、考核和认证体系，全面推行 HSE 管理体系建设，进一步开展了 HSE 管理体系的推进工作。

二、HSE 管理体系的概念、特点及作用

1. HSE 管理体系的概念

HSE 管理体系（Health, Safety and Environment Management System）可以简单地用 HSEMS 表示，是指一个组织在其自身活动中，对可能引发的风险事前采取管理措施，控制其发生，以减少可能引起的人员伤害、财产损失和环境破坏，最终实现企业的 HSE 方针和目标的一种系统的管理方法。它由实施 HSE 管理的组织机构、职责、惯例、程序、过程和资源等要素构成，这些要素通过先进、科学的运行模式有机地融合在一起，相互关联、相互作用，形成一套结构化动态管理系统。

HSE 管理体系突出“以人为本、预防为主、全员参与、持续改进”的先进理念，具有高度自我约束、自我完善、自我激励的机制，是石油天然气等高危企业实现现代化管理，参与国际市场竞争的需要。

2. HSE 管理体系的特点

HSE 管理体系具有五大特点，即 PDCA 运行模式、全员参与、事故和污染预防、监控机制和持续改进。

（1）PDCA 运行模式。HSE 管理体系是基于戴明（W. Edwards Deming）的计划—实施—检查—改进（PDCA）运行模式而运行的。具体原理参见本书 8.1.2 节。

（2）全员参与。人员是企业最宝贵的资产，各级人员都是企业的根本，只有他们的充分参与才能使他们的才干为组织带来收益。HSE 管理体系充分体现了全员参与的理念，在确定各岗位的职责、进行危险源辨识、人员培训、审核时均要求全员参与。通过广泛参与，形成了组织的 HSE 文化，使 HSE 理念转化为每个员工的日常行为。

（3）事故和污染预防。HSE 管理体系始终强调强调预防为主原则。它强调全过程的管理，重在事故和污染源头的加减和全过程控制。事故和污染预防的作用在于消除环境对人体的危害和降低有害的环境影响。事故和污染预防的过程应体现在能够消除、降低、减少、控制任何危险源。事故和污染预防的形式分为从源头消除、材料或能源替代、隔离危险源和人员、采用连锁装置、警告、个体防护、对资源有效利用、再回收利用、再循环以及培训和教育。

（4）监控机制。HSE 管理体系具有三级监控机制。这一特点是 HSE 管理体系的精髓。一级监控是指操作者进行的日常监控，是随时发现问题随时解决问题的监控；二级监控是由内审员进行的内部审核，是集中发现问题集中解决问题的监控；三级监控是由最高管理者主持的管理评审，解决前两级解决不了的问题。HSE 管理体系从点、面、球三个不同的层面实现了对 HSE 管理运行的监控。

（5）持续改进。持续改进是任何一个管理体系运行的永恒目标。企业应不断对自己的健康、安全和环境绩效进行比较，发现自身不足，然后加以改进，力争达到逐步改善的目的。

3. HSE 管理体系的作用

HSE 管理体系在企业管理中具有极其重要的作用，它是企业减少可能的人员伤害、财产损失、环境破坏和改善 HSE 绩效的有效管理方法。

1）贯彻国家可持续发展战略要求

为了保护人类生存和发展的需要，我国政府在《中华人民共和国国民经济和社会发展“九五”计划和2010年远景目标纲要》中提出了国家的可持续发展战略。促进企业组织的发展，就必须监理和实施符合我国法律法规和有关安全、劳动卫生、环境标准要求的 HSE 管理体系，有效地规范生产活动，进行全过程的控制，满足安全生产、人员健康和环境保护的需要，实现国民经济的可持续发展。

2）减少组织的成本，节约能源和资源

调查数据显示，污染物、安全事故、生产性疾病（职业病）的产生几乎都是由不良的管理体系、技术活动、工艺设计或生产控制造成的，只有通过实施 HSE 管理，摒弃传统的处理方法，采取积极的事前预防措施，对组织的生产实行全面的控制，建立一整套管理体系，才能大大降低事故发生率，减少环境污染，降低能源消耗，减少事故处理、环境治理、废物处理和预防职业病发生的费用，提高组织的经济效益。

3）减少各类事故的发生

历年来，各行业的各类安全、污染事故时有发生，如火灾、油井失控、触电、机械伤害、高空坠落、环境污染等，大多数事故都是由于管理不严、操作人员疏忽引起的。为了最大限度避免事故的发生，必须在事故发生时，通过 HSE 管理体系有组织的系统性控制和处理，使影响和损失降低到最低限度。

4）提高组织 HSE 管理水平

推行 HSE 管理体系，可以帮助组织规范 HSE 管理，加强 HSE 方面的教育培训，提高重视程度，进而引进新的监测、规划、评价等管理技术，加强审核和评审，使组织在满足 HSE 法规要求、健全管理机制、改进管理质量、提高运营效率等方面建立全新的战略和一体化的管理模式，达到国际先进水平。

5）改进组织形象，提高其综合效益

随着生活水平的不断提高，社会对清洁生产、优化环境、人身及财产安全的要求也日益提高。如果企业发生事故，既会造成自身的巨大经济损失，又会污染环境，给人们留下技术落后、生产管理水平低劣的印象，甚至会恶化企业与当地居民之间的关系，从而给企业的生产经营活动造成许多困难。而实施 HSE 管理体系能减少和避免事故的发生，大大降低了用于处理事故的开支，既能提高企业经济效益，又能改善组织形象，增强市场竞争优势。

三、HSE 管理体系的构成要素

1. HSE 管理体系的基本要求

HSE 管理体系由 7 个一级要素和 25 个二级要素构成，见表 8－2。

表8-2 HSE管理体系的基本要素

序号	一级要素	二级要素
1	领导和承诺	
2	方针和战略目标	
3	企业机构、资源和文件	①企业机构和职责；②资源；③管理者代表；④能力与培训；⑤承包方；⑥信息交流；⑦文件及其控制
4	评价与风险管理	①确定风险危害及其影响；②建立判别准则；③评价危害和影响；④建立说明危害和影响的文件；⑤建立具体目标和表现准则；⑥风险管理
5	规划（策划）指南	①设施的完整性；②程序和工作指南；③变更管理；④应急反应计划
6	实施与监测	①活动和任务；②监测；③记录；④不符合与纠正措施；⑤事故报告；⑥事故调查处理
7	审核与评审	①审核；②评审

1）领导和承诺

领导和承诺是企业自上而下的各级管理层的领导和承诺，它是HSE管理体系建立和运行的核心。最高层领导应为HSE管理提供强有力的、一系列的支持行动和明确的承诺，并保证将领导和承诺转化为必要的资源配置，以建立、运行和保持HSE管理体系，实现既定的方针和战略目标。为了使承诺成为企业全体员工为之努力的目标和行为的准则，企业必须创建一种使承诺常驻员工心中的企业文化。

领导和承诺既是HSE管理体系的核心，又是体系运转的动力，HSE管理体系的建立和实施都应围绕着这个核心。只有做到领导重视，全员行动，将HSE管理作为企业管理的重要组成部分，才能建立起一个高效运转的HSE管理体系。企业不同级管理者，承诺的内容不一样。对于最高管理者来说，应对以下方面做出承诺：

（1）最高管理者对做好HSE工作负有首要责任和义务。

（2）HSE管理体系是企业整个管理体系中的优先项，要像对待企业中其他管理，如人力资源、财务管理一样予以高度重视。

（3）保证对体系的建立、实施和保持给予充分支持，配置必要的资源，如给予HSE工作人员足够的权利、保证资金和时间的投入和到位。

（4）管理层会议要把HSE放在首位，领导者要参加和主持HSE会议，以表明上级的重视。

（5）建立与政府和社会的联系渠道，定期向社会公布企业的HSE表现。

（6）领导者要给员工树立良好的榜样。

而对于其他各级管理者的领导和承诺，除以上内容外，还表现为：

（1）对本企业决策中的HSE管理经验和做法在企业内部进行交流。

（2）积极参与本地、外地的HSE活动和评审。

（3）HSE活动完成后要进行总结。

（4）鼓励员工提出改善HSE表现的建议。

（5）每个人的任务中都要包括HSE责任。

（6）积极参与内部和外部的 HSE 创新活动。

2）方针和战略目标

方针和战略目标是企业对其在 HSE 管理方面的意向和原则的声明，实施 HSE 管理体系的全过程是在方针和战略目标的指导下进行的。方针和战略目标通常是由企业的最高管理者制定的，是指导思想和行为准则，全体员工与 HSE 管理有关的全部活动无一不是在这一大前提下进行的，所有的计划、措施、行动都应符合方针和战略目标，并为其服务。

方针和战略目标指明了企业在 HSE 管理方面的努力方向，提供了规范企业行为和制定具体目标的框架。良好的方针和战略目标，能指导企业有效地实施和改进管理体系。同时，方针和战略目标也应在实施的过程中得到必要的修正。方针和战略目标的具体内容有：

（1）应与国家、地方法律法规和其他应该遵守的内部、外部要求相一致。

（2）明确企业 HSE 管理持续改进的思想。

（3）强调事故预防的重要性，体现变被动防御为主动预防的宗旨。

（4）要反映对企业员工的期望和对承包方的要求（鼓励承包方建立自己的 HSE 管理体系或认可本企业的方针和战略目标）。

除此之外，方针和战略目标还可包括针对 HSE 各个方面的内容。

3）企业机构、资源和文件

企业机构、资源和文件是保证 HSE 管理体系表现良好的必要条件，是体系运行的基础要素，其具体包括以下 7 个要素：

（1）企业机构和职责。企业机构是指企业管理系统中负责 HSE 管理的部门和人员，是企业 HSE 管理体系的组成部分。职责是指各级管理人员在其管辖范围内建立、实施和保持 HSE 管理体系的具体职责，以及全体员工个人或集体在确保 HSE 管理体系表现方面的责任，具体可分为最高管理者的责任、管理者代表的责任等 5 个方面。最高管理者负责主持制定指导企业 HSE 管理体系行为准则的方针和战略目标，为体系的建立和运行提供领导和资源保障，主持 HSE 管理体系评审；管理者代表在授权的范围内行使最高管理者的职责，除具有责任和及时向最高管理者请示汇报外，还应对体系的运行提出建议，主持 HSE 管理体系审核和为体系的可持续改进提供依据；HSE 管理部门应在上级主管部门和管理者代表的领导下，对 HSE 管理体系的实施过程进行监督、咨询、协调、人员培训和文件管理。各个职能部门、所有部门和岗位都应承担 HSE 责任，由上层职能部门根据其工作性质和涉及的 HSE 因素进行规定，并形成书面文件。各个职能部门的主管领导对所属范围内的 HSE 工作负主要责任，全体员工既要在自己的岗位上承担相关的责任，也要完成书面文件中的规定。

（2）资源。资源主要是指可供使用的人力、物力、财力、技术和时间等内部资源，是 HSE 管理体系建立和运行的重要保障。为保障 HSE 管理体系的建立和运行，应在企业现有设施和装备的基础上进行设施和装备上的改进和补充。当出现下列情形时，需要进行设施和装备的更新补充：①不符合国家、地方法律法规要求的设备和设施；②不能满足企业 HSE 管理目标和表现准则的各种设施和设备；③企业 HSE 管理水平持续改进所需的设施和设备。

（3）管理者代表。最高管理者作为企业的最高领导者往往公务繁忙，对 HSE 管理不能保证事必躬亲，需授权他人代行职责，这个人就是管理者代表，他应定期向最高管理者汇报和请示，最高管理者应为其配备行使职权所需的资源。

（4）能力与培训。是指企业中管理人员和操作人员完成任务的手段，包括以下三个方面的内容：①个人素质（个人从小学教育开始直到参加工作前所具备的能力）；②通过实践提高技能的能力；③不断更新知识的能力。

企业应建立对员工能力进行评价和培训的程序，以确定岗位员工所需的知识、经验和技能，建立上岗制度，制订培训计划，保持培训记录，以保证岗位工人从事工作所需的能力培训有正规的室内培训和实际操作培训，采用面对面教育和形体示范相结合的方法。

（5）承包方。企业的承包方应建立自己的 HSE 管理体系或认可本企业的 HSE 管理体系，这样做可以最大限度地消灭企业在承包商方面和企业与承包商交接部分的管理漏洞，保持良好的企业形象。如果承包商与企业之间在 HSE 管理上存在差异，则应在承包合同签订之前进行谈判或协商，将协议记入承包合同，以便在合同实施过程中能够解决可能出现的分歧。

（6）信息交流。信息交流是使企业内各个部门能够互相配合、协同工作，有关责任部门能够及时了解体系运行情况的一种手段。企业外部有关各方对本企业状况的了解、企业对外部相关方的了解也需要借助有效的信息交流。

企业应建立有效的信息交流机制，开发有关的程序，针对各种内外信息的性质，规定联络的责任者、渠道、方式，对信息的记录、处理，包括汇报对象、采取对策的责任等做出规定。对于涉及重要因素的内部、外部联络，应规定其接收、答复、处理、归档等的具体方式。

信息交流有内部和外部之分，内部信息交流是企业内部各个层次间的交流，如部门间的日常联络、指令、常规报表、各种信息、通报、各部门间的行文等，它支持着企业的管理活动协调而有效地进行。外部信息交流主要是各类相关方（政府机构、社会团体、所在社区、社会公众）之间的信息交流，能够保持企业对来自外部的要求的了解，也向外部提供企业的信息，满足外部对企业的需求，修正企业运行和管理形象。

通过信息交流，要使企业、承包方、合作者确保他们的各级员工都能够认识到以下的问题：①各自的行动符合 HSE 方针和目标的重要性，以及在实现这些方针目标中各自的作用和责任；②活动中的 HSE 风险和危害；已建立的预防、控制和消减措施及应急反应程序；③违背已认可的操作程序的潜在后果；④为改进工作程序，如何向管理者提供建议；⑤紧急情况时，外部联络的手段和特别的安排。

（7）文件及其控制。文件是指 HSE 管理体系的文件化系统，是 HSE 建立、运行和保持过程中所形成的各种文档，可以是书面的，也可以是电子的。通过文件控制管理可以记录体系的运行情况，保持和传输体系的各种内部、外部信息，从而支持体系的正常运行。

文件控制管理包括对体系文件的保管、流通、作废、归档、标记等管理内容。具体管理时包括以下几个方面：

① 文件的存放位置，要有利于迅速查找。

② 对文件进行定期评审和修订，以及由谁来认可文件的适宜性。

③ 保证所有体系的有效运行具有关键作用的岗位，需要时都能得到文件的现行有效版本。

④ 文件失效时，能够从所有发放的场所及时收回，并采取必要的措施，避免继续使用这些文件。

⑤ 法律规定失效后需要保留的文件，以备必要时提供法律、法规所需要的信息，应对这类文件予以标识，以免与其他文件相混淆。

⑥ 所有文件均应字迹清楚，注明日期（包括修订日期），标识正确，妥善保管，电子文件要预留备份，谨防数据丢失。

⑦ 应根据文件的重要程度及其类型，规定其修订的程序和职责。

4）评价与风险管理

HSE 管理体系运行最直接的目的是能够预见和防止事故的发生，进而将危害及其影响降低到可以接受的程度。而对风险进行正确、科学的评价和有效的管理正是达到这一目的的关键。

（1）确定风险危害及其影响。企业应系统地确定生产经营活动全过程中的风险危害及其影响。

（2）建立判别准则。判别准则是企业用来判断风险危害及其影响的依据。判别准则来自企业生产经营活动、产品、运输及售后服务过程中应遵守的法律、法规、合同规定、企业 HSE 方针或标准等。在新装置设计或运行期间，企业应确定相关活动的判别准则并评价是否符合标准。任何关于修订判别准则的提议及放宽准则要求的建议，都应得到公司高层管理者的批准。

（3）评价危害和影响。通过收集、调查一系列信息，对企业当前的活动、生产和服务中全部已有或可能存在的影响健康、安全与环境的危害及其风险进行全面分析和系统评价。在进行风险评价时，要充分考虑风险对人员、生产环境和周围环境、财产等因素影响的可能性和严重程度。涉及人员健康与安全的风险评价，应考虑到可能发生的火灾和爆炸事故，可能发生的冲击与撞击事故，可能发生的漏水、窒息与触电事故，可能发生暴露于粉尘、化学品、物理因素和生物药品的环境事故，人机工程因素及可能发生的有害物料的泄漏事件等。

（4）建立说明危害和影响的文件。可能发生的重要危害和影响要有详细的应对措施和资料记载，企业应将已确定的可能对 HSE 造成的显著危害和影响事件形成文件，详细列出降低危害的措施。

（5）建立具体目标和表现准则。企业应根据企业的 HSE 方针和目标、风险管理要求，建立适当的、具体的风险评价目标和表现准则，这些目标和准则应是可验证的、现实的和可实现的。

（6）风险管理。企业应根据评价的结果采取措施来控制和消减风险及其影响。风险管理措施应包括预防事故（即减少事故发生的可能性）、控制事故（即限制其影响范围和作用时间）、降低事故长期和短期的影响（即减小其后果）等部分。在任何时候都应强调预防措施，例如利用本质安全设计、保证设施完整等。从事故中总结应急反应措施，用来预防类似事故的发生，并考虑到控制和消减措施失败的可能性和对措施进行进一步完善的需要。有效的风险控制和消减措施及随后的工作要求要有可行的管理和市场监督规定，并要求操作人员对其深入理解和熟练掌握。

5）规划（策划）指南

EHS 管理体系的规划是指通过设施的完善，责任的明确，工作程序，应急反应计划的制定、评价及不断完善，以达到预期的方针目标，实现承诺。具体包括以下几个方面：

（1）设施的完整性。设施是指与 HSE 有关的设施，设施的完整性是指与 HSE 有关的设施与主体设施同时存在且运行状态良好。设施主要包括 4 部分：一是专门用于 HSE 保护的设施或设备，如企业的污水处理装置；二是生产设备中与 HSE 有关的部分，如生产设备上用于消防、紧急关断和降低噪声的装置。企业应保证此类设备与生产主体设施同时设计、同时施工、同时投产使用，且按期检查、校验、检定、维护，使之始终处于良好的运行状态。

（2）程序和工作指南。制定程序和工作指南有以下几个步骤：

① 确定必须指定工作程序的活动。企业的活动内容很多，如果都制定书面的工作程序，将会非常烦琐，影响工作效率。而其中有一些活动，如果没有形成文件的工作程序，就会导致失误操作，违反 HSE 管理方针，破坏法规要求及企业的表现准则。因此要首先识别这类活动，对其制定工作程序。

② 为已识别出的活动制定形成文件化的工作程序和准则。形成文件的工作程序表述应简单、明确、易于理解，且需指明个人应负的责任、采用的方法和表现准则的适用性。

③ 指导企业自己的员工或其委托方来实施这一工作程序。工作程序一经制定，必须执行，否则就会成为一纸空文。只要企业进行这一活动，则不管是由企业自己的员工完成，还是由承包方完成，都应遵照工作程序，不折不扣地予以执行。

④ 听取执行过程中的意见和建议，进一步修改和完善工作程序。

（3）变更管理。对于企业内部一切变更，包括机构、人员、设备、生产工艺、操作程序等暂时性或永久性的变化，都要进行严格的 HSE 管理和评价。首先取得变更原因和方案的文件，对于变更可能引起的 HSE 影响进行评价，然后制定要采取的控制和消减风险的措施，需增加信息交流、培训以及监测方面的要求，报请上级主管部门批准。

（4）应急反应计划。虽然 HSE 管理体系的建立和运行可以防止事故的发生，但这并不意味着一个建立了 HSE 管理体系的企业就一定不发生事故。因此，企业应建立并保持处理事故和潜在事故的程序。程序的内容包括：应急工作的组织和职责；参与处理事故的人员；应急服务信息；内、外部联络；发生某种事故时应采取的相应措施；危险材料的潜在危害及应采取的措施；培训计划及应急预案的有效性试验。企业也可根据需要，对在运行程序中发生意外事件时所应采取的措施加以规定。

6）实施与监测

企业在运行过程中要进行严格的 HSE 管理才能将 HSE 管理体系的运行落到实处。企业在 HSE 管理体系的运行过程中，应通过科学仪器等对其活动的各种特性进行常规或非常规监测，以获取有关数据。这一过程所提供的数据，对评价体系运作的正确程度具有重大影响，这样才能发现不符合之处并加以纠正，有效地发现事故并及时处理。

（1）活动和任务。在 HSE 管理体系的实施过程中，企业不同层次的人员具有不同的职责和任务。高层管理者应遵循 HSE 管理的方针，制订战略目标和高层次活动计划，采用计划和工作程序的形式指导各项活动，并进行监督和管理。现场工作层应按照颁布的工作指南、操作手册完成具体的工作任务。只有各个岗位的管理人员和操作人员都各司其职、各负其责，才能确保 HSE 管理目标持续实现。

（2）监测。对于监测活动，应制定专用的程序，确定监测的内容，并进行记录，用来证明企业 HSE 管理体系有效或无效。例如，对企业的 HSE 表现、运行控制、目标和指标的实现情况等，要进行实时跟踪记录。应当保持监测设备的良好状态，根据其技术要求定期进行校准，做好日常维护，并保持校准和维护的记录。另外，企业还应当定期获取监测数据，以评价企业对有关法律、法规的遵守情况。这些也应以程序的形式进行规定。

（3）记录。记录是管理体系文件中不可或缺的组成部分。HSE 管理体系建立和运行过程中需要大量记录的支持，企业应当制定专门的程序，对记录的标识、保存与处置做出规定。其重点应放在那些为管理体系的实施所需要的记录，以及有关目标和指标的实现程度的记录上。

企业应有一整套的管理程序，保证记录的完整性、可靠性、易得性和可追溯性，包括有关的承包方和其购买记录，审核、评审的结果，培训记录和员工的医疗记录等。规定记录的保存时间，采取相应的措施保证记录的可得性和保密性。

（4）不符合与纠正措施。"不符合"是一个专用名词，特指不符合 HSE 管理体系方针和目标、指标或其他任何表现的情况。HSE 管理体系就是在不断地纠正不符合的过程中实现可持续发展的。企业应编制管理程序，规定不符合和纠正过程中的职责和权限。职责包括对不符合做出及时处理（立即停止不符合的继续发展），进而调查其产生的原因，采取有效的补救措施。认真分析不符合的原因，针对其原因进行纠正，采取措施以防止不符合的再次发生。对于纠正与预防措施的实施所引起的对原工作程序的修改和变化应做记录，提交审核和评审并根据审核和评审的结果决定将其纳入体系文件。纠正与预防措施应与相应不符合的严重程度及其影响规模相适应。

（5）事故报告。企业内各级部门应将所管辖范围内发生的危及 HSE 的事故随时向有关部门报告。这些部门包括上级主管部门、与危害有关的员工、当地政府、司法部门、当地居民、当地社会团体。报告内容包括事故原因、事故发生地点、事故发生时间、事故所属的危害类型、影响范围及其他需要写入的内容。

（6）事故调查处理。事故发生的原因有两种：一种是由于 HSE 管理体系内部存在缺陷（人的不安全行为、物的不安全状态、环境的不安全因素、管理上的缺陷）；另一种是由于突发事件（包括人力所不可抗拒的自然灾害）。进行事故调查处理时，首先要搞清楚事故的发生原因，明确事故的责任，以便采取纠正措施，必要时可以修改工作程序，并将其纳入体系文件，以防止类似事故的再次发生。

7）审核与评审

审核与评审是 HSE 管理体系的最后一个环节，也是最重要的关键环节，是定期对 HSE 管理体系表现的有效性所进行的评估，是整个管理体系持续改进的必要保证。

（1）审核。审核是对体系是否按照预定的要求运行进行的检查和评价活动，可分为内部审核（审核组成员来自企业内部）和外部审核（审核组成员来自企业外部），一般由企业自行发起和组织。

（2）评审。评审是对体系运行的适应性和有效性进行的检查，由企业最高层发起。通过这一评审，可以了解 HSE 管理体系的整体运行情况及其不足之处，以便对管理体系进行改进，使整个管理体系在螺旋上升的进程中跃入一个更高的层次。

2. HSE 管理体系各要素的关系

HSE 管理体系包含着实现不同管理功能的要素。各要素之间相互关联、相互作用，如图 8－3 所示。这些要素之间不是孤立的，其中：领导和承诺是核心；方针和战略目标是方向；企业机构、资源和文件是体系运行必不可少的支持性条件；评价与风险管理、规划（策划）指南、实施与监测、审核与评审是体系运行的循环链。

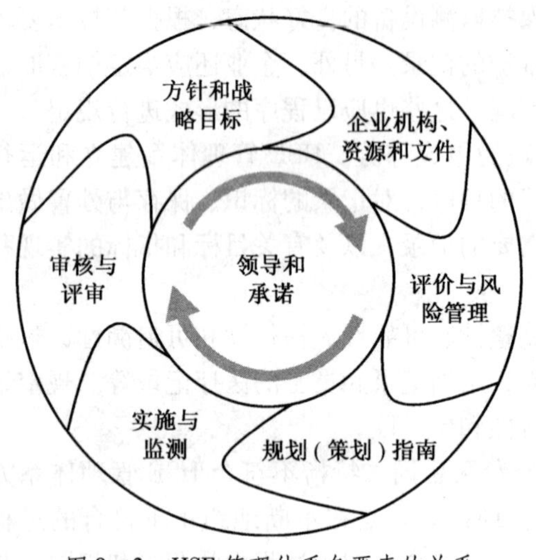

图 8－3　HSE 管理体系各要素的关系

从结构上来看，HSE 管理体系是按戴明模式建立的，是一个持续循环和不断改进的结构，即“计划—实施—检查—改进”的结构。从内容上来看，各要素之间又有以下特征：

（1）各要素有一定的相对独立性，分别构成了核心、方向、支持性条件和循环链的各个环节。

（2）各要素是密切相关的，任何一个要素的改变必须考虑到对其他要素的影响，以保证体系的一致性。

第四节　风险预控管理体系

风险预控简单地说就是对生产中存在的可能造成事故的不安全因素或危害因素预先采取措施，有效控制事故的发生，将企业生产中存在的风险降低到可接受的程度。风险预控管理体系是近年来才运用于风险管理的一种管理体系，2005 年首先由神华集团组织立项，2011 年该体系作为一项国家安全生产行业标准 AO/T 1093—2011《煤矿安全风险预控管理体系规范》予以发布。同年 8 月，国家安全监管总局和国家煤矿安全监察局发文在全国推行，后来得到了许多行业尤其是高危行业的认同，并在实践中结合企业实际，形成了独有的风险预控管理体系。

一、风险预控管理体系概述

1. 风险预控管理体系的概念及特点

风险预控管理体系是指在一定的经济与技术条件下，在生产企业全寿命周期过程（设计、建设、生产、扩建）中对系统中已知规律的危险源进行预先辨识、评价、分级，进而对其进行清除、减少及控制，通过企业人、机、环、管的最佳匹配，杜绝有人员伤亡的责任事故，使各类事故造成的损失降低到人们的期望值和社会可接受水平的闭环风险管理体系。

风险预控管理是基于全面质量管理（TQC）思想的，即常说的“三全管理”。全面质量管理的思想是指生产企业的安全管理应实行“全员参与、全过程控制、全方位展开”。其基本特点是将以往的事后检验把关为主，变为预防、改进为主，从管结果变为管因素，把影响安全问题的各因素查出来，发动全员、全部门参加，依靠科学理论、程序、方法，使生产、经营的全方位、全过程都处于受控状态。因此，企业安全风险预控管理具有以下几个特点：

（1）全员安全风险预控管理。是指与安全相关的各方都应当对各种可能存在的安全风险进行预先的控制。从广义上讲，与安全风险管理相关联的各级人民政府及其有关部门、安全生产监督管理机构、企业、保险机构等在各自的职责范围内对安全风险进行监控；从狭义上讲，是指企业内从生产经营单位主要负责人、各副职、下属各职能部室及其工作人员、班组长和所有从业人员在内的所有人都有义务对安全风险进行预先性的监控，实现“横向到边，纵向到底”的网状体系，真正做到全员参与。

（2）全过程安全风险预控管理。全过程包括两层含义：第一层是指企业生命周期的全过程，包括企业成长、成熟直到衰老的各个时期；第二层是指企业各生产流程和生产环节。不论是哪一种含义，都说明了安全风险预控管理是贯穿企业的整个生命周期和生产流程的。

（3）全方位安全风险预控管理。全方位表现在两个方面：第一个方面是指在实施安全风险预控管理的时候要综合考虑人、机、环、管各方面存在的风险，将所有风险作为管理对象，分析、辨识、评价、监控并采取适当的对策措施；第二个方面是指进行安全风险预控管理要综合考虑经济、技术、管理等各个方面，避免技术可行但经济不合理的现象出现。通过有组织的、有效的风险预控管理活动不断建立健全分专业、分系统、全员、全方位、全过程的“两分三全”安全风险预控体系，做到人人、事事、处处预控全覆盖。

2. 风险预控管理体系的原则

1）封闭性原则

风险预控是基于PDCA管理方法而发展的，因此与PDCA管理方法遵循相同的封闭性原则，是将计划、实施、检查和改进连接成一个封闭的螺旋状上升的闭环，从而实现危险因素—预警控制措施—反馈—发现新的危险因素—处理的动态环状结构，将危险因素消灭在萌芽状态。

2）系统性原则

系统性原则体现两方面的含义：第一个方面是企业的生产系统是一个复杂庞大的系统，应根据各子系统的特点及事故发生规律，确定各自适用的监测监控方法和事故隐患处理措施，最终实现整个生产系统的系统安全；第二个方面是针对人、机、环、管各个方面的相异性，确定不同的隐患监测监控和处理措施，以保证企业整体安全。

3）预先性原则

风险预控是在事故发生前预测可能发现的事故隐患、采取有效措施进行控制的手段，最终目的是减少事故的发生，减少人员、生产资料和财产的损失，重点在于“预先”，从源头控制事故，避免事后处置的被动局面。

4）时效性原则

危险源是导致事故发生的源头，因此危险源日常监测过程极其重要。检查人员一经发现危险源存在，应立即采取必要的控制措施并及时向预控中心汇报，预控中心接到隐患报告后应及时制定风险控制措施并及时通知相关单位，这样才能在最短的时间内切断事故发生的通道。

二、风险预控管理体系的组成

企业风险预控管理体系以PDCA闭环运行模式为基础，由危险源辨识环节、危险源风险评估环节、风险管理标准制定环节、风险管理措施制定环节、危险源日常监测监控环节、风险预警环节、风险预控措施评审和实施环节7个部分组成。各环节及其任务见表8－3。

表8－3 企业风险预控管理的基本环节及其任务

序号	企业风险预控管理的基本环节	任　　务
1	危险源辨识	确定管理对象
2	危险源风险评估	确定管控重点
3	风险管理标准制定	明确各种风险控制标准
4	风险管理措施制定	确定措施方法
5	危险源日常监测监控	确定处于受控状态
6	风险预警	失控及时警告
7	风险预控措施评审和实施	检查体系运行效果，强化体系有效执行，实现持续改进目标

1. 危险源辨识

危险源辨识和风险评估的目的是明确安全风险管理的对象和管控的重点。危险源是可能导致死亡、伤害、职业病、财产损失、工作环境破坏或这些情况组合的危害因素。危险源辨识是对企业各单元或各系统的工作活动和任务中的危害因素进行识别，并分析其产生方式及其可能造成的后果。危险源辨识是企业安全生产风险预控管理的前提和基础，能否准确、全面地辨识危险源直接关系到企业安全风险预控管理工作的有效性。识别危险源时要考虑6种典型危害、3种时态和3种状态，见表8－4～表8－6。

表8－4 6种典型危害

种类	表　　现
化学危害	各种有毒有害化学品的挥发、泄漏所造成的人员伤害、火灾等
物理危害	造成人体辐射损伤、冻伤、烧伤、中毒等
机械危害	造成人体砸伤、压伤、倒塌压埋伤、割伤、刺伤、砸伤、扭伤、冲击伤、扭断伤等
电气危害	设备设施安全装置缺乏或损坏造成的火灾、人员触电、设备损坏等
人体工程危害	不适宜的作业方式、作息时间、作业环境等引起的人体过度疲劳危害
生物危害	病毒、有害细菌、真菌等造成的发病感染

表8－5 3种时态

时态	表　　现
过去	作业活动或设备等过去的安全控制状态及发生的人体伤害事故
现在	作业活动或设备等现在的安全控制状态
将来	作业活动发生变化、系统或设备等改进、报废后将产生的危害因素

表8-6 3 种状态

状态	表现
正常	作业活动或设备等按其工作任务连续长时间进行工作的状态
异常	作业活动或设备等周期性或临时性进行工作的状态，设备的开启、停止、检修等状态
紧急情况	发生水灾、火灾、交通事故等状态

企业应根据危险源辨识的相关法律法规，选取适宜的危险源辨识评价方法进行危险源辨识，主要包括安全检验表法、预先危险性分析（PHA）、危险与可操作性研究、事故树分析（FTA）、事件树分析（ETA）等，分析正常生产过程中的危害因素，考虑不同时间阶段和条件下潜在的各种危险，以保证危险源辨识的全面性和准确性。

2. 危险源风险评估

危险源辨识环节结束后，下一步工作是进行危险源风险评估，按照已经确定的风险等级标准，对辨识出来的危险源的事故风险进行评估。一般采用量化方法，计算出各危险源的风险概率、后果和风险值，进而采取相应的安全措施，将系统风险控制在可接受的范围。在进行安全风险评估时，可采用研究固有风险与风险控制的“动态平衡”原则，也可采用“最低合理可行原则”（As Low As Reasonable Practicable，ALARP）。针对不同要素，危险源风险评估的方法也不同。

1）人的不安全行为评估

人的不安全行为风险发生的可能性，主要采用测算出的人的不可靠性度量，其风险评估模型为

$$RH_i = HFP_iP_iD_i = (1 - HRP_i)P_iD_i$$

式中 RH_i——t 时刻第 i 个不安全行为的风险值；

HFP_i——t 时刻第 i 个不安全行为的不可靠度；

P_i——第 i 个不安全行为在系统事故中的重要度；

HRP_i——t 时刻第 i 个行为的可靠度融合结果；

D_i——第 i 个不安全行为所在系统事故发生可能造成的损失。

2）机的不安全状态评估

其风险评估模型为

$$RT_j = r_j(wt_j)P_jD_j$$

式中 RT_j——第 j 个机（物）的风险值；

$r_j(wt_j)$——t 时刻第 j 个机（物）的故障值；

P_j——第 j 个机（物）在系统事故中的重要度；

D_j——第 j 个机（物）所在系统事故发生可能造成的损失。

若在 t 时刻，第 j 个机（物）的风险已经发生，即 $r_j(wt_j)=1$，则其风险值为

$$RT_j = r_jP_jD_j$$

3）环境的不安全特征评估

环境类危险源在某一状态下风险发生的可能性主要采用风险隶属制度来衡量。假设在 t 时刻监测或计算到的第 k 个环境类危险源的属性或指标值为 x_k，并根据隶属函数确定方

法可以确定第 k 个环境类危险源的风险隶属函数，得到其属性值为 x_k 时的风险隶属为 $\mu_k(x_k)$，则其风险值为

$$RE_k = \mu_k(x_k)P_kD_k$$

x_k 时的风险隶属为 $\mu_k(x_k)$，则其风险值为

$$RE_k = \mu_k(x_k)P_kD_k$$

式中　RE_k——第 k 个环境类危险源的风险值；

$\mu_k(x_k)$——t 时刻第 k 个环境类危险源的风险隶属度值；

P_k——第 k 个环境类危险源在系统事故中的重要度；

D_k——第 k 个环境类危险源所在系统事故发生可能造成的损失。

4）管理的不安全评估

其风险评估模型为

$$RM_l = \mu_lP_lD_l$$

式中　RM_l——第 l 个管理类危险源的风险值；

μ_l——t 时刻第 l 个管理类危险源的不合理性值；

P_l——第 l 个管理类危险源在系统事故中的重要度；

D_l——第 l 个管理类危险源所在系统事故发生可能造成的损失。

根据危险源评估模型就可以得到各个时刻或危险源各个状态下的风险值，从而根据风险值对各类危险源进行动态分级排序，为实时控制危险源以及风险预警提供了依据。

3. 风险管理标准制定

风险管理标准的制定，是安全风险预控管理体系中的一个重要环节，通过制定风险管理标准，对各危险源采取相应的控制措施，防止危险源转化为事故，其中管理标准是各种具体的管理措施的实施程度。风险管理标准制定应遵循我国有关法律法规、标准和相关技术规程，结合自身危险源的特点和风险水平等因素，全方位考虑，尤其是技术经济的可行性。

不同的要素，风险管理标准不同。人的管理标准即各岗位员工的行为标准，也就是管理对象在何时何地应该以什么顺序和方式做什么，以及不应该做什么；机的管理标准包括管理对象的完好标准、数量标准、质量标准和正常运转状态；环的管理标准为管理对象处于安全范围的标准。

制定风险管理标准有利于规范风险管理活动，能够提高安全风险预控管理的效率，可以将现有的安全管理模式规范化、高效化、系统化，避免主观差异导致管理措施实施不到位的情况。具体来说，作用体现在以下两个方面：

（1）危险源辨识评估阶段，会将危险源按照其接受程度分为可接受风险和不可接受风险，接受程度的划分基于本企业确定的风险管理标准，也就是说风险管理标准决定了安全生产风险能够管理和控制的程度，也就决定了何种风险是可接受的，何种风险是不可接受的。

（2）在风险控制措施的实施阶段，经过风险控制措施实施情况的反馈，对于实施效果较好的风险控制措施应当进行标准化，形成新的风险管理标准，即根据 PDCA 封闭原则对已有的安全生产风险管理标准进行不断地修订和完善。

4. 风险管理措施制定

风险管理措施是在危险源辨识评估的基础上，根据风险管理标准进行的具体风险防治手段，是企业安全生产风险预控管理中直接控制危险源的一环。制定风险管理措施要根据风险管理标准，针对不同要素，对风险度较大、达到不可接受程度的风险进行分析，并遵循国家相关法律法规、标准、规范等要求确定危险源管理措施。具体来说包括以下几点：

（1）人的管理措施包括监督检查、激励机制、安全培训以及挂警示牌提醒等消除各岗位员工的不安全行为的具体方法和手段。

（2）机的管理措施为对机器设备进行定期检查、检修维护，以确保管理对象数量充足、性能可靠、运行正常。

（3）环的管理措施包括对环境对象的监测，以及环境对象不符合管理标准时应采取哪些措施，保证不在不安全的环境中作业。

（4）管的管理措施为对现有的组织结构是否合理有效、管理制度是否健全、管理标准和管理措施是否完备、规章制度的落实程序是否合理进行检查，并对具体方法和手段进行究善。

制定安全生产风险管理措施时需考虑以下因素：

（1）管理措施的可行性和时效性。在确定风险管理措施时，必须考虑到风险管理措施的可操作性，简单易行，经济合理，控制效果应快速有效。

（2）管理措施分级制定。根据危险源分级管理原则，由于安全生产管理资源的有限性决定了不可能将所有的风险都制定管理措施，因此可将危险源按照风险度大小分为若干等级，按照不同的风险等级确定分级管理措施。

（3）管理措施实施。管理措施的制定是安全生产风险得以控制的先决条件，但更重要的是管理措施是否能够实施到位，必须对制定的管理措施的实施进行监督。

5. 危险源日常监测监控

危险源监测监控是在生产过程中对已辨识出的危险源进行监测、检查，并及时向管理部门反馈危险源动态信息的过程。危险源监测监控是企业安全生产风险预控管理的重要环节，对危险进行实时或定期的日常现场监测，有条件的情况下可以采用实时动态系统采集和传递信息。危险源日常监测监控的对象有以下三大类：

1）已识出的危险源

对于已识出的被风险管理标准认为是可接受程度的危险源，需进行日常的监测监控，监测危险源的变化情况是否处于可控状态，据此判断是否应采取相关管控措施。

2）实施管理措施后危险源的控制情况

对于已经采取管理措施的危险源，措施实施的反馈情况也是日常监测监控工作的重要内容，是衡量管理措施效果的标准。

3）监测过程中出现的新危险源

危险源产生是一个连续不间断的过程，要随时注意监测生产过程中出现的新危险源，进行危险源辨识和评估等系列活动，并将其列入企业以后日常监测的内容，不断完善危险源管理标准体系。

6. 风险预警

风险预警是在危险源辨识、评估和日常监测监控的基础上，对异常情况，即已经暴露或潜伏的各种危险源及时进行动态监测，并对其风险大小进行预期性评价，及时发出危险预警指示并采取管控措施，从而降低事故发生概率和危害程度的活动。企业安全生产风险预控管理体系中，风险预警环节应当注意以下几个问题：

（1）要为辨识出的预警要素建立详细、有效的控制措施，将各等级风险控制在可接受范围内。

（2）企业安全生产风险预警系统中应包含各种应急预案，一旦管控措施失败，危险源失控，必须及时启动应急救援，尽量降低人员、生产资料和财产的损失。

（3）企业安全生产风险预警是个大型的系统工程，可考虑利用计算机和网络技术开发完善的现代化预警管理系统。

（4）要建立、健全企业安全生产风险预警管理制度，做到有章可循，使风险预警制度化、规范化、标准化。

7. 风险预控措施评审和实施

风险预控措施评审和实施是企业安全生产风险预控管理体系中最后一个部分，相当于PDCA 管理模式中的 A（Action），是一个反馈过程。风险预控措施评审和实施的目的是通过体系考核、检查体系运行效果，强化体系的有效执行，实现持续改进的目标，符合 PDCA 管理模式的闭环、螺旋上升原理。风险预控措施的评审程序包含两个部分：一是对原有风险管控措施的评审；二是对准备采用的新风险管控措施的评审。

复习思考题

1. 简述职业安全健康管理体系产生的原因。职业安全健康管理经历了哪几个发展阶段？
2. 试分析职业安全健康管理体系的运行原理及作用。
3. 职业安全健康管理体系包括哪几方面的要素？简单分析各要素间的联系。
4. 简述 HSE 管理体系的概念及特点。
5. HSE 管理体系包括哪几方面的要素？简单分析各要素间的联系。
6. 风险预控管理体系的建立原则及组成有哪些？

第九章　安全信息管理

本章概要和学习要求

本章主要讲述了安全信息的概念与分类、安全信息的功能以及安全管理信息系统的特点、基本功能、结构和分类。通过本章学习，要求学生对安全信息的概念、分类、功能有所了解，理解安全信息在安全管理中所起的作用，掌握安全管理信息系统的运行机制。

安全信息是安全管理的重要基础，安全管理离不开安全信息，安全信息掌握和处理不好，就不可能实现有效的安全管理。以往传统的安全生产和管理模式已经不能适应时代的要求，应用现代的管理模式，以电子计算机为主要工具，建立高效、科学的安全管理信息系统是实现科学安全管理的迫切需要和必经之路。

第一节　信息与管理信息系统

数字化、网络化与信息化是21世纪的时代特征。目前，经济全球化与网络化已经成为一种潮流，信息技术革命与信息化建设正在使资本经济转变为信息经济和知识经济，并将迅速改变传统经济贸易的交易方式和整个经济的面貌。它加快了世界经济结构的调整与重组，推动我国从工业化社会向信息化社会的过渡。

一、信息

信息是信息科学中最基本、最重要的概念。随着社会生产力的提高，新技术层出不穷，信息量急剧膨胀，整个人类社会成为信息化社会，人们对信息的利用和处理已进入自动化、网络化和社会化的阶段。

1. 信息的概念

信息是自然界、人类社会和人类思维活动中普遍存在的一切物质和事物的属性。不同的物质和事物有不同的特征，不同的特征会通过一定的物质形式，如声波、文字、电磁波、颜色、符号、图像等发出不同的消息、情报、指令、数据、信号。这些消息、情报、指令、数据、信号就是不同形式的信息。对于信息这一术语，在不同的领域有不同的概念。1948 年，美国数学家、信息论的创始人香农在题为《通信的数学理论》的论文中指出“信息是用来消除随机不确定性的东西。”1948 年，美国著名数学家、控制论的创始人维纳（Norbert Wiener）在《控制论》一书中指出：“信息就是信息，既非物质，也非能量。”邓宇等人 2002 年提出“信息是事物现象及其属性标识的集合”。在国家经济信息系统设计与应用标准化规范中对信息的定义是：“构成一定含义的一组数据就称为信息。”信息能够提高人们对事物认识的深刻程度，可以帮助人们制订工作计划，是人们做出正确决策的依据。

2. 信息与数据

信息与数据是密切联系而又不可分割的，两者各有不同的含义。数据（Data）是对客观事物进行观察或观测后记载下来的一组可识别的符号。它是记录客观事物的性质、形态、数量、特征的抽象符号，例如文字、数字、图形、曲线等，其本身不能确切地给出具体含义。信息是由数据产生的，可以简单地理解为信息是数据加工得到的结果，是反映事物客观规律的一些数据，是进行决策的依据。因此，通常把数据加工后的结果称为信息，例如报表、账册、工程图等都是信息。数据是客观事物的一种表现形式，信息是有一定含义的数据，是加工（处理）后的数据，信息是对决策有价值的数据。信息的产生过程如图 9 -1 所示。

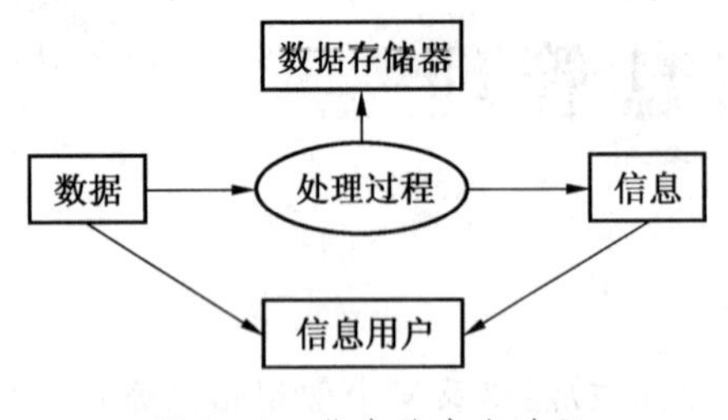

图 9 -1　信息的产生过程

同时，信息是有层次的，低层信息相对高层信息来说就是数据，例如，生产班组的安全员对安全生产情况表进行统计后，形成班组的日安全生产统计表。其中安全生产情况表是数据，日安全生产统计表是信息，日安全生产统计表表明了生产班组的日安全生产情况，可供班组长决策使用；生产车间的安全员对各班组的日安全生产统计表进行统计汇总后形成车间安全生产统计表，可为车间主任的日常安全生产管理提供信息。那么，班组的日安全生产统计表又成了数据等。由此层层加工，低层信息总是高层信息的数据。

3. 信息与决策

决策就是为达到某一目的而在若干个可行方案中经过比较、分析，从中选择合适的方案并赋予实施的过程，是各级领导者和管理人员处理重大事件，分配资源，对企业经营活动以及日常业务等一切事情所做的决定。管理工作的关键和核心在于决策，而决策是由信息支持的，也只有全面、系统地保存大量的信息，并迅速地查询与综合，才能为组织的决策提供信息支持。同时利用数学方法和各种模型处理信息，以期预测未来，并进行科学决策。

决策在企业经营运作中可分为三个等级：①战略性决策；②战术性决策；③日常业务活动决策。决策与信息的等级关系见表 9 -1。

表 9 -1　决策与信息的等级关系

决策	来源	寿命	精度	加工方法	保密要求
战略级	外部	长	低	不固定	高
战术级	外部	较长	较高	不固定	较高
业务级	内部	短	高	固定	低

二、管理信息系统

1. 管理信息系统的发展历程

管理信息系统（Management Information System，简称 MIS）的发展历程大致可以分为三个阶段。

（1）第一个阶段是产生阶段：20 世纪五六十年代，管理信息系统主要以单项事务处理为主。

（2）第二个阶段是发展阶段：20 世纪六七十年代，管理信息系统从单一的业务数据处理发展成为功能比较完善的综合性管理信息系统。

（3）第三个阶段是成熟阶段：从 20 世纪 80 年代开始，人工智能技术的充分利用，高效、实用的多种管理信息系统已被大量开发和使用。

2. 管理信息系统的概念

管理信息系统的概念在国内外有多种描述，国外学者瓦尔特·肯尼万（Walter T·Kennevan）所下的最早的定义是指以书面或口头形式，在合适的时间向经理、职员以及外界人员提供过去的、现在的、未来的有关企业内部及其环境的信息，以帮助他们进行决策。在国内，管理信息系统通常被认为是一个以人为主导，利用计算机硬件、软件、网络通信设备以及其他办公设备，进行信息的收集、传输、加工、储存、更新和维护，以企业战略竞优、提高效益和效率为目的，支持企业高层决策、中层控制、基层运作的集成化的人机系统。

结合企业的生产经营情况，对管理信息系统的总体进行描述，可以使人们对管理信息系统有一个全面的认识，如图 9－2 所示。

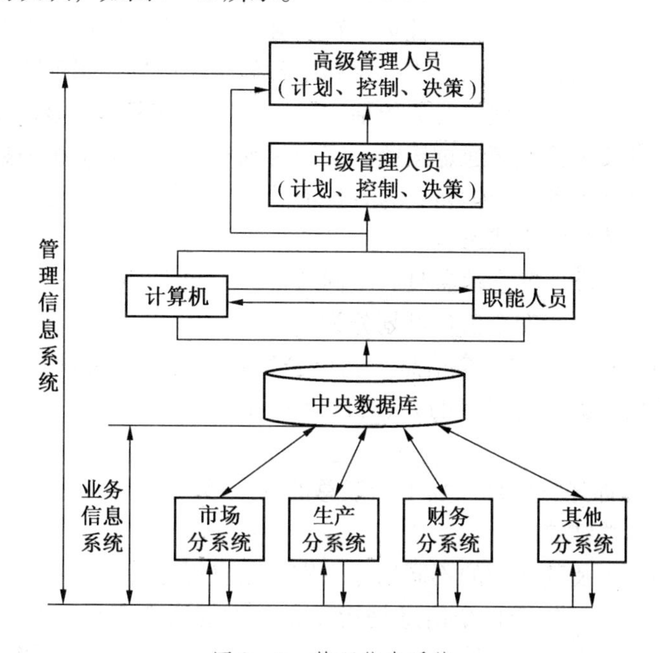

图 9－2　管理信息系统

3. 管理信息系统的类型

从不同角度对管理信息系统进行分类，可以分为以下几类：

（1）管理信息系统按组织职能可以划分为办公系统、决策系统、生产系统和信息系统等。

（2）管理信息系统基于信息处理层次，可划分为面向数量的执行系统、面向价值的核算系统、报告监控系统、分析信息系统、规划决策系统，自下向上形成信息金字塔。

（3）管理信息系统基于历史发展进行分类，可分为三类：第一代管理信息系统是由手工操作的，第二代管理信息系统增加了机械辅助办公设备，第三代管理信息系统使用计算机、电传、电话、打印机等电子设备。随着电信技术和计算机技术的飞速发展，现代管理信息系统在划分地域上已逐渐由局域范围走向广域范围。

第二节　安　全　信　息

安全信息是反映安全事物之间的差异及其变化的一种形式。安全管理就是借助大量的安全信息进行管理，有效的安全管理要求对企业安全生产有关的信息进行全面收集、正确地处理和及时地利用，其现代化水平决定信息科学技术在安全管理中的应用程度。只有充分利用信息科学技术，才能使安全管理工作在社会生产现代化的进程中发挥积极的作用。

一、安全信息的概念与分类

安全信息是反映安全事物之间的差异及其变化的一种形式。安全管理就是借助大量的安全信息进行管理，有效的安全管理要求对企业安全生产有关的信息进行全面收集、正确地处理和及时地利用，其现代化水平决定信息科学技术在安全管理中的应用程度。只有充分利用信息科学技术，才能使安全管理工作在社会生产现代化的进程中发挥积极的作用。

通过数据处理来获取安全信息，并综合利用各种安全信息为制定防范事故的措施和安全管理决策提供依据。数据处理的对象包括字母、字符、数字、图形、图像、声音、动画等各种多媒体形式的安全信息。通过按照一定的规则和格式对大量相关数据进行存储管理及分析处理后，把繁杂零乱的数据转变为有价值的系统安全信息，使决策机构和有关部门能够及时掌握系统总体的安全状态。

依据不同的分类标准，安全信息具有不同的分类方法。

从信息的形态来划分，安全信息可划分为：

（1）一次信息。即原始的安全信息，主要是指直接来自信息源点（如生产现场、施工作业过程、具体危险源点监控等的人、机、环境的客观安全性）的安全信息，具有动态性、实时性。

（2）二次信息。即经过处理、加工、汇总的安全信息，如法规、规程、标准、文献、经验、报告、规划、总结等。

从安全信息的产生及其作用的不同划分，安全信息可分为：

（1）安全指令信息。安全指令信息是指导企业做好安全工作的指令性信息，包括各级部门制定的安全生产方针、政策、法律、法规、技术标准，以及上级有关部门的安全指示、会议和文件精神、企业的安全工作计划等。

（2）安全管理信息。安全管理信息是指企业在日常生产工作中，为认真贯彻落实安全方针、政策、法律、法规，在企业内部的安全管理工作中实施的管理制度和方法等方面的信息。安全管理信息包括安全组织领导信息、安全教育信息、安全检查信息、安全技术措施信息等。

（3）安全指标信息。安全指标信息是指企业对生产实践活动中的各类安全生产指标进行统计、分析和评价后得出的信息，包括各类事故的控制率和实际发生率、职工安全教育培训率和合格率、尘毒危害和治理率、隐患查出率和整改率、安全措施项目的完成率和安全设施的完好率等。

（4）事故信息。事故信息是指企业在生产实践活动中所发生的各类事故方面的统计信息，包括事故发生的单位、时间、地点、经过，事故人员的姓名、性别、年龄、工种、工龄，事故分析后认定的事故原因、事故性质、事故责任、处理情况、防范措施等。

二、安全信息的功能

安全信息的归纳、分类分析和汇总应及时、正确、全面地反映企业的安全生产动态。安全信息对于指导安全管理工作，不断改进安全工作，有效地消除事故隐患等方面有重要的作用。安全信息的主要功能表现在以下三个方面：

（1）安全信息为编制安全目标和管理方案提供依据。一方面，需要有安全生产方针、政策、法律、法规等安全指令性信息作为指导；另一方面，需要总结分析企业历年安全工作经验教训及事故发生频率等方面的信息作为考核依据，以编制出符合实际生产的安全目标和管理方案。

（2）安全信息具有预防事故的功能。在企业安全管理工作中，利用安全指令性信息对人、机、环境及其相互结合的动态情况等因素进行有效组织、协调和控制，规范和监控安全工作和人的不安全行为，促使生产和人的行为符合安全要求，以预防事故。

（3）安全信息具有控制事故的功能。在企业生产活动中，人的不安全行为和物的不安全状态是导致事故发生的主要原因，反映在安全管理中则是异常安全信息。收集异常安全信息，并反馈到生产和安全管理中，根据安全管理原理选取法规、安全技术、培训、经济或文化等管理手段矫正人及组织的不安全行为，消除物的不安全因素，达到控制事故的目的。

三、安全信息的应用方式及应用方法

安全信息的应用，就是依据它具有反映安全工作、安全生产存在差异的功能，从中获知人们对安全工作的重视程度，安全教育、安全检查的效果，安全法规执行和安全技术装备使用的情况，以及生产实践活动中存在的隐患、事故发生情况等信息，并用于指导实践，改进安全工作，消除生产隐患，以此达到预防、控制事故的目的。

1. 安全信息的应用方式

安全信息的应用方式有如下9种类型：

（1）安全管理记录。安全管理记录是收集和简单储存安全信息的一种形式，有安全会议、安全检查、安全教育等9种记录。

（2）安全管理报表。安全管理报表是综合收集、掌握和反映安全信息的一种形式，如安全工作月报表、事故速报表等。

（3）安全管理登记表。安会管理登记表是收集、掌握重要安全信息的一种形式，如重大隐患登记表、违章人员登记表、事故登记表等。

（4）安全管理台账。安全管理台账是综合加工处理和储存安全信息的一种形式，如职工安全管理台账、隐患和事故统计台账等。

（5）安全管理图表。安全管理图表是反映安全工作规律和综合安全信息的一种形式，如安全工作周期表、事故动态图、事故系统预防及控制图等。

(6) 安全管理卡片。安全管理卡片有职工安全卡片、特种作业人员卡片、尘毒危害人员卡片等。

(7) 安全管理档案。安全管理档案有安全文件、安全技术装备、安全法规等10种。

(8) 安全管理通知书。安全管理通知书是反馈安全信息的一种形式，如隐患整改、违章处理通知书等。

(9) 安全宣传形式。安全宣传形式有安全简报、安全标志、安全板报、安全天数显示板、安全广播等。

2. 安全信息的应用方法

安全信息是通过收集、加工、储存和反馈4个有序联系的环节进行具体应用的。

(1) 通过安全管理记录、安全管理报表、安全管理登记表等应用方式进行信息收集是应用安全信息的第一步，也是重要的基础工作。例如，利用各种安全会议、报纸、杂志等方式，收集国内外有指导性的安全信息；利用各种安全记录、报表开展安全检查；运用安全技术装备等手段收集企业内部安全信息。

(2) 信息加工是把大量原始信息进行筛选、加工处理、聚同分异、去伪存真，使其系统化、条理化，以便储存和使用。例如，利用事故、隐患统计台账对事故和隐患进行综合统计分析；利用职工安全统计台账，对职工的结构、安全培训、违章人员及安全工作情况进行综合分析；对事故规律进行统计分析等。

(3) 信息储存具有记忆功能，以备待用。储存的方法既可利用各记录、报表进行简单储存，又可利用安全管理台账、安全卡片、安全档案进行分类储存，还可运用计算机进行综合加工处理和储存。

(4) 信息反馈是应用信息的目的，具有强化安全管理，促使生产实践规律运动和改变生产实践异常运动，预防、控制事故的功能。信息反馈的方法主要有两种：一是通过安全管理通知书的信息应用方式直接向信息源反馈，如当获知生产异常信息时，直接纠正人的异常行为，改变物的异常状态，控制事故发生；二是通过安全管理图表或安全管理报表的信息应用方式对安全信息加工处理后集中反馈，如通过制定安全文件、安全工作计划、编制安全法规，以及利用安全宣传教育形式进行反馈等。

安全信息是超前有效预防、控制事故的手段之一。在应用中，除了要从组织领导上保证安全信息的应用管理外，还要保证信息的质量，做到及时、准确、适时应用安全信息，使其有使用价值，从而达到应用目的。

四、安全信息流

安全信息在安全生产的各个环节中流动，可以利用“戴明环”的安全管理功能结合系统安全相关要素的整个活动过程，在计划的基础上实施，再根据实施结果检查、改善计划。在这个过程中，管理者可以从计划、实施、结果检查等步骤中经常吸收安全信息，把握生产现场和企业管理的实际状况，再以收集、加工、存储、使用和反馈为流通环节，在企业安全管理中形成信息流，促使生产实践规律运动，预防事故，达到改变生产实践异常运动控制事故的目的。安全信息流的基本流动模式如图9－3所示。

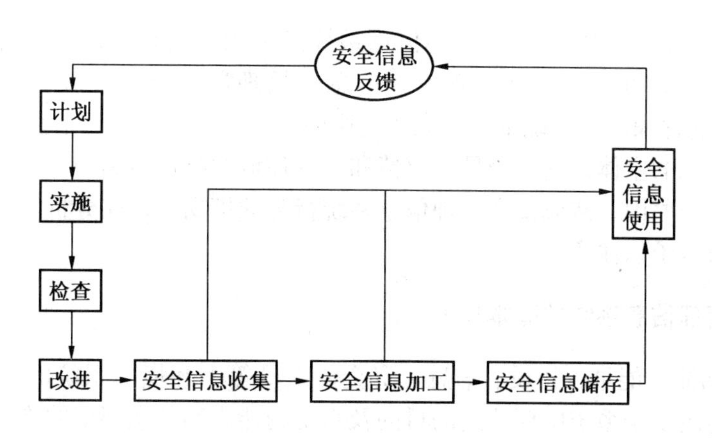

图9-3　安全信息流的基本流动模式

在基本流动模式的基础上，各种安全信息构成了一个相互交叉、相互作用的网络，信息在这个网络中进行传递。安全信息的具体流动形态有人—管理（高层管理者履行管理职责，向监督人员传达指令，直至一般工作人员），人—机（工作人员对机器、设备、工具的有效控制和操作），人—环境（人对环境的感知、判断和适应）。通过充分利用要素间的安全信息可以有效地进行安全管理工作，减少伤亡事故，促进安全生产。

第三节　安全管理信息系统

安全管理信息系统通过电子技术、计算机技术的应用，充分发挥计算机存储容量大、速度快、精度高、范围广及人工智能等特点，严格按照安全管理的要求，对有关数据进行收集、加工、传输、存储、检索和输出等项处理，提供安全管理所需的信息，并完成相应的管理职能，从而大大提高了安全管理工作的效率，为安全评估、安全决策、管理优化等工作提供了系统性、完整性、准确性和时效性的信息支持。

一、安全管理信息系统的特点

安全管理信息系统的主要特点是开放性、人工性、社会性和系统行为的模糊性。

（1）开放性。系统的开放性是系统运动和变化的基础。就安全管理信息系统而言，尤其是自身的结构，这种结构要想发挥其功能，只能对用户开放，对其他系统开放。安全管理信息系统必须与企业的其他子系统（如生产系统、调度系统、教育系统、运输系统、劳资系统等）存在广泛的联系。一方面，安全管理信息系统的发展受到企业环境的影响；另一方面，安全管理信息系统又以特有的作用促进企业安全生产的发展。它具有输入、输出、信息传递、反馈等开放性基本特征。

（2）人工性。安全管理信息系统是为了帮助人们利用信息进行安全管理和安全决策而建立起来的一种人工系统，它具有明显的人工痕迹。

（3）社会性。信息系统是为了满足人们的信息交流需要而产生的，信息交流实质上是一种社会交流形态，具有很强的社会性。安全管理信息系统的建立与发展是人类社会活动的结果，它具有社会性。

（4）系统行为的模糊性。安全管理信息系统是个比较复杂的系统，其边界条件复杂多变，系统内部也存在许多干扰。香农在信息传播理论中指出，信息在传播过程中有“噪声”存在，这种噪声是系统本身所无法克服的。另外，安全管理信息系统是一种人机系统，人作为系统的主体，其行为易受感情和外界环境的影响与制约，具有意向性、模糊性。由于上述两个原因，造成安全管理信息系统行为的模糊性，在分析、设计、实施安全管理信息系统时应予以注意。

二、安全管理信息系统的基本功能

（1）输入功能。能量、物质、信息、资金、人员等由环境向系统的流动就是系统的输入。输入功能决定于系统所要达到的目的及系统的能力和信息环境的许可。信息系统的输入最主要的内容是用户的信息需求和信息源。用户的信息需求决定着安全管理信息系统的存在与发展。

（2）处理功能。安全管理信息系统的处理功能就是对输入信息进行处理。从本质上讲，信息系统的处理功能就是对信息的整理过程。信息处理能力的大小，取决于系统内部的技术力量和设备条件。

（3）存储功能。安全管理信息系统的存储功能是指系统储存各种处理后的、有用的信息的能力。随着信息量的日益增多、信息处理方法的改善、文件内容的充实，信息的存储取得了极大的发展。存储容量越来越大，存储能力越来越强。但是大量的存储为系统输出带来了困难，造成了系统服务效率的降低。因此，信息的存储必须在扩大存储量与保证系统输出这一对矛盾上寻求最佳解决方案。

（4）输出功能。系统对周围环境的作用称为输出。安全管理信息系统的输出功能是指满足信息需求的能力，是将经过处理操作的信息或其变换形式以各种形式提供服务。信息输出就是信息系统的最终产品。信息系统的输出功能取决于输入功能、存储功能、处理功能、信息系统的服务效率、用户满意程度、系统整体功能的发挥都是通过信息系统的输出功能体现出来的。

（5）传输功能。安全管理信息系统规模较大时，信息的传输就成为信息系统必备的一项基本功能。信息传输时要考虑信息的种类、数量、效率、可靠性等，实际上传输与存储常常联系在一起。

（6）计划功能。计划功能是指对各种具体的安全管理工作做出合理的计划和安排，根据不同的管理层次提供不同的信息服务，以提高安全管理工作的效率。

（7）预测功能。利用数学方法和预测模型，并根据企业生产的历史数据，对企业的安全状况做出预测。

（8）控制功能。控制是按照给定的条件和预订的目标，对系统及其发展过程进行调整并施加影响的行为。控制的目的是为了使系统稳定地保持或达到某种预定状态。对信息系统的控制是保证信息系统的输入、处理、存储、输出、传输等过程正常运行、完成系统整体功能的必要条件。控制功能是系统的关键所在，只有通过控制功能的作用，信息的其他各项功能才能最优化，信息系统才能以最佳状态运行。

（9）决策优化功能。应用运筹学等数学方法为安全管理者提供最佳决策，也可以模拟决策者提出的多种方案，从中选出最优方案。

三、安全管理信息系统的结构

安全管理信息系统的结构是指系统中各组成部分之间的相互关系和构成框架。安全管理信息系统具有多种功能，各种功能之间又有各种信息相互联系，组成一个有机整体。在不同的企业因其所设计的信息种类、信息量、管理方式、安全管理目标等不同，在具体的系统划分上会有不同，企业的综合管理信息系统模型如图 9－4 所示。针对安全生产建立安全管理信息系统的结构模型，如图 9－5 所示，由原始数据处理子系统、安全状况评判子系统、安全状况预测子系统、安全状况决策子系统、管理目标优化子系统等组成。现行大多数安全管理信息系统都是以数据库系统和数据库技术作为安全管理信息系统的系统基础和技术支持。

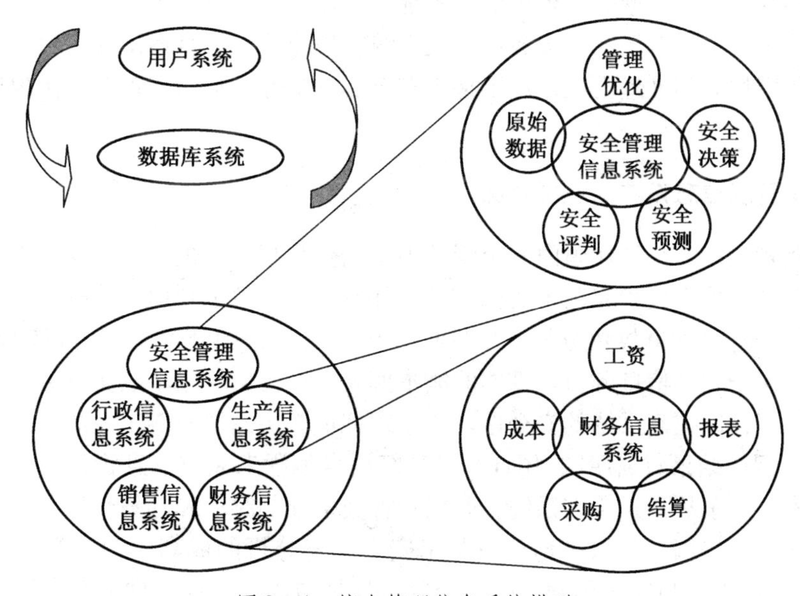

图 9－4　综合管理信息系统模型

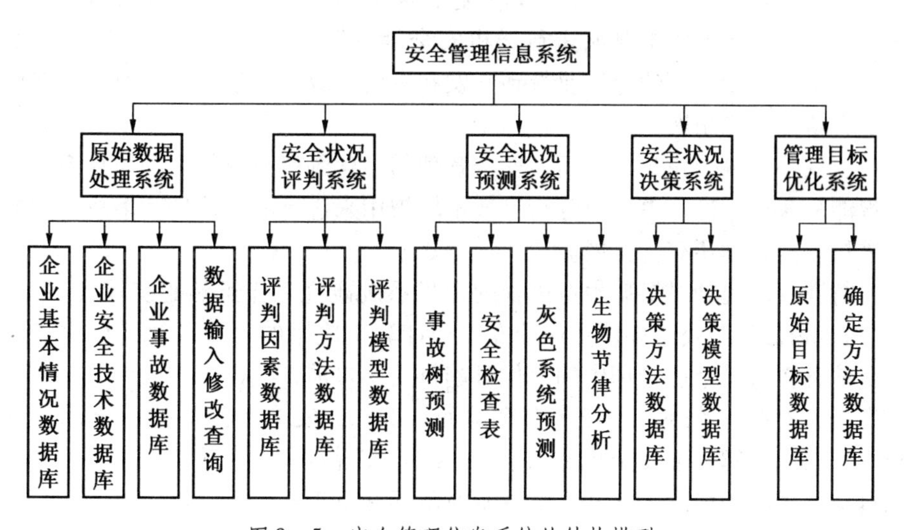

图 9－5　安全管理信息系统的结构模型

四、安全管理信息系统的分类

安全管理信息系统的分类主要依据所使用的数据库系统。一般有以下几种分类方法：

（1）根据使用的数据库是单用户系统还是多用户系统，将安全管理信息系统分为对应的系统。早期的安全管理信息系统都是单用户系统，随着网络应用的不断扩大，多用户的安全管理信息系统开始出现，并很快占据主流。多用户的安全管理信息系统的关键是保证“并行存取”的正确执行。

（2）根据信息存储的地点是集中的还是分散的，将安全管理信息系统分为集中式和分布式。现在设计的安全管理信息系统一般为分布式。

（3）根据数据库系统是否有逻辑推理功能，将安全管理信息系统分为一般系统和智能型系统。例如，在智能型安全管理信息系统中存储有可爆炸气体的爆炸规则，再应用数据自动监测装置将工作现场的有关数据输入系统，安全管理信息系统就可根据这些数据按照爆炸气体的爆炸规则推理出工作现场是否有爆炸危险性，从而实现对工作现场的实时监控。

五、安全管理信息系统的发展状况

安全信息管理技术已经在国内安全管理中得到越来越广泛的应用。国外在 20 世纪 70 年代就已将计算机技术逐步应用于安全科学的开发研究。除了利用计算机进行安全系统工程的基本事件分析（如事故树分析、事件树分析）之外，国外学者早已将计算机的数据库技术广泛应用于安全信息分析。日本的熊本博光等人提出了用事故实例数据库来分析原子能事故的原因，以提高系统的安全性。该系统把世界各国原子能工业的事故实例组成所谓的“事故原因—结果数据库”，用计算机高级语言编程来完成信息管理工作。美国提出用数据库技术建立事故信息管理系统，开展对各类事故的频率和趋势分析及系统统计学测试等方面的研究。美国、英国等均已研制出安全信息分析的成套“微计算机信息管理软件系统”，如英国卫生与安全局开发的安全分析软件包等。这些软件的开发应用，充分发挥了现代安全信息管理技术的作用，取得了越来越多的研究成果和实际效益。

我国从 20 世纪 80 年代末开始进行微机安全信息管理技术的研究开发，已先后在航空、机电、冶金、煤炭、石油等行业得到开发和应用，取得了较好的成效，但在应用的深度和广度上有待发掘和拓展。

在航空、铁路运输、建筑等方面，安全管理信息化的研究比较多，信息系统、专家系统、人工智能、灰色理论、事故树分析等技术均被用来进行安全管理和事故预测分析。但使用系统进行安全管理还有待拓展。

在煤炭行业，国内针对煤矿生产进程的信息系统研究工作虽然起步较晚，但自 20 世纪 90 年代初开始，随着我国煤矿企业的发展和计算机应用的普及以及信息化建设工作的推广，安全信息在煤矿企业管理中的地位日趋重要。目前，我国煤矿已广泛将信息技术应用于煤矿生产、安全、管理、市场等多个方面。例如，安全监测监控系统，该系统能及时、准确、全面地了解井下安全状况和生产情况，实现对灾害事故的早期预测和预报，并能及时地自动处理相关信息，管理人员可及时掌握井下设备运行状况，准确、高效地指挥生产，其功能主要有：实时采集各类传感器数据；实现风电闭锁、瓦斯电闭锁；自动控制和手动控制切换；自检、故障报警和故障统计；网络通信；人机对话；实时存盘、列表显示、模拟量实时曲线和历史曲线显示、系统设备布置图显示、自动生成报表。煤矿安全监测监控系统是实现煤炭生产高产、高效、安全生产的重要保证，是煤矿安全避险“六大系统”的重要组成部分。安全监测监控系统负责对矿井中的甲烷浓度、一氧化碳浓度、温度、风速、风压、馈电状态、风门状态、风筒状态、局部通风机开停、主通风机开停、瓦斯电闭锁及风电闭锁状态的监测监控，及时发现并处理出现的危险状况，具有煤与瓦斯突出预警、火灾监控与预警、矿山压力检测与预警等功能。另外，安全监测监控系统在事故应急救援和事故调查中也有着非常重要的作用，可以记录事故发生的时间、地点以及事故发生前有害气体具体参数，为分析事故原因提供依据。

当前，各个从事安全科学技术开发的科研院所及针对安全生产工作的软件公司都在对各个行业的安全现状进行有步骤、有层次的调查研究，这也使安全工程中的研究分支——行业安全管理信息系统的配套软件的开发成为热点。

安全管理对于任何一个企业的安全生产都至关重要，安全生产离不开管理，管理则需要信息化。面对企业历史上发生过的事故数据及当前企业生产过程中存在的事故隐患，把它们分门别类加以信息化的统计处理并给企业管理决策者提供直观的数据对比，这对企业安全管理对策措施及建议的形成具有重大意义。

六、建立安全管理信息系统的意义

企业安全管理是企业管理的重要组成部分，企业安全管理的目标是企业管理目标体系的一部分，其功能是为实现企业管理总目标提供安全保障。安全管理信息系统就是从安全角度，以保护人的安全为着眼点，根据安全管理科学的基本原理，利用系统论的观点，结合现代科学技术来调节人与物的关系，从而调节安全的状态，使其达到最佳的一门科学。

（1）促进安全管理系统的整体化。传统管理是树型结构，是直线制的领导关系，而计算机安全管理系统的信息传递关系是纵横交错的网状结构。只有这种现代安全管理形式的管理结构，才能充分发挥计算机安全信息管理系统的整体功能。

（2）企业安全管理基础数据的科学化。企业生产中产生的大量有关安全的数据，都是进行安全管理的重要基础。为使其达到准确、可靠、统一，在每次企业安全管理的整顿中都要花费很多力量，而数据库技术的应用，能较容易地实现企业安全数据的完整和统一。

（3）安全管理决策的最优化。在企业安全管理系统中，计算机可以越来越多地应用于系统工程方法、管理科学方法和定量分析技术，减少安全管理决策中的主观随意性，尽量少用文字来反映各种关系，使安全管理工作更加周密，安全决策更加科学。

（4）企业安全管理性质的现代化。应用安全管理信息系统，信息的收集、转移等重复的事务性工作都由计算机执行，从而使安全管理人员从烦琐的事务性工作中解脱出来，能够调查、分析安全生产中存在的问题，制定、改进和提高安全管理水平的措施，考虑如何将管理业务在人与计算机之间进行最佳分工等问题。

（5）建立有效的事故动态控制系统工程。事故动态宏观控制是对事故的总体波动进行控制，事故动态控制工程是一个多因素、多变量，受多种条件制约、随时间变化的，复杂的动态系统。只有在安全信息管理系统的基础上，系统中各子系统在统一指挥下协调工作，才能实现最佳的控制效果。

第四节　安全管理信息系统的开发

安全管理信息系统开发过程是企业或组织安全管理水平提高的过程。安全管理信息系统开发的参与者涉及多个主体，各类人员在安全管理信息系统开发过程中相互作用，使安全管理理念有所提升，使组织优化、事故预测超前化等。安全管理信息系统的开发有自身的规律，还必须有严密的组织配合。总之，安全管理信息系统开发的目的是建立有助于企业或组织安全管理效率提高的信息系统。

一、安全管理信息系统开发的主体

安全管理信息系统开发是指根据组织的问题和机会建立一个信息系统的全部活动，系统开发的好坏直接影响到整个系统的成败。要使系统开发成功，就必须研究信息系统开发中所涉及的各个不同的主体及其在系统开发中的作用。

从广义上看，安全管理信息系统开发所涉及的主体有两个：其一是用户或需求主体；其二是系统开发人员或供给主体。安全管理信息系统开发是一个复杂的系统工程，是一个需求主体与供给主体相互作用、共同开发的过程。

在相当长的一段时间里，人们把信息系统看作是计算机在某个组织中的应用，是需求方提出需求，由供给方单方面完成的一种技术项目或出售的一种“产品”。然而，当人们把信息系统的开发视为一种简单的工程或项目，等到工程或项目竣工验收之时，可能会出现用户认为开发人员所提供的系统不完全满足自己的需求，甚至断定不是自己所需求的系统。许多系统开发不成功，就是由此原因造的。因此，系统开发过程应是所涉及的各个主体相互合作、相互了解的过程，也是各主体相互适应的过程。

二、安全管理信息系统开发的任务和原则

在现代意义下，安全管理信息系统是一个人机系统，安全管理信息系统的开发就是通过一定的活动过程产生一套能在计算机硬件设备、通信设备和系统软件支持下适合于本企业或本单位安全管理工作需要的应用软件系统。安全管理信息系统开发的任务就是根据企业安全管理的战略目标、规模、性质等具体情况，运用安全系统工程方法，按照系统发展的规律为企业建立起计算机化的安全信息系统。其核心工作就是设计出一套适合于现代企业安全管理要求的应用软件系统。

安全管理信息系统自身是一个具有一定功能和结构的系统，这个系统与实体组织系统本身是不同的，但它是实体组织的一种映射，这种映射就决定了信息系统开发应具有如下原则：

(1) 目的性原则。安全管理信息系统开发的目的就是及时、准确地收集企业的数据，并加工成信息，保证信息的畅通，为企业各项决策、生产、计划、控制活动提供依据，使组织或企业各机构和生产环节活动联结为一个统一的整体。

(2) 整体性原则。安全管理信息系统开发的整体性原则是指强调信息系统是一个整体，在开发设计时采用先确定逻辑模型，再设计物理模型的思路。目前人们普遍认为应采用整体设计、分步开发实施的策略。

（3）相关性原则。信息系统是对实体组织系统的一种映射，实体组织系统是由若干具有内在联系的子系统构成的，因此信息系统也是由若干具有内在联系的子系统组成的。在设计与开发信息系统时要充分考虑各子系统的这种内在联系，不但要使各子系统具有独立的功能，还要使各子系统之间在法定的条件下具有良好畅通的接口。这样组成的信息系统的各子系统既有其独立功能，同时又相互联系，相互作用，通过信息流把它的功能联系起来。如果其中一个子系统发生了变化，其他子系统也要做相应的调整，这就是相关性原则。

（4）系统的可扩展性与易维护性原则。信息系统必然与外界发生信息交换，要适应外界环境的变化，能够经常与外界环境保持最佳适应状态的系统，才是理想的系统。因此，在开发信息系统时必须使其具有开放性、扩展性、维护性。只有这样，才能适应不断变化的环境，成为具有生命力的系统。

（5）工程化、标准化的系统开发管理原则。安全管理信息系统开发的组织管理必须采用工程化和标准化的原则。所有的文档和工作成果要按标准存档完成，其优点：一是在系统开发时便于人们沟通，成文的东西不容易产生“歧义性”；二是系统的开发，阶段性成果明显，可以在此基础上继续前进，目的明确；三是未来系统的修改、维护和扩充，因有案可查而变得比较容易。

三、安全管理信息系统开发的方法

系统开发是指针对组织的问题和机会建立一个信息系统的全部活动，这些活动是靠一系列方法支撑的。目前，安全管理信息系统开发的方法主要有生命周期法、原型法、面向对象法等。

1. 生命周期法

生命周期法是指信息系统在设计、开发及使用的过程中，随着其系统生存环境的发展、变化，需要不断维护、修改，当它不再适合的时候就被淘汰，由新系统代替老系统，形成从一个系统的生到死，到再生的周期性循环。这个过程通常称为系统开发生命周期（System Development Life Cycle，简称 SDLC）。信息系统开发的生命周期中所经历的各个阶段如图 9－6 所示。

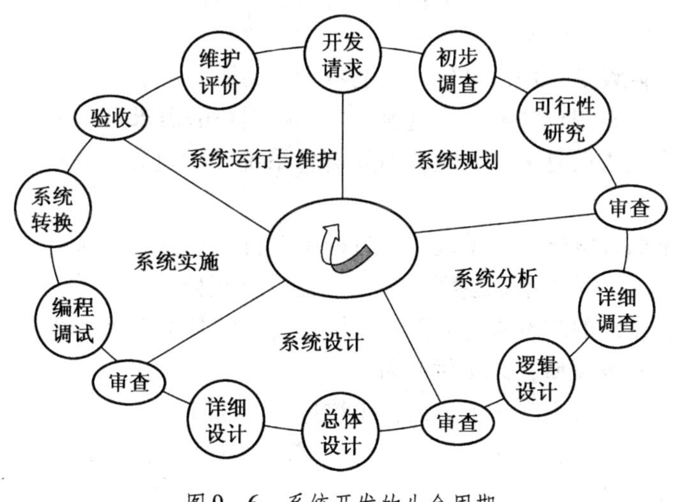

图 9－6　系统开发的生命周期

由图 9－6 可知，系统开发的生命周期可以分为系统规划、系统分析、系统设计、系统实施、系统运行与维护 5 个阶段。用生命周期法开发系统，既是一种信息系统的开发方法，又体现了一种系统开发的基本思想。生命周期法具有以下特点：

（1）生命周期法通常假定系统的应用需求是预先描述清楚的，排除了不确定性，用户的要求是系统开发的出发点和归宿。

（2）系统开发各阶段的目的明确、任务清楚、文档齐全，每个开发阶段的完成都有局部审定记录，开发过程调度有序。

（3）生命周期法常采用结构化思想，自上而下，有计划、有组织、分步骤地开发信息系统，开发过程清楚，每一个步骤都有明确的结果。

（4）工作成果文档化、标准化。工作各阶段的成果以分析报告、流程图、说明文件等形式确定，使整个开发过程便于管理和控制。因此，在信息系统开发中，生命周期法是迄今为止最成熟、应用最广泛的一种工程方法。这种方法有严格的工作步骤和规范化要求，使系统开发走上了科学化、工程化的道路。但是，这种方法也有不足之处和局限性，主要体现在：

（1）用户介入系统开发的深度不够，系统需求难以确定。用户往往不能准确地描绘现行信息系统的现状和未来目标，分析人员在理解上也会有偏差和错误，造成了系统需求定义的困难；组织的管理体制很难保持不变，要求系统开发具有高度的可变性，而这正是生命周期法所忌讳的。

（2）开发周期长。一方面，用户在较长时间内不能得到一个可实际运行的物理系统。另一方面，系统难以适应环境变化，系统尚未开发出来可能就已经过期了。

（3）生命周期法在应用中分为各个阶段，文档多，文档对后期的影响大，若上一阶段文档有不明确之处或确实有错，将造成后续工作的失败和无效。这种开发方法是一种冗长、线性的过程，适合于开发规模大、高度结构化的应用系统。

2. 原型法

原型法（Prototyping）的基本思想是在投入大量的人力、物力之前，在限定的时间内，用经济的方法开发出一个可实际运行的系统原型，以便尽早澄清不明确的系统需求。在原型系统的运行中，用户发现问题，提出修改意见，技术人员完善原型，使它逐步满足用户的要求。

原型法的基本假设是：用户事先不可能对自己的所有需求都清楚，因此系统开发人员事先也不可能完全了解用户的需求。这意味着了解用户的需求是一个渐进的过程，需要系统开发人员与用户进行反复多次沟通。因此信息系统开发过程中先解决一部分主要问题，然后再逐步完善。

原型法的基本假设意味着在系统开发过程中有自己独特的要求与过程。其一，要有快速的建造工具；其二，需要系统模型；其三，允许反复修改且认为这是必要的。基于此，用原型法开发信息系统的基本步骤如下：①确定用户的基本需求；②设计初始原型；③使用和评价原型；④修改原型；⑤交付产品。

原型法的优点主要表现在 5 个方面：①增进用户与开发人员之间的沟通；②用户在系统开发过程中起主导作用；③辨认动态的用户需求；④启迪衍生式的用户需求；⑤缩短开发周期，降低开发风险。

原型法的不足之处有：①与生命周期法相比，原型法不成熟，不便于管理控制；②原型法需要有自动化工具加以支持；③由于大量用户的参与，也会产生些新的问题，如原型的评估标准是否完全合理；④在修改过程中，原型的开发者容易偏离原型的目的，疏忽了原型实际环境的适应性及系统的安全性、可靠性等要求，直接将原型系统转换成最终产品。这种过早交付产品的结果，虽然缩短了系统开发时间，但是损害了系统质量，增加了维护代价。

3. 面向对象法

面向对象（Object Oriented）法是由面向对象程序设计（Object Oriented Programming，OOP）法发展起来的，称 OO 方法。面向对象法强调对现实世界的理解和模拟，便于由现实世界转换到计算机世界。这种方法特别适合于系统分析和设计，现在这种方法已经扩展到计算机科学技术的众多领域，如面向对象的体系结构、程序设计语言、数据库、人工参数、软件开发环境以及面向对象的硬件支持等，逐步形成面向对象的理论与技术体系。

1）面向对象法的程序设计的基本思想

（1）客观世界的任何事物都是对象（Object）。它们都有些静态属性和相关的操作。对象作为一个整体，对外不必公开这些属性与操作。这就是对象的封装性（Encapsulation）。

（2）对象之间有抽象与具体、群体与个体、整体与部分等几种关系，这些关系构成对象的网络结构。

（3）抽象的、较大的对象所具有的性质自然成为其子类的性质，而不必加以说明。这就是继承性（Inhertance）。

（4）对象之间可以互送消息（Masseage）。消息可以是传送的一个参数，也可以是使这个对象开始的某个操作。

程序设计包括数据结构和算法（功能）两个方面，即信息的静态结构和对它的处理。对象这个概念把这两个方面结合起来，使程序设计的思想方法更接近人们的思维方式。面向对象的程序设计为人们提供了更有力的认识框架。这一认识框架迅速扩展到程序设计范围之外，相继出现了面向对象的数据库管理系统、系统分析、系统设计，逐步形成一套完整的方法。

2）面向对象法的基本思路

（1）从问题空间中客观存在的事物和走访用户出发，获得一组要求。

（2）用统一建模符号构造对象模型，以对象作为系统的基本构成单位，事物的静态特征用对象的属性表示，事物的动态特征用对象的服务表示，对象的属性和服务结合为一体，成为一个独立的实体，对外屏蔽其内部的细节。

（3）识别与问题有关的类、类与类之间的联系以及与解决方案有关的类（如界面）。

（4）对设计类及其联系进行调整，使其如实地表达问题空间中事物之间实际存在的各种原关系，对类及其联系进行编码、测试就得到可直接映射问题空间的系统结构。

与生命周期法、原型法相比，面向对象法具有自己的特点，主要有：

（1）把功能及数据看作是服务与属性的高度统一，适合人类思维的特点，便于对问题空间的理论和系统的开发，提高了软件的开发质量。

（2）对需求的变化具有较强的适应性，满足了客观世界迅速变化对软件弹性的要求。

（3）较好地处理了软件的规模和复杂性增加带来的问题，适应客观世界发展和问题空间不断复杂化的需要。

（4）通过直接模仿应用领域的实体得到抽象与对应，通过对象间的协作完成任务，使规格说明、系统设计更易于理解。

（5）界面更少，提高了模块化和信息隐藏程度，符合客观世界的发展趋势。

四、安全管理信息系统开发的组织与管理

1. 安全管理信息系统开发的准备工作

安全管理信息系统的开发是一个复杂的系统工程。国内外经验证明，欲建立安全管理信息系统并达到设计目标，使安全管理效率得到提高，总体效益得到改善，起到预防和控制事故的作用，就必须做好以下准备工作：①与需求主体充分沟通，相互配合；②建立系统开发组织机构，组织一支拥有不同层次的管理和技术队伍；③计算机设备筹备完善，并具有一定的科学管理基础；④制订投资计划，明确资金资源，确保资金按期到位。

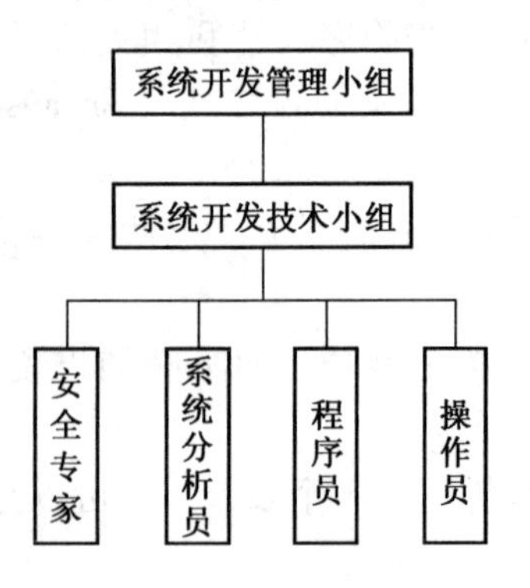

图9－7　系统开发组织结构示意图

安全管理信息系统开发前要建立组织机构，这是保证其开发成功的关键因素。安全管理信息系统开发主要包括两个方面：其一是系统开发管理小组；其二是系统开发技术小组。系统开发组织结构如图9－7所示。

系统开发管理小组的任务是制定安全管理信息系统规划，在开发过程中，根据客观发展情况进行决策，协调各方面的关系，控制开发进度。小组成员应包括一名企业领导、系统开发项目负责人、有经验的系统分析师以及用户、各主要部门的业务负责人。

管理小组的职责范围如下：

（1）提出建立新系统的规划和总策略。

（2）保证满足企业不同部门对新系统的要求。

（3）对开发工作进行监督与控制；对项目的目标、预算、进度、工作质量进行监督与控制；检查每个阶段和每一步骤的工作报告；组织阶段验收；提出继续开发或暂停开发的建议。

（4）协调系统开发中有关的各项工作。

（5）向上级组织报告系统开发工作的进展情况。

（6）委任新的组织机构的主要工作人员，规定他们的职责范围。

系统开发技术小组由系统分析员或系统工程师负责。其具体任务是根据系统目标和系统开发管理小组的指导开展具体工作。这些工作包括开发方法的选择；各类调查的设计和实施；调查结果的分析；撰写可行性报告；系统的逻辑设计；系统的物理设计；系统的具体编程和实施；制定新旧系统的交接方案；监控新系统的运行；如果需要，协助组织进行新的组织机构变革和新的管理规章制度的制定。

系统开发中各类技术人员的职责和能力要求见表9－2。

2. 系统开发的策略选择

系统开发有多种方式，应根据资源情况、技术力量、外部环境等因素选择。不论采用

哪种方式，都需要单位领导者和业务人员参加。系统开发方式见表9－3。

表9－2　系统开发中各类技术人员的职责和能力要求

工作类型	职责和能力要求
系统分析员	同用户共同确定信息需求，编写系统说明书；熟悉企业管理和信息系统开发过程，有较好的表达能力，以及与他人协同工作的能力
系统设计员	设计信息系统，定义硬件、软件要求；精通计算机硬件和软件，有根据信息流和组织目标改变组织职能的能力
应用程序员	设计、调试计算机应用程序
程序维护员	维护现有程序
数据库管理员	管理和控制企业的数据库
计算机操作员	操纵计算机设备
文件库管理员	保存、收发计算机使用文件，进行文件整理归档
控制员	记录各种控制信息，检查控制流程
规划员	规划信息系统的前景

表9－3　系统开发方式

特　　点	自行开发	委托开发	购买现成的软件包	联合开发
分析、设计力量的要求	非常重要	不太需要	少量培养	逐步培养
编程力量的要求	非常重要	不需要	少量需要	需要
系统维护	容易	较困难	困难	较容易
开发费用	少	多	较少	较多

（1）自行开发的优点是可以得到适合本单位的满意系统，通过系统开发培养自己的力量。缺点是开发周期往往较长。自行开发需要强有力的领导，有足够的技术力量，需要进行一定的咨询。

（2）委托开发从用户角度讲最省事，但必须配备精通业务的人员参加，经常检查、协调。这种方式开发费用较高，系统维护比较困难。

（3）购买现成的软件包最省事。但要买到完全适合本单位的、满意的软件也不容易。购买现成的软件包需要有较强的鉴别能力。

（4）联合开发对于培养自己的技术力量最为有利，系统维护也比较方便。但条件是双方要精诚合作，自己有一定的系统分析和设计力量。这种方式最适合我国目前的情况。

3. 系统开发的计划与控制

系统开发是一项涉及众多因素、耗资大、时间长、风险大的工程，必须进行计划和控制，即项目管理。项目管理的目的是保证工程项目在一定资源情况下如期完成，即控制计划的执行。项目管理体现在4个方面，即资源保证、进度保证、审核批准、进度和费用统计。

五、安全管理信息系统开发的过程

安全管理信息系统的开发过程包括各类数据资料的整理分析与规范化、需求分析、安全信息库的结构设计、应用程序设计、数据录入、试运行、综合调试和数据处理与维护等。在系统的开发过程中，系统的基本配置方案应根据安全信息管理的实际需要和当前计算机软件的发展情况，选用易于使用、满足开发功能和具有多媒体处理功能的新软件或成熟软件。

安全管理信息系统开发的生命周期全过程包括系统规划、系统分析、系统设计、系统实施、系统运行与维护 5 个阶段。各阶段的主要技术步骤如下：

（1）系统规划阶段的任务是对企业环境、目标、现行系统的状况进行初步调查。根据企业发展战略制定信息系统的目标；具体分析现有安全管理基础工作状况，分析并预测新系统的信息需求，确定系统功能和系统规格；同时根据系统的种种环境因素，研究建设新系统的必要性和可能性，并从技术和经济等方面研究其可行性。

（2）系统分析阶段的任务是根据系统规划的方案所确定的范围，对现行系统进行详细调查，描述现行系统的安全生产流程，指出现行系统的局限性和不足之处，确定新系统的基本目标和逻辑功能要求，即提出新系统的逻辑模型。这个阶段又称为逻辑设计阶段，其任务是回答系统“做什么”的问题。其工作量庞大且要求较高，需要做深入、细致的工作，并需要对采集或收集后的数据进行分类整理，按照统一的格式做规范化处理。

（3）系统设计阶段要回答的问题是“怎么做”，是安全信息管理系统研究开发的关键。该阶段的任务是根据系统说明书中规定的功能要求，考虑实际条件，具体设计实现运行模型的技术方案，即设计新系统的物理模型。这个阶段又称为物理设计阶段，分为总体设计和详细设计，形成“系统设计说明书”。

（4）系统实施阶段是在系统设计的基础上，将设计意图转换为可执行的人机信息系统。针对安全信息管理对象设计各个程序模块，选择合适的程序设计和必要的软件工具。按模块分别编写相应的计算机程序。为了确保程序运行通畅，在单模块调试运行的基础上，连接系统的各子模块，进行系统综合测试，完成系统集成和综合试运行。这一阶段的任务包括设备购置、安装和调试，程序的编写和调试，人员培训，建立数据库，系统调试与转换等。

（5）系统运行与维护阶段是指在系统投入运行后，需要经常进行维护和评价，记录系统运行的情况，根据一定的规格对系统进行必要的修改，评价系统的工作质量和工作效益，包括系统目标的科学性、软件程序设计的正确性、有关预测管理数学模型准确性的验证和整个系统运行的维护完善等工作。

综上所述，运用安全信息管理技术，把系统科学、信息科学引入安全工作领域，从性能、经费、时间等整体条件出发，针对系统生命周期，分别构思从设计、制造、运行、储存、运输到生产施工乃至废弃物处置等所有阶段安全防范对策。通过实施综合性的安全分析与评价，预测可能发生的事故和灾害（人员伤亡或财产损失）的演变趋势，为安全生产管理决策提供支持，使其在消除隐患、预防事故、促进生产、保障效益等方面发挥越来越大的作用。

复习思考题

1. 什么是信息？信息与数据有什么关系？

2. 安全信息是什么？常见的安全信息应用方式有哪些？如何理解安全信息在安全管理工作中所起的作用？

3. 安全管理信息系统的主要特点有哪些？具有哪些基本功能？

4. 安全管理信息系统的任务是什么？开发原则有哪些？

5. 信息系统开发过程及其相应任务有哪些？

第十章　企业安全管理

本章概要和学习要求

本章主要讲述了矿山安全管理、矿山企业安全管理体制和制度、矿山安全管理计划编制和实施、矿山安全检查和隐患整改、煤矿安全生产投入和管理、化工生产安全管理要求、设备检修的安全管理、生产装置的安全管理、建筑业与建筑安全生产形式、建筑安全管理的概念及特点、建筑工程项目全寿命周期安全管理、建筑安全管理模式、建筑施工企业建立健全安全生产责任制、特种设备安全管理、消防安全管理。通过本章学习，要求学生了解矿山安全管理计划编制和实施、矿山安全检查和隐患整改、设备检修的安全管理、生产装置的安全管理、建筑业与建筑安全生产形式、建筑安全管理模式、建筑施工企业建立健全安全生产责任制、特种设备安全管理、消防安全管理，掌握矿山安全管理、矿山企业安全管理体制和制度、煤矿安全生产投入和管理、化工生产安全管理要求、建筑安全管理的概念及特点、建筑工程项目全寿命周期安全管理等。

第一节　矿山安全管理

一、矿山安全管理概述

矿山安全管理是指对矿山企业生产过程中安全工作的管理，是矿山企业管理的重要组成部分，是管理层对企业安全工作进行计划、指挥、协调和控制的一系列活动，借以保护职工的安全和健康，保证矿山企业生产的顺利进行，促进企业提高生产效率。

1. 矿山安全管理的目的

矿山安全管理的目的是提高矿井灾害防治科学水平，预先发现、消除或控制生产过程中的各种危险，防止发生事故、职业病和环境灾害，避免各种损失，最大限度地发挥安全技术措施的作用，提高安全投入效益，推动矿井生产活动的正常进行。

2. 矿山安全管理的内容

矿山安全管理的内容主要包括以下3个方面：

1）安全管理的基础工作

安全管理的基础工作包括建立纵向专业管理、横向各职能部门管理以及与群众监督相结合的安全管理体制；以企业安全生产责任制为中心的规章制度体系；安全生产标准体系；安全技术措施体系；安全宣传及安全技术教育体系；应急与救灾救援体系；事故统计、报告与管理体系；安全信息管理系统；制订安全生产发展目标、发展规划和年度计划（矿井灾害预防与处理计划）；开展危险源辨识、评估评价和管理；进行安全经费管理等。

2）生产建设中的动态安全管理

生产建设中的动态安全管理主要指企业生产环境和生产工艺过程中的安全保障，包括生产过程中人员不安全行为的发现与控制；设备安全性能的检测、检验和维修管理；物质流的安全管理；环境安全化的保证；重大危险源的监控；生产工艺过程安全性的动态评价与控制；安全监测监控系统的管理；定期、不定期的安全检查监督等。

3）安全信息化工作

安全信息化工作包括对国际国内安全信息、煤炭行业安全生产信息、本企业内安全信息的搜集、整理、分析、传输、反馈，安全信息运转速度的提高，安全信息作用的充分发挥等方面，以提高安全管理的信息化水平，推动安全生产自动化、科学化、动态化。安全管理是随着社会和科学技术的进步而不断发展的。现代安全管理主要是在传统安全管理的基础上，注重系统化、整体化、横向综合化，运用新科技和系统工程的原理与方法进行安全管理，强调八大要素（法规、机构、队伍、人、财、物、时间和信息）管理，办法是完善系统，达到本质安全化，工作以完善系统、“事前”为主。其内容包括：系统危险性的识别；系统可能发生事故类型和后果预测；事故原因和条件的分析，可作定性分析，也可作定量分析，可作“事后”分析，主要作“事前”分析，根据具体情况和要求而定；针对系统作可靠性或故障率的分析；用人机工程的控制研究人机关系及其最佳配合；环境（社会环境、自然环境、工作环境）因素的研究；安全措施；应急措施。

3. 矿山安全管理的常用方法

1）安全检查法

安全检查又称安全生产检查，是矿山企业根据生产特点，对生产过程中的安全生产状况进行经常性、定期性、监督性的管理活动，也是促使矿山企业在各个生产活动的过程中，贯彻方针、执行法规、按章作业、依制度办事，实施对安全生产管理的一种实用管理技术方法。

安全检查的内容很多，最常用的提法是“六查”，即查思想、查领导、查现场、查隐患、查制度、查管理。具体实施方法是必须贯彻领导与群众相结合、自查和互查相结合、检查和整改相结合的原则，防止走形式、走过场。

2）安全目标管理法

安全目标管理是安全管理的集中要求和目的所在，是指将企业一定时期的安全工作任务转化为明确的安全工作目标，并将目标分解到本系统的各个部门和个人，各个部门和个人严格、自觉地按照所定目标进行工作的一种管理方法。它也是实施全系统、全方位、全过程和全员性安全管理，提高系统功能，达到降低事故发生率、实现安全目标值、保障安全生产之目的的重要策略。它是矿山在安全管理中应用较为广泛的一种方法。

3）戴明循环管理法

戴明循环管理法又叫 PDCA（即 Plan，计划；Do，实施；Check，检查；Action，处理）循环法，是美国人戴明提出的一种企业管理方法，其实质是把管理工作分为 4 个阶段，按 8 步循环提高，即：

（1）分析现状，找出问题，即查隐患。

（2）分析产生问题的情况，即查原因。

（3）找出主要影响因素，即找关键。

（4）制订整改计划与措施，即定措施。

（5）实施措施与计划，即实施。

（6）检查决策实施效果，即检查。

（7）实行标准，巩固成果，即总结经验。

（8）转入下一循环处理的问题，即转入下期。

4）系统工程管理法

矿山安全系统工程是以现代系统安全管理的理论基础和主要方法为指导来管理矿井的安全生产，可以改变传统的安全管理现状，实现系统安全化，达到最佳的安全生产效益。矿山安全生产工程研究的内容多、范围广，主要包括：

（1）研究事故致因。事故发生的原因是多方面的，归纳起来有 4 个方面：人的不安全行为、物（机）的不安全状态环境、不安全条件和管理上的缺陷。

（2）制订事故预防对策。制订事故预防三大对策，即工程技术对策（本质安全化措施）、管理法制对策（强化安全措施）和教育培训对策（人治安全化措施）。

（3）教育培训对策。按规定要求对职工进行安全教育培训，提高其安全意识和技能，使职工按章作业，不出现不安全行为。

4. 矿山系统安全预测

预测是运用各种知识和科学手段，分析研究历史资料，对安全生产发展的趋势或结果进行事先的推测和估计。系统安全预测的方法种类繁多，矿山常用的大致可分为以下 3 类：

（1）安全生产专业技术方面。如矿压预测预报、煤与瓦斯突出预测预报、煤炭自燃预报、水害预测预报、机电运输故障预测预报等。

（2）安全生产管理技术方面。如回看历史法、过程转移法、检查隐患法、观察预兆法、相关回归法、趋势外推法、控制图法、管理评定法等。

（3）人的安全行为方面。如人体生物节律法、行为抽样法、心理归类法、思想排队法、行动分类法、年龄统计法等。

矿山在生产过程中，最常用的是观察预兆法和检查隐患法等，管理方面最常用的是回看历史法、相关回归法、管理评定法和人体生物节律法等，而安全生产技术方面最常用的是预测预报法。

5. 矿山系统安全评价法

系统安全评价包括危险性确认和危险性评价两个方面。安全评价的根本问题是确定安全与危险的界限，分析危险因素的危险性，采取降低危险性的措施。评价前要先确定系统的危险性，再根据危险的影响范围和公认的安全指标，对危险性进行具体评价并采取措施消除或降低系统的危险性，使其在允许的范围之内，评价中的允许范围是指社会允许标准，它取决于国家政治、经济和技术等。通常可以将评价看成既是一种“传感器”，又是一种“检测器”。前者是感受传递企业安全生产方面的数量和质量的信息；后者主要是检查安全生产方面的数量和质量是否符合国家（或上级）规定的标准和要求。

二、矿山企业安全管理体制和制度

我国的安全生产方针是“安全第一，预防为主，综合治理”。

“安全第一”的内涵有：一是在矿山生产建设整个过程中，要树立人是最宝贵的思想，把职工生命安全放在第一位；二是在矿山生产建设整个过程中，必须把职工生命安全和健康作为第一位工作来抓；三是把“安全第一”作为矿山搞好生产建设总的指导思想和行动准则。

我国的矿山安全管理体制是国家监察、地方监管、企业负责，必须认真贯彻“安全第一，预防为主，综合治理”的方针，遵循“装备、管理、培训并重”的原则，采用“综合治理，总体推进”的方法，落实矿山安全主体责任制，确保矿山安全生产。

为落实矿山安全主体责任制，矿山必须建立以下安全管理基本制度。

1. 矿山安全生产责任制度

安全生产责任制度是最基本的安全管理制度，是所有安全管理制度的核心，是“企业负责”的具体落实。安全生产责任制的实质是“安全生产，人人有责”，核心是将各级管理人员、各职能部门及其工作人员和岗位生产人员在安全管理方面应做的事情和应负的责任加以明确规定。企业应遵循“横向到边，纵向到底”的原则建立安全生产责任管理体系。纵向上，从安全生产第一责任人到最基层，其安全生产组织管理体系可分为若干个层次。横向上，企业又可分为生产、经营、技术、教育等系统，而生产又有设备、动力等部门。部门负责可以有效地调动各个系统的主管领导搞好分管范围内的安全生产的积极性，形成人人重视安全、人人管理安全的局面。

2. 安全目标管理制度

安全目标管理是指矿山企业将一定时期的安全工作任务转化为安全工作目标，制定安全目标体系，并层层分解到本企业的各个部门和个人，各个部门和个人按照所制定的目标制定相应的对策措施。安全目标管理制度应依据政府有关部门或上级下达的安全指标，结合实际制定年度或阶段安全生产目标，并将指标逐渐分解，明确责任、保证措施、施行考核和奖惩。

3. 安全办公会议制度

结合矿山实际情况制定。

4. 安全技术措施审批制度

安全技术措施审批制度包括：

（1）安全技术措施编制和审批的依据；

（2）采煤工作面作业规程及安全技术措施的审批；

（3）掘进工作面作业规程及安全技术措施的审批；

（4）安全技术措施的审批。

5. 安全检查制度

安全检查是消除隐患、防止事故、改善劳动条件的重要手段，安全检查制度，应保证有效地监督安全生产规章制度、规程、标准规范等执行情况；重点检查矿井“一通三防”的装备、管理情况；明确安全检查的周期、内容、检查标准、检查方式、负责组织检查的部门和人员对检查结果的处理办法。对查出的问题和隐患应按“五定”原则（定项目、定人员、定措施、定时间、定资金）落实处理，并将结果进行通报及存档备案。

6. 事故隐患排查制度

事故隐患排查制度应保证及时发现和消除矿井在通风、瓦斯、煤尘、火灾、顶板、机电运输、爆破、水害和其他方面存在的隐患；明确事故隐患的识别、登记、评估、报告、监控和治理标准；按照分级管理的原则，明确隐患治理的责任和义务，并保证隐患治理资金的投入。

7. 安全教育与培训制度

安全教育与培训制度应保证矿山企业职工掌握本职工作应具备的法律法规知识、安全知识、专业技术知识和操作技能；明确企业职工教育与培训的周期、内容、方式、标准和考核办法；明确相关部门安全教育与培训的职责和考核办法；明确年度安全生产教育与培训计划，确定任务，保证安全培训的条件，落实费用。

8. 安全投入保障制度

安全投入保障制度应按国家有关规定建立稳定的安全投入资金渠道，保证新增、改善和更新安全系统、设备、设施，消除事故隐患，改善安全生产条件，安全生产宣传、教育、培训、安全奖励、推广应用先进安全技术措施和管理、抢险救灾等均有可靠的资金来源；安全投入应能充分保证安全生产需要，安全投入资金要专款专用；矿山企业应当编制年度安全技术措施计划，确定项目，落实资金、完成时间和责任人。

9. 矿山负责人和管理人员下井及带班制度

依据国家安全生产监督管理总局令第33号《煤矿领导带班下井及安全监督检查规定》执行。

10. 劳动防护用品发放与使用制度

该制度应符合有关法规和标准的要求，内容应包括劳动防护用品的质量标准、发放标准、发放范围以及劳动防护用品的使用监督检查等。

11. 矿用设备、器材使用管理制度

矿用设备、器材使用管理制度，应保证在用设备、器材符合相关标准，保持完好状态；明确矿用设备、器材使用前检测标准程序、方法和检验单位、人员的资质；明确使用过程中的检验标准、周期、方法和校验单位、人员的资质；明确维修、更新和报废的标准、程序和方法。

12. 矿井主要灾害预防管理制度

矿井主要灾害预防管理制度要明确可能导致重大事故的"一通三防"、防治水、冲击地压、职业危害等主要危险，有针对性地分别制定专门制度，强化管理，加强监控，制订预防措施。

13. 矿山事故应急救援制度

矿山事故应急救援制度，要制定事故应急救援预案，明确发生事故后的上报时限、上报部门、上报内容、应采取的应急救援措施等。

14. 安全奖罚制度

安全奖罚制度必须兼顾责任、权利、义务，规定明确，奖罚对应；明确奖罚的项目、标准和考核办法。

15. 入井检身与出入井人员清点制度

入井检身与出入井人员清点制度，明确入井人员禁止带入井下的物品和检查方法；明确人员入井、升井登记、清点和统计、报告办法，保证准确掌握井下作业人数和人员名单，及时发现未能正常升井的人员并查明原因。

16. 安全操作规程管理制度

操作规程要涵盖从进入操作现场、操作准备到操作结束和离开操作现场全过程的各个操作环节。要分别制定各工种的岗位操作规程，明确各工种、岗位对操作人员的基本要求、操作程序和标准，明确违反操作程序和标准可能导致的危险和危害。

17. 安全生产现场管理制度

安全生产现场管理制度要明确现场管理人员的职责、权限，现场管理内容和要求以及现场应急处置安全质量标准化管理制度等方面的内容。

18. 安全质量标准化管理制度

安全质量标准化管理制度要明确年度达标计划和考核标准，明确检查周期、考核评级奖惩办法、组织检查的部门和人员等方面的内容。

三、矿山安全管理计划编制和实施

1. 安全管理计划的含义

一般来说，所谓计划就是指未来行动的方案。它具有3个明显的特征：必须与未来有关；必须与行动有关；必须由某个机构负责实施。这就是说，计划就是人们的一种事先对行动及目的的“谋划”，中国古代所说的“凡事预则立，不预则废”“运筹帷幄之中，决胜千里之外”说的是这种计划。

安全管理计划，成为一种安全管理职能，是由下列原因决定的：

（1）安全生产活动作为人改造自然的一种有目的的活动需要在安全工作开始前就确定安全工作的目标。

（2）安全活动必须以一定的方式消耗一定质量和数量的人力、物力和财力资源，这就要求在安全活动前对所需资源的数量、质量和消耗方式作出相应的安排。

（3）企业安全活动本质上是一种社会协作活动，为了有效地进行协作，必须事先按需要安排好人力资源，并把人们的行动相互协调起来，为实现共同的安全生产目标而努力工作。

（4）企业安全活动需要在一定的时间和空间中展开，为了使之在时间和空间上协调，必须事先合理地安排各项安全活动的时间和空间。如果没有明确的安全管理计划，安全生产活动就没有方向，人、财、物就不能合理组合，各种安全活动的进行就会出现混乱，活动结果的优劣也没有评价的标准。

2. 安全管理计划的作用

计划作为企业安全生产管理的职能，已经有很长的历史。计划在安全管理中的作用，主要表现在以下3个方面。

（1）安全管理计划是安全决策目标实现的保证。安全管理计划是为了具体实现已定的安全决策目标，而对整个安全目标进行分解，计算并筹划人力、财力、物力，拟定实施步骤、方法和制订相应的策略、政策等一系列安全管理活动。安全管理计划能使安全决策目标具体化，为组织或个人在一定时期内需要完成什么，如何完成提出切实可行的途径、措施和方法，并筹划出人力、财力、物力资源等，因而能保证安全决策目标的实现。

（2）安全管理计划是安全工作的实施纲领。任何安全管理都是安全管理者为了达到一定的安全目标对管理对象而实施的一系列的影响和控制活动，这些活动包括计划、组织、指挥、控制等。安全管理计划是安全管理过程的重要职能，是安全工作中一切实施活动的纲领。只有通过计划，才能使安全管理活动按时间、有步骤地顺利进行。

（3）安全管理计划能够协调、合理利用一切资源，使安全管理活动取得最佳效益。安全管理计划必须统筹安排、反复平衡、充分考虑相关因素和时限，而安全管理计划工作能够通过经济核算，合理地利用企业的人力、物力和财力资源，有效地防止可能出现的盲目性和紊乱，使企业安全管理活动取得最佳的效益。

3. 安全管理计划的内容和形式

1）安全管理计划的内容

由于各行各业的工作性质不同，承担的任务和完成任务的主客观条件不一样，因此计划有大有小、内容有详有略，有的相当完备、有的十分简单。但是，安全管理计划必须具备3个要素：

（1）目标。这是安全管理计划的灵魂。安全管理计划就是为完成安全工作任务而制定的。安全工作目标是安全管理计划产生的导因，也是安全管理计划的奋斗方向。没有努力方向，没有要求和指标，就没有必要制定计划。因此，制订安全管理计划前，要分析研究安全工作现状，并明确无误地提出安全工作的目的和要求，以及提出这些要求的根据。使安全管理计划的执行者事先就知道安全工作未来的结果。

（2）措施。有了既定的安全工作任务还必须有完成任务的措施和方法。这是实现安全管理计划的保证。措施和方法主要指达到既定安全目标需要什么手段，动员哪些力量，创立什么条件，排除哪些困难。如果是集体的计划，还要写明某项安全任务的责任者，便于检查监督，以确保安全管理计划的实施。

（3）步骤。步骤也就是工作的程序和时间的安排。而在实施当中，又有轻重缓急之分，哪是重点、哪是非重点，有个明确的认识，因此，在制定安全管理计划时，有了总的时限以后，还必须有每一阶段的时间要求，人力、物力、财力的分配使用，使有关单位和人员知道在一定的时间内，一定的条件下，把工作做到什么程度，以争取主动协调进行，这是安全管理计划的主要内容。

在具体制定3个要素时，首先要说明安全任务指标。至于措施、步骤、责任者等，应根据具体情况而定。可分开说明，也可在一起综合说明，还可以有分有合地说明。但是，不论哪种编制方法，都必须体现出这3个要素。三要素是安全管理计划的主体部分。除此以外，每份计划还要包括以下内容：①确切的一目了然的标题，把安全管理计划的内容和执行计划的有效期体现出来；②安全管理计划的制订者和制定计划的日期；③有些内容需要用图表来表现，或者需要用文字说明的，还可以把图表或说明附在计划正文后面作为安全管理计划的一个组成部分。

2）安全管理计划的形式

企业安全管理计划的形成是多种多样的，它可以从不同的角度，按照一定的序列进行分类，从而形成一个完整的计划体系。这个计划体系如果按时间顺序来划分，可分为长期计划、中期计划和短期计划；按计划的内容可分为企业安全生产发展计划、企业安全文化建设计划、安全教育发展计划、隐患整改措施计划、班组安全建设计划等；按计划的性质可分为安全战略计划、安全战术计划；按计划的具体化程度可以分为安全目标、安全策略、安全规划、安全预算等；按计划管理形式和调节控制程度的不同可分为指令性计划、指导性计划等。

（1）长期、中期和短期安全管理计划。

① 长期安全管理计划。它的期限一般在 10 年以上，又可称为长远规划或远景规划。长期安全管理计划期限的确定主要考虑以下因素：a. 为实现一定的安全生产战略任务大体需要的时间；b. 人们认识客观事物及其规律性的能力、预见程度，制订科学的计划所需要的资料、手段、方法等条件具备的情况；c. 科技的发展及其在生产上的运用程度等。长期安全管理计划一般只是纲领性、轮廓性的计划，它只有一个比较粗略的远景规划设想。由于计划的期限较长，不确定的因素较多，况且有些因素人们事先也难以预料，因此，它只能以综合性指标和重大项目为主，还必须有中短期计划来补充把计划目标加以具体化。

② 中期安全管理计划。它的期限一般为 5 年左右，由于期限较短，可以比较准确地衡量计划期各种因素的变动及其影响。所以，在一个较大系统中，中期计划是实现安全管理计划的基本形式。它一方面可以把长期的安全生产战略任务分阶段具体化，另一方面又可为年度安全管理计划的编制提供基本框架，因而成为联系长期计划和年度计划的桥梁和纽带。随着计划工作水平的提高，五年计划也应列出分年度的指标，但它不能代替年度计划的编制。

③ 短期安全管理计划。短期安全管理计划包括年度计划和季度计划，以年度计划为主要形式。它是中、长期安全管理计划的具体实施计划和行动计划。它根据中期计划具体规定本年度的安全生产任务和有关措施，内容比较具体、细致准确；有执行单位，有相应的人力、物力、财力的分配，为贯彻执行提供了可能，为检查计划的执行情况提供了依据，从而使中、长期安全管理计划的实现有了切实的保证。长期、中期、短期计划的有机协调和相互配套是企业生存和发展的保证。在安全生产实践过程中，一般的经验是，长期计划可以粗略一些，弹性大一些，而短期计划则要具体、详细些。同时还应注意编制滚动式计划，以解决好长计划与短计划之间的协调问题。

（2）高层、中层、基层安全管理计划。

① 高层计划，高层安全管理计划是由高层领导机构制订并下达到整个组织执行和负责检查的计划。高层安全管理计划一般是战略性的计划，它是对本组织有关重大的、带全局性的、时间较长的安全工作任务的筹划。比如远景规划，就是对较大范围、较长时间、较大规模工作的总方向、大目标、主要步骤和重大措施的设想蓝图。这种设想蓝图虽然有重点部署和战略措施，但并不具体指明有关的工作步骤和实施措施；虽然有总的时间要求，但并不提出具体的、严格的工作时间表。这种远景规划和战略措施全国有、地区有、一个企业也有。全国和地区的一般叫发展战略，企业单位的一般叫经营战略。

② 中层计划。它是中层管理机构制订、下达或颁布到有关基层执行并负责检查的计划。中层计划一般是战术或业务计划。战术或业务计划是实现战略计划的具体安排，它规定基层组织和组织内部各部门在一定时期需要完成什么，如何完成，并筹划出人力、物力和财力资源等。

③ 基层计划。它是基层执行机构制订、颁布和负责检查的计划。基层计划一般是执行性的计划，主要有安全作业计划、安全作业程序和规定等。基层计划的制订首先必须以高层计划的要求为依据，保证高层计划或战略计划的实现。同时，基层计划还应在高层计划许可的范围内，根据自身的条件和客观情况的变化灵活地作出安排。总之，高层计划、中层计划和基层计划三者既有联系，又有区别，它们应在统一计划分级管理的原则下，合

理划分管理权限，做到“管而不死，活而不乱”。

（3）指令性计划和指导性计划。

① 指令性计划。指令性计划是由上级计划单位按隶属关系下达，要求执行计划的单位和个人必须完成的计划。其特点：一是强制性。凡是指令性计划，都是必须坚决执行的，具有行政和法律的强制性。二是权威性。只要以指令形式下达的计划，在执行中就不得擅自更改变换，必须保证完成。三是行政性。指令性计划主要是靠行政办法下达指标完成。四是间接市场性。指令性计划也要运用市场机制，但是，市场机制是间接发生作用的。由此可见，指令性计划只能限于重要的领域和重要的任务，而不能范围过宽。否则，不利于调动基层单位的安全生产积极性。

② 指导性计划。指导性计划是上级计划单位只规定方向、要求或一定幅度的指标，下达隶属部门和单位参考执行的一种计划形式。在市场经济条件下，大部分都是指导性计划。这种计划的特点：一是具有约束性。指导性计划不像指令性计划那样具有法律强制性，只有号召、引导和一定的约束作用，并不强行下属接受和执行。二是具有灵活性。指导性计划指标是粗线条的，有弹性的，给下属单位以灵活活动的余地。三是间接调节性。指导性计划主要通过经济杠杆、沟通信息等手段来实现上级计划目标。

4. 安全管理计划的编制和修订

1）安全管理计划编制的原则

安全管理计划是主观的东西，计划制订的好坏，取决于和客观相符合的程度。为此，在安全管理计划的编制过程中，必须遵循一系列的原则。这些原则如下：

（1）科学性原则。所谓科学性原则，是指企业所制订的安全管理计划必须符合安全生产的客观规律，符合企业的实际情况。只有这样，才有理由要求各部门、各单位主动地按照计划的要求办事。相反，如果安全管理计划不科学，甚至从根本上违背安全生产的客观规律，那么，这样的计划就很难被人接受，即使通过某些强制的方法和手段贯彻下去，也很难实现计划的目标。因此，这就要求安全管理计划编制人员必须从企业安全生产的实际出发，深入调查研究，掌握客观规律，使每一项计划都建立在科学的基础之上。

（2）统筹兼顾的原则。就是指在制订安全管理计划时，不仅要考虑到计划对象系统中所有的各个构成部分及其相互关系，而且还要考虑到计划对象和相关系统的关系，按照它们的必然联系，进行统一筹划。这是因为，安全管理计划的目的是通过系统的整体优化实现安全决策目标；而系统整体优化的关键在于系统内部结构的有序和合理，在于对象的内部关系与外部关系的协调。首先，要处理好重点和一般的关系。在安全生产和生产经营中，有的环节、有的项目关系到企业发展的全局，具有战略意义。对于这些重点，要优先保证它的发展。但是也不能只顾重点忽视其他，没有非重点的发展，就不会有重点的发展。其次，要处理好简单再生产和扩大再生产与安全生产的关系。社会化大生产是以扩大再生产为特征的。但是扩大再生产不能离开简单再生产孤立进行，扩大再生产更不能离开安全生产，否则就失去了前提和基础，失掉了扩大再生产的条件。因此，在对财力物力、人力进行分配时，既要满足简单再生产的需要，又要满足适当的扩大再生产的需要，还必须要满足安全生产的需要。再次，要处理好国家、地方、企业和职工个人之间的关系。按照统筹兼顾的原则，一方面要保证国家的整体利益和长远利益，强调局部利益服从整体利益，眼前利益服从长远利益；另一方面又要照顾到地方、企业和职工个人的利益。只有这样，才能调动各方面的安全生产积极性。

（3）积极可靠的原则。即制订安全管理计划指标一是要积极，凡是经过努力可以办到的事，要尽力安排，努力争取办到；二是要可靠，计划要落到实处，而确定的安全管理计划指标，必须要有资源条件作保证，不能留有缺口。坚持这一原则，把尽力而为和量力而行正确结合起来，使安全管理计划既有先进性，又有科学性，保证生产、安全、效益持续、稳定、健康地发展。

（4）留有余地原则。即所说的弹性原则，是安全管理计划在实际安全管理活动中的适应性、应变能力和与动态的安全管理对象相一致的性质。计划留有余地，包括两方面的内容：一是指标不能定得太高，否则经过努力也达不到，既挫伤计划执行者的积极性，又使计划容易落空；二是资金和物资的安排、使用留有一定的后备，否则难以应付突发事件、自然灾害等不测情况。应当看到，任何计划都只是预测性的，在计划的执行过程中，往往会出现某些人们事先预想不到或无法控制的事件，这将会影响到计划的实现。因此，必须使计划具有弹性和灵活的应变能力，以及时适应客观事物各种可能的变化。

（5）瞻前顾后的原则。就是在制订安全管理计划时，必须有远见，能够预测到未来发展变化的方向；同时又要参考以前的历史情况，保持计划的连续性。为实现安全管理计划的目标，合理地确定各种比例关系。从系统论的角度来说，也就是保持系统内部结构的有序和合理。所以，作计划时，必须对计划的各个组成部分、计划对象与相关系统的关系进行统筹安排。其中，最重要的就是保持任务、资源与需求之间，局部与整体之间，目前与长远之间的平衡。

（6）群众性原则。安全管理计划工作的群众性原则，是指在制订和执行计划的过程中，必须依靠群众、发动群众、广泛听取群众意见。要通过各种形式向群众讲形势、讲任务、提问题、指关键、明是非；要放手发动群众揭矛盾、找差距、定措施。只有依靠职工群众的安全生产经验和安全工作聪明才智，才能制订出科学可行的安全管理计划，也才能激发职工的安全积极性，自觉地为安全目标的实现而奋斗。

2）安全管理计划编制的程序

（1）调查研究。编制安全管理计划，必须弄清计划对象的客观情况，这样才能做到目标明确，有的放矢。为此，在计划编制之前，首先必须按照计划编制的目的要求，对计划对象中的各个有关方面进行现状的和历史的调整，全面积累数据，充分掌握资料。在调查中，一方面要注意全面系统地掌握第一手资料，防止支离破碎、断章取义；另一方面也要注意解剖麻雀，有针对性地把主要安全问题追深追透，反对浅尝辄止，浮于表面。调查有多种形式：从获得资料的方式来看，有亲自调查、委托调查、重点调查、典型调查、抽样调查和专项调查等。调查搞好了，还要对调查材料进行及时、深入、细致的分析，发现矛盾、找出原因、去伪存真、去粗取精。

（2）科学预测。预测，就是通过分析和总结某种安全生产现象的历史演变和现状，掌握客观过程发展变化的具体规律性，揭示和预见其未来发展趋势及其数量表现。预测是制定安全管理计划的依据和前提。因此，在调查研究的基础上，必须邀请有关安全专家参加，进行科学预测，得出科学、可信的数据和资料。安全预测的内容十分丰富，主要有工艺状况预测、设备可靠性预测、隐患发展趋势预测、事故发生的可能性预测等；而从预测的期限来看，则又有长期、中期和短期预测等。

（3）拟定计划方案。经过充分的调查研究和科学的安全管理计划预测，计划者掌握了形成安全管理计划所需的足够的数据和资料，根据这些数据和资料，审慎地提出计划的安全发展战略目标、安全工作主要任务、有关安全生产指标和实施步骤的设想，并附上必要的说明。通常情况下，一般要拟定几种不同的方案以供决策者选择之用。

（4）论证和择定计划方案。这一阶段是安全管理计划编制的最后一个阶段，主要工作大致可归纳为以下几个方面：①通过各种形式和渠道，召集有准备的各方面安全专家的评议会进行科学论证；同时，也可召集职工座谈会，广泛听取意见。②修改补充计划草案，拟出修订稿，再次通过各种形式渠道征集意见和建议。这一程序必要时可反复多次。③比较选择各个可行方案的合理性与效益性，从中选择一个满意的安全管理计划，然后由企业领导批准实行。

由上可见，安全管理计划编制的这套程序，既符合决策科学的要求，也符合群众路线的要求。只要自觉地运用从实际出发的唯物观点和辩证方法，认真地运用科学的安全管理计划方法并走群众路线，就一定能够制订出比较满意的计划。

3）安全管理计划的执行与修订

安全管理计划执行首先要把企业安全管理总目标层层分解落实下去，做到层层有计划、有目标、有措施，按预定的目标、标准来控制和检查计划的执行情况，经常对计划运行情况进行修订和调整，发现偏差，迅速予以解决。这就要加强过程管理。过程管理就是在生产经营活动过程中，通过对过程要素（项目、活动、作业）、对象要素（作业环境、设备、材料、人员）、时间要素和空间要素的系统控制，消除生产经营活动中可能出现的各种危险与有害因素，实现安全生产的目标。过程安全管理基于两个基本理念：①“一切处于受控状态”；②“过程规范化、标准化”。属于过程管理的方法很多，如“四全”管理（全过程、全方位、全天候、全员管理）、标准化作业、安全检查、危险作业安全监护确认制、安全审批制、危险监控法、定置管理法等。

四、矿山安全检查和隐患整改

应根据2010年7月19日《国务院关于进一步加强企业安全生产工作的通知》的规定进行矿山安全检查和隐患整改。

1. 安全隐患检查及整改程序

包括：检查、收集筛选、整改通知、整改、效果评价5个环节，实行闭合回路式管理。

（1）隐患检查。主要是指各级各类人员通过各种渠道检查发现所有作业场所的隐患。如上级检查、公司检查、单位组织的检查、基层管理人员下井（下现场）检查、小班安检员汇报、员工举报等。

（2）隐患的收集筛选。由安检人员负责，每天对所有作业场所通过各种渠道检查出的所有隐患进行全面的收集、筛选、初步确认、分级登记，并按规定录入隐患排查计算机网络管理系统。

（3）整改通知。对已经核实的重大隐患、典型问题，以“整改通知书”的形式，通知基层队组，按要求整改处理。

（4）隐患整改。根据隐患级别要求相关分管领导和各机关科室、基层战线进行限期整改。

（5）效果评价。隐患整改完毕后，依照本制度，由安检科负责评价、验收。每月对各单位隐患整改工作进行总结讲评，把隐患整改情况纳入安全绩效考核中，推进隐患整改工作的开展。

2. 安全隐患分类

（1）按隐患的严重程度、解决难易程度分为A、B、C级。

A级隐患：如国务院第446号令、国家煤矿安全监察局《煤矿重大安全生产隐患认定办法》（试行）及上级相关规定认定为重大隐患的。

B级隐患：违反相关规定，可能造成工程质量低劣、装备运行不正常和设施、装备性能不完好的、需要矿级领导进行处理的隐患。

C级隐患：基层或科室的工作人员违反相关规定，可能造成工程质量低劣、装备运行不正常和设施、装备性能不完好的、各基层或科室能够进行处理的一般隐患。

（2）按隐患的种类分为顶板、通风、瓦斯、煤尘、机电、运输、爆破、水灾、火灾及其他。

3. 安全隐患排除及整改要求

（1）矿山企业要建立安全生产隐患排查、治理制度，组织职工发现和排除隐患。矿山主要负责人应当每月组织一次由相关矿山安全管理人员、工程技术人员和职工参加的安全生产隐患排查。查出的隐患登记建档。

矿山企业要加强现场监督检查，及时发现和查处违章指挥、违章作业和违反操作规程的行为。发现存在重大隐患，要立即停止生产，并向矿山主要负责人报告。

（2）责任划分。矿长是隐患整改第一责任者，对隐患整改全面负责。各分管领导、总工程师对矿长负责，是分管范围内隐患整改的组织领导者，具体组织实施隐患的整改；各科室负责人是本业务范周内隐患整改业务管理的第一责任者；各基础负责人是本责任区域内隐患整改的第一责任者；班组长是本班安全生产隐患排查的第一责任人；职工个人是本岗位安全生产隐患排查的责任人。生产技术科、财务科、后勤科等相关科室，分别对业务过程中的隐患排查负责，并对隐患整改的有关工程设计、项目计划、资金落实、材料和设备供应等工作负责。安检科负责各类隐患的查处、收集、筛选、分析、追究、反馈、复查、统计、上报、考核、监督整改及落实等综合管理工作。

（3）矿山安全生产隐患实行分级管理和监控。一般隐患由矿山主要负责人指定隐患整改责任人，责成立即整改或限期整改。对限期整改的隐患，由整改责任人负责监督检查和整改验收，验收合格后报矿山主要负责人审核签字备案，重大隐患由矿山主要负责人组织制定隐患整改方案、安全保障措施，落实整改的内容、资金、期限、下井人数、整改作业范国，并组织实施。

（4）矿山企业应当于每季度第一周将上季度重大隐患及排查整改情况向县级以上地方人民政府负责矿山安全生产监督管理的部门提交书面报告，报告应当经矿山企业主要负责人签字。报告要包括产生重大隐患的原因、现状、危害程度分析、整改方案、安全措施和整改结果等内容。重要情况应当随时报告。

（5）县级以上地方人民政府负责安全生产监督管理的部门接到矿山企业重大隐患整改报告后，对不符合要求和措施不完善的提出修改意见，并对矿山重大隐患登记建档，指定专人负责跟踪监控，督促企业认真整改。

五、煤矿安全生产投入和管理

1. 安全投入的重要意义

首先，要正确认识安全生产的重要性。要做好煤矿企业的安全生产工作，首先在思想认识上有足够的提高，应当时时刻刻把我们的生命、企业的效益和社会的责任联系在一起。党中央、国务院非常重视安全工作，提出“以人为本、构建和谐社会”的安全生产理念，更体现了安全的重要性。当然，作为一个企业只讲安全，不追求经济效益是不切合实际的，应该说，安全是实现经济效益的前提条件，安全是不能用经济效益来弥补的，它是我们对自己、对他人的责任，在现代化的生产建设中，它占据着十分重要的保障地位。只有大家都充分意识到安全生产对人、对企业、对社会的极端重要性，才能通过社会全员的主动、积极参与而减少事故的发生，减少人员伤亡和财产损失，减少生产过程中出现的负面经济效益。

其次，要从安全经济学角度看待安全投入。很多人都认为只要增加安全投入就增加了企业的成本，减少了收入和利润。这种观点是片面的。安全投入不应该是企业的负担，它所产生的绝不是简单的成本增加。但是，就其本质，安全投入应算是一种特殊的投资，对安全投入所产生的效益不像普通的投资那样直接反映在产品的数量的增加和质量的改进上，而是体现在生产的全过程，保证生产的正常和连续的进行，这种投入的直接结果是，企业不发生或减少发生事故和职业病、人员伤亡和财产损失。而这个结果是企业持续生产，保证正常效益取得的必要条件，安全与效益之间是一种相互依存相互促进的关系。从经济的角度看，如果安全生产做好了，我们的企业效益就有保证，人们的生活和生产秩序才能有保证，从而可以发挥极大的社会效益。如果安全生产工作做不好，不但会危及个人的生命安全，而且会给企业造成很大的经济损失和浪费，并危及企业的正常生产，给人们的生活造成极大的不便，甚至造成一定的社会影响和政治影响。通过增加安全投入，完善安全设施，加大安全培训力度，壮大安全监察队伍，才能杜绝伤亡事故的发生，使煤矿的各项工作能够在安全、稳定、和谐的环境中连续运转。因此，安全投入并不是单纯的支出，而是安全效益的间接性、滞后性、长效性和实效性，这就是安全投入的特殊性。

2. 对安全生产投入的基本要求

生产经营单位必须安排适当的资金，用于改善安全设施，更新安全技术装备、器材、仪器、仪表以及其他安全生产投入，以保证生产经营单位达到法律、法规、标准规定的安全生产条件，并对由于安全生产所必需的资金投入不足导致的后果承担责任。

安全投入资金的保证，要按有关规定严格提取。如《煤炭生产安全费用提取和使用管理办法》规定企业提取的安全费用在缴纳企业所得税前列支。大中型煤矿：高瓦斯、煤与瓦斯突出、自然发火严重和涌水量大的矿井吨煤 3 ~ 8 元；低瓦斯矿井吨煤 2 ~ 5 元；露天矿吨煤 2 ~ 3 元。小型煤矿：高瓦斯、煤与瓦斯突出、自然发火严重和涌水最大的矿井吨煤 10 元；低瓦斯矿井吨煤 6 元。

安全费用主要用于以下几方面：

（1）矿井主要通风设备的更新改造支出；

（2）完善和改造矿井瓦斯监测系统与抽放系统支出；

（3）完善和改造矿井综合防治煤与瓦斯突出支出；
（4）完善和改造矿井防灭火支出；
（5）完善和改造矿井防治水支出；
（6）完善和改造矿井机电设备的安全防护设备设施支出；
（7）完善改造矿井供配电系统的安全防护设备设施支出；
（8）完善和改造矿井运输（提升）系统的安全防护设备设施支出；
（9）完善和改造矿井综合防尘系统支出；
（10）其他与煤矿安全生产直接相关的支出。

关于规范煤矿维简费管理问题的若干规定：煤矿企业根据原煤实际产量，每月在成本中提取煤矿维简费。维简费用于以下范围：

（1）矿井（露天）开拓延深工程；
（2）矿井（露天）技术改造；
（3）煤矿固定资产更新、改造和固定资产的零星购置；
（4）矿区生产补充勘探；
（5）综合利用和“三废”治理支出；
（6）大型煤矿一次拆迁民房50户以上的费用和中小煤矿采动范围的搬迁赔偿；
（7）矿井新技术的推广；
（8）小型矿井的改造联合工程。

3. 认真编制安全技术措施计划保证安全资金的有效投入

生产经营单位为了保证安全资金的有效投入，应编制安全技术措施计划，该计划的核心是安全技术措施。

企业领导应根据本单位具体情况向下属单位或职能部门提出具体要求，进行编制计划布置。安全部门将上报计划进行审查、平衡、汇总后，再由安全、技术、计划部门联合会审，并确定计划项目、明确设计施工部门、负责人、完成期限，成文后报厂总工程师审批。制定好的安全技术措施项目计划要组织实施，项目计划落实到各有关部门和下属单位后，计划部门应定期检查。企业领导在检查生产计划的同时，应检查安全技术措施计划的完成情况。安全管理与安全技术部门应经常了解安全技术措施计划项目的实施情况，协助解决实施中的问题，及时汇报并督促有关单位按期完成。已完成的计划项目要按规定组织竣工验收。根据实施情况进行奖惩。

第二节　化工安全管理

化工企业生产的安全管理，从生产特点和事故发生情况来看，其重点是生产过程的安全管理、设备设施检修的安全管理和设备设施的安全管理，主要防范的事故是中毒伤害事故和火灾爆炸事故。

一、化工生产安全管理要求

1. 生产运行安全管理要求

（1）必须编制生产的工艺规程、安全技术规程，并根据工艺规程、安全技术规程和安全管理制度，编制常见故障和处理方法的岗位操作法，并经主管厂长（经理）或总工程师审批签发后，下发执行。

（2）变更或修改工艺指标时，生产技术部门必须编制工艺指标变更通知单（包括安全注意事项），并以书面形式下达。操作者必须遵守工艺纪律，不得擅自改变工艺指标。

（3）操作者必须严格执行岗位操作法，按要求填写运行记录。

（4）关联性强的复杂重要岗位，必须建立操作票制度，并严格执行。

（5）安全附件和连锁装置不得随便拆弃和解除，声、光报警等信号不能随意切断。

（6）在现场检查时，不准踩踏管道、阀门、电线、电缆架及各种仪表管线等设施。进入危险部位检查，必须有人监护。

（7）严格安全纪律，禁止无关人员进入操作岗位和动用生产设备、设施和工具。

（8）正确判断和处理异常情况，紧急情况下，可以先处理后报告（包括停止一切检修作业，通知无关人员撤离现杨等）。

（9）当工艺运行或设备处在异常状态时，不准随意进行交接班。

2. 化工生产开车安全管理要求

（1）必须编制开车方案，检查并确认水、电、汽（气）符合开车要求，各种原料、材料、辅助材料的供应必须齐备、合格，按规定办理开车操作票，开车严格按开车方案。投料前还必须进行系统分析确认。

（2）检查阀门状态及盲板抽加情况，保证装置流程畅通，各种机电设备及电器仪表等均处在完好状态。

（3）保温、保压及清洗等设备要符合开车要求，必要时应重新置换、清洗和分析，达到合格标准。

（4）确保安全、消防设施完好、通信联络畅通，并通知消防、气防及医疗卫生部门。危险性较大的生产装置开车，相关部门人员应到现场，消防车、救护车处于防备状态。

（5）必要时停止一切检修作业，无关人员不准进入开车现场。

（6）开车过程中要加强有关岗位之间的联络，严格按开车方案中的步骤进行，严格遵守升（降）温、升（降）压和加（减）负荷的幅度（速率）要求。

（7）开车过程要严密注意工艺状况的变化和设备运行情况，发现异常现象应及时处理，情况紧急时应终止开车，严禁强行开车。

3. 化工生产停车安全管理要求

（1）正常停车必须编制停车方案，严格按停车方案中的步骤进行。

（2）系统降压、降温必须按要求的幅度（速率），并按先高压后低压的顺序进行。凡须保温、保压的设备（容器），停车后要按时记录压力温度的变化。

（3）大型传动设备的停车，必须先停主机，后停辅机。

（4）设备（容器）卸压时，应对周围环境进行检查确认，要注意易燃易爆、易中毒等危险化学品的排放和扩散，防止造成事故。

（5）冬季停车后，要采取防冻保温措施，注意低位、死角及水、蒸汽的管线、阀门、疏水器和保温伴管等情况，防止管道、设施损坏。

4. 化工生产紧急处理安全管理要求

（1）发现或发生紧急情况，必须先尽最大努力妥善处理，防止事态扩大，避免人员伤亡，并及时向有关方面报告。必要时，可先处理后报告。

（2）工艺及机电、设备等发生异常情况时，应迅速采取措施，并通知有关岗位协调处理。必要时，按步骤紧急停车。

（3）发生停电、停水、停气（汽）时，必须采取措施，防止系统超温、超压、跑料及机电设备的损坏。

（4）发生爆炸、着火、大量泄漏等事故时，应首先切断气（物料）源，同时迅速通知相关岗位采取措施，并立即向上级报告。

（5）应根据本单位生产特点，编制重大事故应急救援预案，并定期组织演练，提高处置突发事件的能力。

5. 生产危险要害区域（岗位）安全管理要求

（1）凡符合 GB 50016—2006《建筑设计防火规范》产生的火灾危险性甲类物质和 GB 5044—1985《职业性接触毒物危害程度分级》中极度危害和高度危害毒物的装置、仓库、罐区、岗位等，以及公司供配电、供水等生产区域，为生产危险要害区域（岗位）范围。

（2）危险要害区域（岗位）由各单位安技、保卫、生产等部门共同认定，经厂长（经理）签署意见，报公司审批。

（3）要害岗位人员必须经过严格的安全培训，掌握相关的安全知识，具备较高的安全意识和较好的技术素质，并由人事、保卫部门与车间共同审定。

（4）要害岗位施工、检修时必须编制严密的安全防范措施，并报保卫、安技部门备案。施工检修现场要设监护人，做好安全保卫工作，并认真做好详细记录。

（5）各单位应在危险要害区域界限周围设置统一的明显标志。

（6）建立健全严格的危险要害区域（岗位）的管理制度，凡外来人员必须经厂主管部门审批，并在专人陪同下，经登记后方可进入危险要害区域（岗位）。岗位人员对无手续或手续不全者应制止其进入。

（7）应编制修订危险要害区域（岗位）重大事故应急救援预案，定期组织有关人员演习，提高处置突发事故的能力。

二、设备检修的安全管理

1. 设备检修作业前的安全管理要求

（1）加强检修工作的组织领导，做到安全组织、安全任务、安全责任、安全措施“四落实”。根据设备检修项目要求，制定设备的检修方案，落实检修人员、安全措施。

（2）一切检修项目均应在检修前办理“检修任务书”和“设备检修安全作业证”。

（3）检修项目负责人对检修安全工作负全面责任，对检修工作实行统一指挥调度，确保检修过程的安全。

（4）必须对参加检修作业的人员进行安全教育，特种作业人员必须持证上岗，应对检修过程中可能存在和出现的不安全因素进行分析，提前采取预防措施。

（5）检修项目负责人，必须按“检修任务书”和“设备检修安全作业证”要求，亲自组织有关技术人员到现场向检修人员交底。

（6）专业特种设备检修必须由具备相应检修资质的单位进行。

2. 设备检修中的安全管理要求

（1）根据“检修任务书”和“设备检修安全作业证”的要求生产单位要对检修的设备管道进行工艺处理。工艺处理要有严格的步骤，有专人负责，分析数据合格。

（2）检修的设备、管道与生产区域的设施、管道有连通时，中间必须有效隔离。

（3）检修单位与生产单位共同对工艺处理等情况检查确认后办理交接手续，不经生产负责人同意不得任意拆卸设备管道。

（4）对检修使用的工具设备应进行详细检查，保证安全可靠。

（5）检修传动设备或传动设备上的电气设备，必须切断电源（拔掉电源熔断器），并经两次启动复查证明无误后，在电源开关处挂上禁止启动牌或上安全锁卡。使用的移动式电气工器具，应配备漏电保护装置。

（6）检修单位应严格执行标准 HG 30010 ~ 30014—2013、HG 30016—2013、HG 30017—2013、AQ 3024—2008《化工企业厂区作业安全规程》、根据检修内容办理相关票证，并检查审批内容和安全措施的落实情况。

（7）检修单位应检查检修中需用防护器具、消防器材的准备情况。

（8）检修现场的坑、井、洼、沟、陡坡等应填平或铺设与地面平齐的盖板，也可设置围栏和警告标志，夜间悬挂警示红灯。检查、清理检修现场的消防通道、行车通道，保证畅通无阻。需夜间检修的作业场所，应设有足够亮度的照明装置。

（9）应对检修现场的爬梯、栏杆、平台、盖板等进行检查，保证安全可靠。

（10）检修人员必须按施工方案及作业证指定的范围、方法、步骤进行施工，不得任意更改。

（11）检修人员在检修施工中应严格遵守各种安全操作规程及相关规章制度，听从现场指挥人员和安技人员的指导。

（12）每次检修作业前，要检查作业现场及周围环境有无改变，邻近的生产装置有无异常。

（13）凡距坠落高度基准面 2 m 及其以上，在有可能发生坠落的高处进行的作业，按行业标准 HG 30013—2013《生产区域高处作业安全规程》执行。

（14）一切检修应严格执行企业检修安全技术规程，检修人员要认真遵守本工种安全技术操作规程的各项规定。

（15）在生产车间临时检修时，遇有易燃易爆物料的设备，要使用防爆器械或采取其他防爆措施，严防产生火花。

（16）在检修区域内，对各种机动车辆要进行严格管理。

（17）在危险化学品的生产场所检修，要经常与生产岗位联系，当化工生产发生故障、出现突然排放危险物或紧急停车等情况时，应停止作业，迅速撤离现场。

（18）进入化工生产区域内的各类塔、球、釜、槽、罐、炉膛、烟道、管路、容器，以及地下室、阴井、地坑、下水道或其他封闭场所内进行的作业，必须按行业标准 HG 30011—2013《生产区域受限空间作业安全规程》执行。

3. 设备检修后的安全管理要求

（1）检修完毕后必须做到：①一切安全设施恢复正常状态；②根据生产工艺要求抽加盲板，检查设备管道内有无异物及封闭情况，按规定进行水压或气密性试验，并做好记录备案；③检修任务书归档保存；④检修所用的工器具应搬走，脚手架、临时电源、临时照明设备等应及时拆除，保持现场整洁。

（2）检修单位会同设备所属单位及有关部门，对检修的设备进行单机和联动试车，验收后办理交接手续。

（3）投料开车前，岗位操作人员认真检查确认维修部位和安全部件，保证其安全可靠，仪表管线畅通。

（4）生产岗位交接班时，操作人员必须将检修中变动的设备管道、阀门、电气、仪表等情况相互交接清楚。

三、生产装置的安全管理

1. 生产装置的安排布置

（1）工艺设备及建筑物的防火间距，不应小于有关规定要求。

（2）化工及石化装置的设备宜露天或半露天布置。受工艺条件和自然条件限制及运转机械、设备（例如压缩机、泵、真空过滤机等），可布置在室内。

（3）设备、建筑物、构筑物宜布置在同一地平面上，当受地形限制时，应将控制室、变配电所、化验室生活间等布置在较高的地平面上；中间储罐宜布置在较低的平面上，以防止可燃气体泄漏时溢进上述建筑物中引起火灾。在可能散发比空气重的可燃气体的装置内，控制室、变电所、化验室的地面应比室外地面高0.6 m以上。

（4）控制室或化验室内不得安装可燃气体、液化烃、可燃液体的在线分析仪器仪表。

（5）明火加热设备宜集中布置在装置边缘，也可以用非燃烧材料的实体墙与之相隔，其防火间距不应小于15 m，防火墙高不宜低于3 m，以防止可燃气体窜入炉体。

（6）操作压力超过3.5 MPa的压力设备，宜布置在装置的一端或一侧。高压、超高压有爆炸危险的反应设备，宜布置在防爆构筑物内。

（7）装置内的储存、装卸甲类化学危险品的设施，应布置在装置的边缘。可燃气体、助燃气体钢瓶，应存放在位于装置边缘的敞棚仓库内，并应远离明火以及操作温度等于或高于自燃点的设备。

2. 化工生产的通风设施

化工生产厂房内的通风，其目的是排除或稀释火灾爆炸性气体、粉尘及有毒有害气体，防止火灾爆炸事故及保持良好的生产环境，保护劳动者的身体健康。

通风分为全面通风和局部通风。全面通风是向整个房间输送符合人体卫生和生产工艺要求的空气，更换原有的空气。局部通风包括局部吸气和局部送风。局部吸气是在有毒有害及火灾危险气体发生源附近，把有害物质随同空气一起吸走，以防止有害气体向周围空间散布；局部送风即送入新鲜空气，以稀释室内有毒有害气体的浓度。

采暖通风和空调设计应符合《建筑设计防火规范》和《采暖、通风、空气调节设计规范》的规定。散发爆炸危险性粉尘或可燃纤维的场所，应采取防止粉尘、纤维扩散和飞扬的措施。散发比空气重的甲类气体、有爆炸危险性粉尘或可燃纤维的厂房的地面不宜设地坑或地沟，应有防止气体积聚的措施，如设局部风口或局部机械排风。

散发比空气轻的可燃气的厂房，可采用开设天窗等自然通风；在事故状态下，可用强制机械通风。为了防止有毒有害及火灾爆炸气体渗透到某些电气、仪表、精密仪器的场所，应采用正压通风。正压通风设备的取风口，宜位于上风方向，并应高出地面 9 m 以上，或高于爆炸危险区的 1.5 m 以上。

第三节　建筑安全管理

一、建筑业与建筑安全生产形势

1. 建筑业是国民经济的支柱产业

建筑业是我国国民经济的支柱产业之一，是相关行业赖以发展的基础性和先导性产业。邓小平同志早在1980年就提出了建筑业应成为国民经济支柱产业的问题。江泽民同志又在多次重要会议上贯彻了邓小平同志这一指导思想，特别是在党的十四届五中全会上通过的我国对“九五”计划及建筑业“十二五”发展规划中，建筑业被列为国家大力振兴的重点行业，并要使之尽快成为带动整个经济增长、结构升级的支柱产业。近年来，随着我国社会经济的发展，建筑业也得到了快速地发展，其在国民经济中的支柱地位越来越重要。

2. 我国建筑安全生产形势

在建筑业快速发展并发挥支柱产业地位作用的同时，安全生产问题也成为一个突出的焦点，它已经成为制约我国建筑业进一步健康发展的瓶颈。

1）建筑安全的基本情况

近年来，全国建设系统加强了建设工程安全法规和技术标准体系建设，年年开展专项整治活动，取得了一定成效，施工作业和生产环境的安全、卫生及文明状况得到明显改善。但是，由于我国正处在大规模的经济建设时期，建筑业规模的逐年增加，事故发生数和死亡人数也一直居高不下，成为人民群众及社会关注的热点问题之一。

2）建筑施工伤亡事故类型

建筑施工伤亡事故的类型众多，但统计分析结果显示，建筑施工伤亡事故主要还是集中在高处坠落、触电、坍塌、物体打击和机具伤害 5 个方面。

3）建筑安全生产和职业健康形势严峻

(1) 建筑安全生产形势。近年来，全国的建设工程安全生产状况有所好转，但安全生产的整体形势依然比较严峻。目前，我国的建筑业从业人员有3800多万，是世界上最大的行业劳动群体，但是他们的劳动环境和安全状况却存在很大的问题，建筑业已经成为我国所有工业部门中仅次于采矿业的最危险的行业。

(2) 建筑业职业健康形势。除了安全事故的发生导致建筑安全形势严峻外，职业病危害也是建筑业需要认真面对的问题。与其他自然疾病不同，职业病会随着经济的发展而变得复杂多样。随着建筑施工过程中新材料、新工艺和新产品的使用，建筑工程中使用不合格或者高污染的化学建材所导致的环境安全隐患（例如使用甲醛含量严重超标的板材和放射性严重超标的石材等），已经成为建筑安全隐患的主要组成部分。

由此看来，我国建筑安全和健康的总体形势是严峻的。建筑业不仅面临着伤亡事故频繁发生带来的压力，更是面临着职业病防治的压力，前者是属于安全生产范畴，后者是属于健康卫生范畴。但是，总的来说还是属于安全的问题。然而，国内以及国外不少国家都把注意力集中在生产安全问题而不是职业健康问题上，因为减少工作事故比减少职业病取得的成果更直接。然而，把安全和健康综合在一起是世界安全健康预防管理发展的趋势，发达国家基本上已经建立起了以职业健康为主的安全生产管理机制。目前，我国的安全生产监管正在从控制死亡人数向强调职业健康转变，在这个过程中，我们在加强建筑安全管理的同时应该有意识地综合考虑建筑业的职业健康问题，并通过法律法规建设等方面的努力，争取尽早在建筑业实现以职业健康管理为主的安全生产管理机制。

二、建筑安全管理的概念及特点

众所周知，安全问题是随着生产的产生而产生，随着生产的发展而发展的。18 世纪工业革命以来，由于蒸汽机的使用，使得每年有上千人死于锅炉爆炸。20 世纪上半叶，工业规模不断扩大，煤矿、建筑、化工等行业频繁发生伤亡事故，重大伤亡事故也时有发生。建筑生产活动是形成固定资产的主要生产活动，也是最危险的行业之一。因此，搞好建筑安全管理工作，对保障人民群众的生命和财产安全，意义十分重大。要做好建筑安全管理工作，首先要对建筑安全管理的各方面进行了解。

1. 建筑安全管理概念

建筑业是事故高发行业之一，由此带来的生命和财产损失十分巨大。因此，改善建筑业的安全状况，确保建筑业生产安全的意义十分重大。建筑安全事故的发生是多种因素综合作用的结果，但绝大部分的事故与各种管理因素有关，可以说，科学有效的安全管理是建筑安全生产的有力保障。建筑安全管理是安全管理原理和方法在建筑领域的具体应用，它包括宏观的建筑安全管理和微观的建筑安全管理两个方面。宏观的建筑安全管理主要是指国家安全生产管理机构以及建设行政主管部门从组织、法律法规、执法监察等方面对建设项目的安全进行管理。它是一种间接的管理，同时也是微观管理的行动指南。微观的建筑安全管理主要是指直接参与对建设项目的安全管理，包括建筑企业、业主或业主委托的监理机构、中介组织等对建设项目安全生产的计划、实施、控制、协调、监督和管理。微观管理是直接的、具体的，它是安全管理思想、安全管理法律法规以及标准指南的体现。

诚然，从宏观和微观方面对建筑安全管理进行划分不是绝对的，站在不同的角度、针对不同的工作需要，会得到不同的划分结果。但是，为了更好地了解建筑安全管理，以指导实际工作，对建筑安全管理进行适当的划分是必要的。目前，我国正处在经济转型时期，固定资产投资在不断增加，宏观层面的安全管理不能很好地适应这种要求，因机制方面原因导致的安全事故时有发生。另外，一个国家良好的安全生产状况应该首先是以整个国家的安全机构组织、安全法律法规体系以及安全执法体系等方面的完善和协调发展为前提和基础。总的来说，微观的和宏观的建筑安全管理对建筑安全生产都是必不可少的，它们是相辅相成的。

2. 建筑安全管理特点

建筑产品生产的特点主要包括建筑项目特殊性、存在危险作业以及组织机构和管理方式特殊多个方面，也正是这些特点决定了建筑安全管理具有自己的特殊性。

1）建筑产品生产特点

（1）建筑项目特殊性。

① 一次性。考虑项目的规模、结构以及实施的时间、地点、参加者、自然条件和社

会条件，世界上没有绝对相同的一栋建筑，设计的单一性，施工的单件性，使得它不同于制造业的重复生产。生产的一次性使得项目的知识、经验和技能积累困难，并很难将其重复地运用到以后的项目管理中，不确定因素多，如政治、经济、自然和技术，它们存在于项目决策、设计、计划、实施、维修各个阶段。这决定了在建设的过程中，建设安全管理所要面对的环境十分复杂，并且需要不断地面对新的问题，需要充分发挥创造性。

② 流动性。首先是施工队伍的流动。建筑工程项目具有固定性，这决定了建筑工程项目的生产是随项目的不同而不断地流动的。施工队伍需要不断地从一个地方换到另一个地方进行建筑施工，施工流动性大，生产周期长，作业环境复杂，可变因素多。其次是人员的流动。由于建筑企业超过80%的工人是农民工，人员流动性也较大。再次是施工过程的流动。建筑工程从基础、主体到装修各阶段，因分部、分项工程、工序的不同，施工方法的不同，现场作业环境、状况和不安全因素都在变化中，作业人员经常更换工作环境。特别是需要采取临时性的措施，其规则性往往较差。

③ 密集性。首先是劳动密集。目前，我国建筑工业化程度较低，需要大量人力资源的投入，是典型的劳动密集型行业。因此，建筑安全生产管理的重点首先是对人的管理；由于建筑业集中了大量的农民工，很多都是没有经过专业技能的培训，这样的劳动力密集型安全管理工作提出了挑战。其次是资金密集。建筑项目的建设是以大量资金投入为前提的，资金投入大决定了项目受制约的因素多：一是受建筑项目的约束；二是受社会经济波动的影响；三是受社会政治的影响。因此，建筑安全生产要考虑外界环境的影响。

④ 协作性。首先是多个建设主体的协作。建设工程项目的参与主体从设计到业主、勘察、设计、工程监理以及施工等多个单位，它们之间存在着较为复杂的关系，需要通过法律法规以及合同来进行规范。只有建设主体之间共同努力、精诚合作，才能按预定目标顺利完成建设工程项目。其次是多个专业的协作。建设工程项目需要经过策划、设计、计划、实施和维修等各个阶段才能完成实现工程实体的功能。这个过程涉及工程项目管理、法律、经济、建筑、结构、电气、给水、暖通和电子等相关专业。在各个专业的工作过程中经常需要交叉作业。这就对安全管理提出了更高的要求，需要专业工作队伍之间精诚协作、合理协调，需要完善的施工组织作为保障。

（2）存在危险作业。

① 高处作业、交叉作业多。建筑施工中的许多作业都是在高处进行的，如脚手架、滑模及模板施工；基坑、管道施工以及建筑物内外装修施工作业等，两米以上即属高处作业，通常建筑物的高度从十几米到几百米，地下工程深度也从几米到几十米，并且存在多工种、多班组在一处或一个部位施工作业，施工的危险性较高、作业强度高。施工中，大多数工种仍是手工操作或借助于工具进行手工作业、现场安装等，湿作业多，如浇筑混凝土、抹灰作业等，劳动强度高，体力消耗大，容易发生疏忽造成事故。

② 作业环境条件差。建筑施工作业大部分在室外进行，受天气、温度影响较大，夏天是高温、冬天是低温影响，还受风、雨、霜和雾等的影响，工作条件较差。在雨雪天气还会导致工作面湿滑，夜间照明不够。这些自然因素也都容易导致事故发生。

③ 施工作业非标准化。工人散布在工地上从事多个岗位和任务的工作，工程项目的类型、施工现场的作业、工作环境千变万化，难以一一规范所有操作行为，也难以作出标准作业技术规定。这就既增加了安全生产的难度，也增加了安全监督检查的难度。

（3）组织结构和管理方式特殊。

① 项目管理与企业管理离散。施工企业安全生产管理水平往往通过工程项目管理水平加以体现和落实，由于一个企业可能同时有多个项目，且项目往往远离公司总部，这种远离使得现场安全管理的责任，或者说能够有效进行安全管理的角色，更多地由项目来承担。由于项目的临时性、特定环境和条件以及项目盈利能力的压力等，企业的安全管理制度和措施往往难以在项目中得到充分的落实。

② 多层次分包（专业化）制度。由于建筑工程存在分包或专业承包的体制，总承包企业与各分包或专业承包企业责任制度的建立和落实、现场的管理和协调等，对工程质量、安全管理影响很大。包工头的存在，更是增加了现场安全管理的难度。

③ 施工管理的目标（结果）导向。项目具有明确的目标（质和量）和资源限制（时间、成本），这些往往对建设单位形成一定的压力。而建筑施工中的管理主要是一种目标导向的管理，只要结果（产量）不求过程（安全），而安全管理恰恰是在过程中的管理。

2）建筑安全管理特点

（1）流动性。建设项目流动性特点要求：一方面，宏观层面（政府建筑安全管理机构）的建筑安全管理的对象是建筑企业和工程项目，这必然要求宏观管理机构的注意力不断地随企业的转移而转移，不断地跟踪建筑企业和工程项目的生产过程；另一方面，微观层面（建筑施工企业）的建筑安全管理要适应不同项目施工过程的需要，以不断解决新产生的安全问题。

（2）复杂性。我国幅员辽阔，地区差异大，地区间发展不平衡；建筑企业数量众多，其规模、资金实力、技术水平参差不齐，情况的复杂使得建筑安全生产管理也变得复杂起来。另外，工程建设有多个参与方，管理层次比较多，管理关系复杂。

（3）法规性。一般的企业管理可以在有关法律框架内自行管理，管理方法和手段也是不尽一样、灵活多变的。但是，建筑安全生产管理则不一样，它所面对的是整个建筑市场、众多的建筑企业，它必须保持一定的稳定性，必须通过一套完善的法律体系来规范。

（4）渐进性。建筑市场是在不断发展变化的，宏观管理部门需要针对出现的新情况、新问题做出反应，包括各种政策和措施，以及法律法规的出台等。这一过程相对企业管理来说是较为漫长的，不可能一步到位，只能走渐进式的发展过程。渐进性的特点也要求我们在对待建筑安全管理的问题上不能急于求成，而是要脚踏实地地做好每一个工作，扎扎实实地走好每一步。

三、建筑工程项目全寿命周期安全管理

如今，随着对建筑安全管理研究的不断深入，人们逐步认识到建筑安全管理不单单是施工阶段的安全管理问题，设计阶段的安全管理同样重要。随着建筑工程实体投入使用，需要日常的维护、维修或改造，这就涉及拆除阶段的安全管理问题。在建筑工程实体寿命周期终了或出现安全隐患时，或是因城市更新的需要，对建筑工程实体进行拆除时，就会涉及拆除阶段的安全管理问题。特别是拆除阶段的安全事故，已经越来越突出。因此，我们应该在加强对设计阶段安全管理的基础上，着重加强对施工阶段、维持阶段和拆除阶段的安全管理，把它们作为一个系统过程加以综合管理，也就是建筑工程项目全寿命周期的安全管理。

可以说，全寿命周期安全管理将越来越受到大家的重视，这也将是建筑安全管理发展的一个方向。建设工程项目在全寿命周期过程中，涉及多个不同的主体，如勘察设计阶段涉及勘察和设计单位，施工阶段涉及建筑施工单位和监理单位，使用阶段涉及使用者和物业管理单位等，这些主体在不同的阶段都发挥各自不同的作用。对于全寿命周期安全管理来说，他们的作用十分重要，但主要是局限在某个特定的阶段。实施全寿命周期安全管理，起决定作用的主要是两大主体，一是建设单位，二是政府的建设行政主管部门和安全生产监督管理部门。特别是政府的建设行政主管部门和安全生产监督管理部门，要在建筑项目全周期寿命管理过程中发挥引导和推动作用。

四、建筑安全管理模式

建筑安全管理是一个复杂的系统工程，需要通过一定的管理模式来实现。建筑安全管理模式如图 10－1 所示，这个模式构成了建筑安全管理系统。

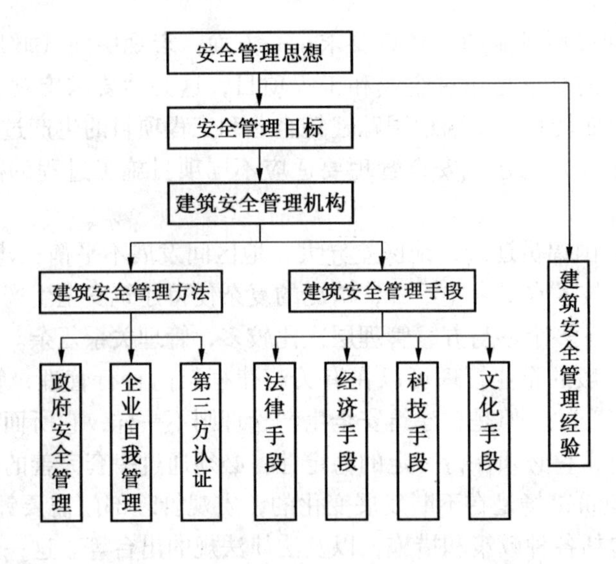

图 10－1　建筑安全管理模式

1. 思想是动力

做好建筑安全管理工作，首先要解决的是安全管理思想问题。安全管理思想包括各级政府、建筑施工企业、建设单位、监理及其他相关单位、个人的安全管理思想几个方面，只有各级政府、企业和个人都从思想上高度重视，在认识上取得统一，才有共同致力于改善安全与健康的动力。

2. 目标是指南

没有目标的行动是盲动的，建筑安全健康状况的改善是一个持续改进的过程。由于建筑安全管理需要政府、企业和个人的共同参与，因此需要设定一个统一的目标，作为大家共同努力的指南。建筑安全管理目标包括政府安全管理目标和建筑施工企业安全管理目标两个方面，每个目标又分别包含最高目标和直接目标，各个目标之间构成一个相互促进的循环系统，一个目标的实现可以促进另一个目标的实现，以此促进不同层次安全管理目标的实现。有了共同的目标作为指南，一方面，大家的思想动力就可以形成合力；另一方面，大家共同致力于改善建筑安全与健康的工作成效就有了检验的标杆。

3. 机构是中枢

安全管理思想和目标对建筑安全管理来说是十分必要的。也是必不可少的，但是更重要的是要把它们付诸行动。这些行动不仅需要一定的机构来贯彻执行，同时也需要一定的机构来对行动的执行情况进行监督，也就是需要各种机构作为建筑安全管理思想和目标行动的中枢。

4. 方法是保障

建筑安全管理机构为保障安全生产监督管理工作的持续、协调、高效，必须针对不同的机构，采用不同的方法进行监督管理。对政府建筑安全管理机构，主要采取监督为主的方法；对建筑施工企业则主要采取企业自我管理的内控方法；同时，随着第三方认证的发展，建筑施工企业可以通过取得第三方认证来加强企业的安全管理。

5. 手段是利器

除了方法的保障以外，建筑安全管理机构还通过各种手段来约束、刺激和促进建筑安全与健康的持续改进。手段包括法律手段、经济手段、科技手段和文化手段 4 个方面，它们在促进建筑安全与健康的持续改进方面各有优势。在以企业为主体的市场经济条件下，通过不同手段的综合使用，发挥它们的互补优势，这将是安全管理的一把利器。

6. 经验是法宝

经过多年的探索和实践，国内外在安全管理方面已经取得了长足的进步，特别是在一些工业发达国家和地区，建筑安全状况已经实现了持续改善。我国的建筑安全管理，一方面要根据自己的实践情况，不断地总结改进；另一方面应积极借鉴发达国家和地区的成功经验减少探索和摸索的时间，争取在较短的时间内实现我国建筑安全管理水平的提高。

五、建筑施工企业建立健全安全生产责任制

1. 建筑企业安全机构的主要职责

建筑企业的安全机构是企业安全生产的决策和领导部门。它的主要职责如下：

（1）贯彻执行党和国家的安全生产方针和劳动保护政策法规。

（2）做好安全生产的宣传教育和管理工作，总结交流和推广先进经验。

（3）经常深入基层，指导施工现场安全管理人员的工作，掌握安全生产情况，调查研究施工中的不安全问题，提出改进意见和措施。

（4）组织安全活动和定期安全检查。

（5）参加审查施工组织设计或施工方案，编制安全技术措施计划，督促检查贯彻执行情况。

（6）与有关部门共同做好新工人、特殊工种工人的安全技术培训、考核、发证工作。

（7）进行工伤事故统计、分析和报告，参加工伤事故的调查和处理工作。

（8）制止违章指挥和违章作业，遇有严重险情，有权暂停施工，并向领导及时报告。

（9）对违反安全生产条例和有关安全技术法规的行为，经说服劝阻无效，有权越级上告。

2. 建筑企业领导的安全生产责任

建筑企业领导在管理生产的同时，必须建立、健全各级安全生产责任制。

建筑施工企业的法定代表人是本单位安全生产的第一责任人，对本单位的安全生产负全面责任。主管生产的企业负责人的主要安全责任为：认真贯彻执行党和国家的安全生产方针、政策、法令规定；认真贯彻执行安全生产制度和安全操作规程，并督促有关部门检查执行情况，加强对职工进行安全生产教育；审批技术措施计划，落实安全技术措施费用；配置专职安全管理人员，支持安全管理部门和安全管理人员的工作，领导本单位的安全检查工作，组织对安全事故的调查分析和处理。

主管技术等工作的其他企业领导人的主要安全生产责任为：认真贯彻执行国家安全生产方针，政策和安全技术标准、规范，结合本单位技术状况制订具体措施，并检查落实执行情况；经常深入施工现场，进行安全生产检查，及时解决施工中的安全技术问题；组织职工进行安全技术知识培训，做好新工人的安全教育；总结交流安全生产经验，表彰先进，对违章造成事故者进行处罚；对于重大事故从技术等方面分析原因，提出鉴定意见和改进措施。

3. 项目经理的主要安全职责

项目经理是施工项目的主要负责人，也是该施工项目安全生产的第一责任人，他的主要安全职责包括：

（1）认真执行国家安全生产方针政策、法令、规章制度和上级批准的施工组织设计或施工方案。施工组织设计或施工方案如需修改，必须经过原编制、审批单位批准。

（2）在计划、布置检查总结评比生产活动中，必须同时把安全工作贯穿到每一个具体环节中去。遇到生产与安全发生矛盾时，生产必须服从安全。

（3）搞好施工项目的安全生产，组织项目施工人员执行安全生产规程，不违章指挥。

（4）加强对职工安全生产的教育。

（5）发生事故和未遂事故，要保护现场并立即上报。

（6）组织对施工现场、环境安全和安全防护设施及生产设备的安全检查和验收工作，组织对施工项目进行周密安全检查工作。

4. 生产班组长的主要安全职责

生产班组是建筑施工基层单位。生产班组长除了掌握施工技术、质量标准等问题外，还要负责本班组的安全生产。其主要安全职责包括：

（1）认真遵守安全规程和有关安全生产制度，根据本班组人员的技术、体力、思想等情况合理安排工作，对本班组人员在生产中的安全和健康负责。

（2）组织本班组职工学习安全规程和制度，检查执行情况，对新调入的工人进行现场安全教育，并在其未熟悉工作环境前，指定专人照管其人身安全。

（3）经常检查施工场地的安全生产情况，发现问题要及时解决或上报。

（4）发生工伤事故要详细记录，及时上报，并组织全班组人员认真分析，吸取教训，提出防范措施。

（5）听从专职安全员的指导，有权拒绝违章指令。教育全班组人员坚守岗位，做好上下班交接工作和自检工作。

（6）支持班组安全员的工作，及时采纳安全员的正确意见，发动全班组职工共同搞好安全生产。

5. 班组兼职安全员的安全职责

班组兼职安全员为班组中负责安全生产宣传教育和检查监督的安全技术人员。其主要安全职责包括：

（1）模范地执行安全生产各项规章制度和领导提出的有关安全方面的要求，协助班组长做好本班组的安全工作，接受专职安全员的业务指导。

（2）协助班组长组织全班安全学习，加强日常安全教育和宣传工作，搞好新工人的安全教育。

（3）反映班组安全生产情况和职工的要求，协助落实改进措施。

（4）管理本班组的安全工具、设施、标志等器材。

（5）及时发现和处理事故隐患，对不能处理的隐患要及时上报，并有权制止违章作业，有权抵制和越级上告违章指挥行为。

6. 建筑工人的安全职责

建筑工人为参加建筑施工活动的生产工人。其主要安全职责如下：

（1）牢记“安全生产，人人有责”，树立“安全第一”的思想，积极参加安全活动，接受安全教育。

（2）认真学习和掌握本工种的安全操作规程及有关安全知识，自觉遵守安全生产的各项制度，听从安全人员的指导，做到不违章冒险作业。

（3）正确使用防护用品和安全设施，爱护安全标志，服从分配，坚守岗位，不随便开动他人使用操作的机械和电气设备，不无证进行特殊作业，严格遵守岗位责任制和安全操作规程。

（4）发生事故或未遂事故，立即向班组长报告，参加事故分析吸取事故教训，积极提出促进安全生产、改善劳动条件的合理化建议。

（5）有权越级报告有关违反安全生产的一切情况。遇有危及人身安全而无保证措施的作业，有权拒绝施工，同时立即报告或越级报告有关部门。

第四节　其他安全管理

一、特种设备安全管理

（一）特种设备的种类和分类

1. 特种设备概念

根据《特种设备安全监察条例》，特种设备是指涉及生命安全，危险性较大的锅炉、压力容器（含气瓶）、压力管道、电梯、起重机、客运索道、大型游乐设施。

2. 特种设备分类

特种设备依据其主要工作特点，分为承压类特种设备和机电类特种设备。

（1）承压类特种设备，是指承载一定压力的密闭设备或管状设备，包括锅炉、压力容器（含气瓶）、压力管道。

（2）机电类特种设备，是指必须由电力牵引或驱动的设备，包括电梯、起重机械、大型游乐设施、客运索道、场（厂）内机动车辆。

（二）特种设备使用安全管理

电梯、客运索道、大型游乐设施、场（厂）内专用机动车辆压力容器（含气瓶）、压力管道、锅炉、起重机械的安全管理措施。

1. 电梯使用安全管理

1）电梯安全管理措施

（1）制定管理要求。设计单位应将设计总图、安全装置和主要受力构件的安全可靠性计算资料报送所在地区省级政府质量技术监督部门审查；制造单位应申请制造生产许可证和安全认定；安装和维修单位必须向所在地区省级政府管理部门申请资格认证，并领取认可资格证书；使用单位必须全都取得省级政府主管部门颁发的电梯检验合格证；操作人员必须经过专业培训考核合格，持有岗位操作资格证书；电梯设备的安全技术状况，必须按照规定中法定资格认可的单位进行检验，在用电梯安全定期监督检验周期为1年。

（2）建立安全技术档案。

（3）建立管理制度。包括电梯司机与电梯维修人员的培训制度，电梯值班记录制度，电梯检查保养和维修制度，岗位操作规程，应急救援预案等。

2）电梯使用安全技术

（1）电梯安全使用基本要求。保持电梯紧急报警装置能够随时与使用单位安全管理机构或人员实现有效联系；在电梯显著位置标明使用管理单位名称、应急救援电话和日常维护保养单位名称及其急修、投诉电话；制定出现突发事件或事故的应急措施与救援预案。

（2）电梯使用操作安全。电梯投入使用前，必须做好动力电源和照明电源的供电工作；一天工作结束后，应将电梯行驶到最底层，用专用钥匙断开电源开关，使电梯安全回路切断。如果轿厢因超越行程或突然中途停驶而必须在机房内用人力驱动飞轮转动曳引机使轿厢作短程升降时，应先将电动机的电源开关断开，同时在转动曳引机时，使制动器处于张开状态。

2. 客运索道运行安全技术

1）客运索道安全管理措施

（1）建立健全安全档案。

（2）客运索道运营使用单位的主要负责人全面负责客运索道的安全使用。安全管理人员应由责任心强、有一定经验和相当文化程度的人担任。作业人员经特种设备安全监督管理部门考核合格，取得国家统一格式的特种作业人员证书。

（3）索道运营单位应建立救护组织，建立与市或地区消防等救援力量的联动机制。

（4）索道运营单位应配备适宜的营救设施，如绞车、梯子、救护袋等。

2）客运索道使用安全技术

（1）安全检查。根据索道运营特点，制定检查项目和标准。

（2）安全使用要求。客运索道的运营使用单位应当将客运索道的安全注意事项用标志置于乘客注意的显著位置。

（3）客运架空索道安全营救。当发生停电、机械设备发生故障（包括驱动装置、尾部拉紧装置索轮组和导向轮等）、牵引索跑偏或掉绳、进出站口系统有异常情况等，使索道停止运行时，要根据不同的情况采取不同的紧急营救方法。

3. 游乐设施运行安全管理

1）游乐设施安全管理措施

（1）组织机构。业务独立，依法注册，具有有效的营业执照。

（2）人员要求。使用单位负责人、安全管理人员或委托负责人应熟悉所管理的游乐设施的安全技术知识，必须经过专业的培训与考核合格后，方能上岗。

（3）运营应具备的条件。产品质量必须符合国家有关标准，有游乐设施生产许可证及有关证明。新产品投入运营前，须经国家认可的检验单位检验，检验合格后方可运营。运营单位须有各类游乐设施管理制度、定期维护检修制度及相应的人机安全紧急救护预案。操作、管理维修人员必须经过培训并持有上岗证书。运营场所须在明显位置公布游客须知、操作管理人员职责。

（4）管理制度。包括作业服务人员守则、安全操作规程、设备管理制度、日常安全检查制度、维修保养制度、定期报检制度、作业人员及相关运营服务人员的安全培训考核制度、紧急救援演习制度、意外事件和事故处理制度、技术档案管理制度。

（5）环境条件。游艺游乐场所应地面整洁、无杂物，符合卫生城市的指标规定；室内场所采光照明、通风、除尘、防震、消防、降低噪声、防疫消毒等应满足技术规范的要求。

2）游乐设施使用安全技术

（1）游乐设施安全装置要求。观览车必须能够正反向转动，停车开关应设在便于操作的位置。提升机构在运行中不允许出现爬行、窜动及异常振动现象。靠摩擦力提升的，摩擦面之间不允许有明显的相对滑动。在有可能导致人体、物体坠落而造成伤亡的地方，应设置安全网。高度 20 m 以上的游乐设施，在高度 10 m 处应设有风速计。

（2）游乐设施安全检查要求。对使用的游乐设施，每年要进行 1 次全面检查，必要时要进行载荷试验，并按额定速度进行起升、运行、回转、变速等机构的安全技术性能检查。

（3）游乐设施安全使用要求。每次运行前，作业和服务人员必须向游客讲解安全注意事项，并对安全装置进行检查确认。室外游乐设施在暴风雨等危险的天气条件下不得操作和使用；高度超过 20 m 的游乐设施在风速大于 15 m/s 时，必须停止运行。游乐设施的运行区域应用护栏或其他保护措施加以隔离，防止公众受到运行设施的伤害。使用单位必须制定救援预案，并且每年至少组织 1 次游乐设施意外事件或者发生事故的紧急救援演习，演习情况应当记录备查。

4. 场（厂）内机动车辆安全管理

场（厂）内机动车辆，是指利用动力装置驱动或牵引的在特定区域内作业和行驶、最大行驶速度（设计值）超过 5 km/h 的，或者具有起升、回转、翻转、搬运等功能的专用作业车辆。受道路交通管理部门和农业管理部门管理的车辆除外。

建设安全管理机构、单位负责人、厂车安全管理人员及作业人员岗位职责；建立车辆使用登记和定期报检制度；日常维修保养和自行检查制度；事故报告处理制度；事故应急救援预案演练制度，安全管理人员、作业人员教育培训和持证上岗制度，厂车安全使用管理规定等管理制度。为了车辆安全、可靠运行，要使车辆经常处于良好的技术状况，符合机动车安全运行技术标准，除应对车辆进行定期的检修保养外，还应结合进行预防性的日常自行检查维护。由驾驶员在出车前、行驶途中、收车后3个阶段进行，重点是清洁、检查和补给燃料。当作业人员的车辆准备长途行驶或首次接任该车驾驶时，需要进行出车前的检查工作，做到掌握车辆技术状况和熟悉车辆各操纵装置。

5. 压力容器安全对策措施

1）压力容器设计

①压力容器的设计必须符合安全、可靠的要求。所用材料的质量及规格，应当符合相应国家标准、行业标准的规定；压力容器材料的生产应当经过国家质检总局安全监察机构认可批准；压力容器的结构应当根据预期的使用寿命和介质对材料的腐蚀速率确定足够的腐蚀裕量；压力容器的设计压力不得低于最高工作压力，装有安全泄放装置的压力容器，其设计压力不得低于安全阀的开启压力或者爆破片的爆破压力。②压力容器的设计单位应当具备《特种设备安全监察条例》规定的条件，并按照压力容器设计范围，取得国家质检总局统一制定的压力容器类“特种设备设计许可证”，方可从事压力容器的设计活动。③压力容器中的气瓶、氧舱的设计文件，应当经过国家质检总局核准的检验检测机构鉴定合格，方可用于制造。

2）压力容器的制造、安装、改造、维修

①对压力容器的制造、安装、改造、维修原则上与锅炉的要求基本相同。②压力容器的制造单位应当具备《特种设备安全监察条例》规定的条件，并按照压力容器制造范围，取得国家质检总局统一制定的压力容器类“特种设备制造许可证”，方可从事压力容器的制造活动。③压力容器制造单位对压力容器原设计的修改，应当取得原设计单位同意修改的书面证明文件，并对改动部位做详细记载。④移动式压力容器必须在制造单位完成罐体、安全附件及底盘的总装，并经过压力试验和气密性试验及其他检验合格后方可出厂。

3）压力容器的使用

压力容器的使用要求原则上与锅炉的基本相同。除此之外，在压力容器投入使用前或者投入使用后30日内，移动式压力容器的使用单位应当向压力容器所在地的省级质量技术监督局办理使用登记，其他压力容器的使用单位应当向压力容器所在地的市级质量技术监督局办理使用登记，取得压力容器类的“特种设备使用登记证”。

4）压力容器的检验

①在用压力容器应当进行定期检验。外部检查可以由经过国家质检总局核准的检验检测机构中有资格的检验员进行，也可由省级质量技术监督局安全监察机构认可的使用单位压力容器专业人员进行。内部检验由经过国家质检总局核准的检验检测机构中有资格的检验员进行。压力容器投用后首次内外部检验周期一般为3年；安全状况等级为1级或者2级的压力容器，每6年至少进行一次；安全状况等级为3级的压力容器，每3年至少进行一次。②压力容器的使用单位应当按照安全技术规范的要求，在安全检验合格有效期届满前1个月，向压力容器检验检测机构提出定期检验要求。只有经过检验合格的压力容器才允许继续投入使用。

5）压力容器的主要安全附件要求

压力容器的安全附件主要有安全阀、爆破片装置、紧急切断装置、压力表、液面计、测温仪表、快开门式压力容器安全连锁装置等。其中对安全阀、压力表、液面计的安全要求与对锅炉安全阀、压力表、水位计的要求基本相同。此外，根据压力容器的特点，还应符合以下要求：①在用压力容器应当根据设计要求装设安全泄放装置。压力源来自压力容器外部且得到可靠控制时，安全泄放装置可以不直接安装在压力容器上。②安全阀不能可靠工作时，应当装设爆破片装置，或者采用爆破片装置与安全阀装置组合的结构。凡串联在组合结构中的爆破片在动作时不允许产生碎片。③对易燃介质或者毒性程度为极度、高度或者中度危害介质的压力容器，应当在安全阀或者爆破片的排出口装设导管，将排放介质引至安全地点并进行妥善处理，不得直接排入大气。④固定压式力容器上只安装 1 个安全阀时，安全阀的开启压力不应大于压力容器的设计压力，且安全阀的密封试验压力应当大于压力容器的最高工作压力。固定式压力容器上安装多个安全阀时，其中 1 个安全阀的开启压力不应大于压力容器的设计压力，其余安全阀的开启压力可以适当提高，但不得超过设计压力的 1. 05 倍。⑤移动式压力容器安全阀的开启压力应为罐体设计压力的 1. 05 ~ 1. 10 倍，安全阀的额定排放压力不得高于罐体设计压力的 1. 2 倍，回座压力不应低于开启压力的 0. 8 倍。⑥固定式压力容器上装有爆破片装置时，爆破片的设计爆破压力不得大于压力容器的设计压力，且爆破片的最小设计爆破压力不应小于压力容器最高工作压力的 1. 05 倍。⑦压力容器最高工作压力低于压力源压力时，在通向压力容器进口的管道上必须装设减压阀。如因介质条件减压阀无法保证可靠工作时，可用调节阀代替减压阀。在减压阀或者调节阀的低压侧，必须装设安全阀和压力表。⑧爆破片装置应当定期更换。对于超过最高设计爆破压力而未爆破的爆破片应当立即更换；在苛刻条件下使用的爆破片装置应当每年更换；一般爆破片装置应当在 2 ~3 年内更换。

6. 压力管道安全对策措施

1）压力管道设计

压力管道设计单位及其设计审批人员，必须取得国家质量监督检验检疫总局或者省级质量技术监督局颁发的压力管道类“特种设备设计许可证”“压力管道设计审批人员资格证书”，方可从事压力管道的设计活动。

2）压力管道的制造、安装

①压力管道元件，如连接或者装配成压力管道系统的组成件，包括管子、管件、阀门、法兰、补偿器、阻火器、密封件、紧固件和支吊架等的制造、安装单位，应当经国家质检总局或者省级质量技术监督局许可，取得许可证后方可从事相应的活动。具备自行安装能力的压力管道使用单位，经过省级质量技术监督局审批后，可以自行安装本单位使用的压力管道。②压力管道元件的制造过程，必须经国家质量监督检验检疫总局核准的检验检测机构中有资格的检验员按照安全技术规范的要求进行监督检验。

3）压力管道的使用

①压力管道使用单位应当使用符合安全技术规范要求的压力管道，保证压力管道安全使用。应当配备专职或者兼职专业技术人员负责安全管理工作，制定本单位的压力管道安全管理制度，建立压力管道技术档案，并向所在地的市级质量技术监督局登记。②输送可燃、易爆或者有毒介质压力管道的使用单位，应当建立巡线检查制度，制定应急措施和救援方案，根据需要建立抢险队伍并定期演练。

4）压力管道的检验

在用压力管道应当进行检验。压力管道附属仪器仪表安全保护装置、测量调控装置应当定期校验和检修。

7. 锅炉安全对策措施

1）锅炉设计

①锅炉的设计必须符合安全可靠的要求。锅炉受压元件所用金属材料和连接材料应当符合相应的国家标准和行业标准；锅炉结构应当能够按照设计预定方向自由膨胀使所有受热面都得到可靠的冷却；锅炉各受压部件应当有足够的强度，炉墙有良好的密封性。②锅炉的设计文件应当经过国家质量监督检验检疫总局核准的检验检测机构鉴定，经过鉴定合格的锅炉设计总图的标题栏上方应当标有鉴定标记。

2）锅炉的制造、安装、改造、维修

①锅炉及其安全附件安全保护装置的制造、安装、改造单位，应当经过国家质量监督检验检疫总局许可。锅炉制造单位应当具备《特种设备安全监察条例》规定的条件，并按照锅炉制造范围，取得国家质检总局统一制定的锅炉类“特种设备制造许可证”，方可从事锅炉制造活动。②锅炉的维修单位，应当经过省级质量技术监督局许可，取得许可证后方可从事相应的活动。③锅炉的安装、改造维修的施工单位，应当在施工前将拟进行的锅炉的安装、改造、维修情况，以书面形式告知锅炉所在地的市级质量技术监督局。④锅炉的制造、安装、改造、重大维修过程，必须经国家质量监督检验检疫总局核准的检验检测机构中有资格的检验员，按照安全技术规范的要求进行监督检验，经监督检验合格后方可出厂或者交付使用。

3）锅炉使用

（1）防止超压。压力表和安全阀都是防止锅炉超压的主要安全装置。防止锅炉超压，应该从两方面着手：①做好检查工作。凡发现指针不动；指针因内漏跳动严重，指针不能回到零位；表盘玻璃破碎；刻度模糊不清；超过校验周期的，应停止使用，待修复和校验合格后再用，无修理价值的应及时报废更新。新压力表必须经计量部门校验封铅后再装上使用。对于安全阀，凡发现泄漏严重、弹簧失效和超过校验周期的，应停止使用。超过校验周期和新安装的安全阀，必须经过计量部门核验合格后方可使用。②提高安全意识。司炉人员应该增强工作责任感，坚持做到每班冲洗压力表和存水弯管，排除管内的杂物，防止堵塞。同时，锅炉在运行过程中，应该密切注意压力表的指针动向，要坚持每班手动一次安全阀，确保排气畅通。切不可用加重物、移动重锤，将阀芯片卡死等手段任意提高安全阀的始起压力或使安全阀失效。凡发现全装置有异常现象时，应积极处理，使之完好运行。另外，司炉人员在锅炉操作时，还须注意负荷的变化，保持稳定，防止负荷骤然降低时气压猛升而超压。

（2）防止过热。缺水事故在整个锅炉事故中，所占比例是相当大的。严格来说，缺水事故是完全可以避免的，这就要求司炉人员在操作过程中不要打瞌睡不要干与本岗位无关的事，不要脱离岗位。坚持每班冲洗水位表，认真仔细观察水位，时刻保持水位正常。对于维修人员来说，应定期清理水位表旋塞及连通管，检查给水阀、注水器、给水泵及水位警报器超温警报器等使之完好、灵敏、可靠。锅炉万一发生缺水，司炉人员必须冷静果断，不要慌张，应首先判断缺水的程度，若是严重缺水，应紧急停炉冷却，严禁向锅内进水。

（3）防止腐蚀。一般来讲，锅炉在长期的运行过程中，受压元件会受到烟灰的冲刷而减薄，其防止方法甚为有限，这就要求使用单位根据本单位锅炉的实际年限，经常开展自检工作，并积极配合锅检单位开展定期检测工作，若发现受压元件减薄，达不到规定数值时应及时停炉修复。对于锅筒，若无修复价值，应予以报废。锅炉停运期间的保养方法有干法、湿法、充气法、压力法等，使用较多的是干法和湿法两种保养方法。使用单位应根据锅炉停运时间的长短，合理采用保养方法，不可盲目。锅炉在保养期间，应该加强监视，时刻保持锅炉房干燥，经常检查受压元件有无腐蚀，以此确定干燥剂、防腐药品的增减，对于失效的干燥剂应及时更换。

（4）防止缺陷。锅炉产品在出厂前，将其缺陷消除，是保证锅炉安全使用的最重要环节。锅炉在运行过程中，由于负荷增减幅度过大，冷热交替频繁以及过热等因素的影响，裂纹等缺陷时常发生，一般发现较早的，有可能修复，而晚期的则不易修复，不得不做报废处理。为了避免因缺陷引起的爆炸事故，要求有能力的单位应经常性地进行检测，这样就可以填补因锅检单位每2年进行一次的定检空间，及时发现裂纹等其他危及安全的缺陷。对于使用年限较长的锅炉，且没有能力自检的单位，应该聘请锅检单位对其进行检测，适当缩短定检周期。锅炉安全监察部门应该严格执法，对于那些无证粗制滥造的“土锅炉”坚决查封，并严格把好锅炉安装以及受压元件修复关。当锅炉受压元件损坏时，使用单位不得自行聘请无证施工单位和个人修复，应该由有证施工单位承担。凡承担修复任务的单位，在施工前，必须制定修复方案，报请锅炉压力容器安全监察部门审查批准后方可开工。要确保施工质量，若发现施工质量问题，应坚决返修，直至合格为止。

（5）锅炉使用单位应当严格执行《特种设备安全监察条例》和有关安全生产的法律、行政法规的规定，根据情况设置锅炉安全管理机构或者配备专职、兼职安全管理人员，制定安全操作规程和管理制度，以及事故应急措施和救援预案，并认真执行，确保锅炉安全使用。

（6）锅炉使用单位应当建立锅炉安全技术档案。档案的内容应当包括锅炉的设计、制造、安装、改造、维修技术文件和资料；定期检验和定期自行检查的记录；日常使用状况记录；锅炉本体及其安全附件、安全保护装置测量调控装置，以及有关附属仪器仪表的日常维护保养记录、运行故障和事故记录等。

4）锅炉检验

①在用锅炉应当进行定期检验，以便及时发现锅炉在使用中潜伏的安全隐患及管理中的缺陷，进而采取应对措施，预防事故发生。②锅炉定期检验工作，应当由经过国家质量监督检验检疫总局核准的检验检测机构中有资格的检验员进行。③锅炉使用单位应当按照安全技术规范的定期检验要求在安全检验合格有效期届满前1个月，向锅炉检验检测机构提出定期检验要求。只有经过定期检验合格的锅炉才允许继续投入使用。

5）安全阀

①每台蒸汽锅炉应当至少装设2个安全阀，不包括省煤器上的安全阀。对于额定蒸发量小于等于0.5 t/h或者小于4 t/h且装有可靠的超压连锁保护装置的蒸汽锅炉，可以只装设1个安全阀。②蒸汽锅炉的可分式省煤器出口处、蒸汽过热器出口处、再热器入口处和出口处，都必须装设安全阀。③锅筒上的安全阀和过热器上的安全阀的总排放量，必须大

于锅炉额定蒸发量，并且在锅筒和过热器上所有安全阀开启后，锅筒内蒸汽压力不得超过设计时计算压力的1.1倍。④对于额定蒸汽压力小于等于3.8 MPa的蒸汽锅炉，安全阀的流道直径不应小于25 mm；对于额定蒸汽压力大于3.8 MPa的蒸汽锅炉，安全阀的流道直径不应小于20 mm。⑤热水锅炉额定热功率大于1.4 MW的应当至少装设2个安全阀，额定热功率小于等于1.4 MW的应当至少装设1个安全阀。热水锅炉上设有水封安全装置时，可以不装设安全阀，但水封装置的水封管内径不应小于25 mm，且不得装设阀门，同时应有防冻措施。⑥热水锅炉安全阀的泄放能力，应当满足所有安全阀开启后锅炉压力不超过设计压力的1.1倍。对于额定出口热水温度低于100 ℃的热水锅炉，当额定热功率小于等于1.4 MW时，安全阀流道直径不应小于20 mm；当额定热功率大于1.4 MW时，安全阀流道直径不应小32 mm。⑦几个安全阀如共同装设在一个与锅筒直接相连接的短管上，短管的流通截面积应不小于所有安全阀流道面积之和。⑧安全阀应当垂直安装，并应装在锅炉、集箱的最高位置。在安全阀和锅筒之间或者安全阀和集箱之间，不得装有取用蒸汽或者热水的管路和阀门。⑨安全阀上应当装设泄放管，在泄放管上不允许装设阀门。泄放管应当直通安全地点并有足够的截面积和防冻措施，保证排水畅通。⑩安全阀有下列情况之一时，应当停止使用并更换：安全阀的阀芯和阀座密封且无法修复；安全阀的阀芯与阀座粘死或者弹簧严重腐蚀生锈；安全阀选型错误。

6）压力表

①每台蒸汽锅炉除必须装有与锅筒蒸汽空间直接相连接的压力表外，还应当在给水调阀前、可分式省煤器出口过热器出口和主汽阀之间、再热器出入口、强制循环锅炉水循环泵出入口、燃油锅炉油泵进出口、燃气锅炉的气源入口等部位装设压力表。②每台热水锅炉的进水阀出口和出水阀入口、循环水泵的进水管和出水管上都应当装设压力表。③在额定蒸汽压力小于2.5 MPa的蒸汽锅炉和热水锅炉上装设的压力表，其精确度不应低于2.5级；额定蒸汽压力大于等于2.5 MPa的蒸汽锅炉，其压力表的精确度不应低于1.5级。④压力表应当根据工作压力选用。压力表表盘刻度极限值应为工作压力的1.5～3.0倍，最好选用2倍。⑤压力表表盘大小应当保证同炉人员能够清楚地看到压力指示值，表盘直径不应小100 mm。⑥压力表装设应当符合下列要求：应当装设在便于观察和冲洗的位置，并应防止受到高温、冰冻和振动的影响；应当有缓冲弯管，弯管采用钢管时，其内径不应小于10 mm；压力表和弯管之间应当装有三通旋塞，以便冲洗管路、卸换压力表等。⑦压力表有下列情况之一时，应当停止使用并更换；有限止钉的压力表在无压力时，指针不能回到限止钉处；无限止钉的压力表在无压力时，指针距零位的数值超过压力表的允许误差；表盘封面玻璃破裂或者表盘刻度模糊不清；封印损坏或者超过检验有效期限；表内弹簧管泄漏或者压力表指针松动；指针断裂或者外壳腐蚀严重；其他影响压力表准确指示的缺陷。

7）水位表

①每台蒸汽锅炉应当至少装设2个彼此独立的水位表。但符合下列条件之一的蒸汽锅炉可以只装设1个直读式水位表：额定蒸发量小于等于0.5 t/h的锅炉；电加热锅炉；蒸发量小于等于2 t/h且装有1套可靠的水位示控装置的锅炉；装有2套各自独立的远程水位显示装置的锅炉。②水位表应当装在便于观察的地方。水位表距离操作地面高于6 m时，应当加装远程水位显示装置。远程水位显示装置的信号不能取自一次仪表。③水位表

上应当有指示最高、最低安全水位和正常水位的明显标志。水位表的下部可见边缘应当比最高安全水位至少高 50 mm，且应比最低安全水位至少低 25 mm；水位表的上部可见边缘应当比最高安全水位至少高 25 mm。④水位表应当有放水阀门和接到安全地点的放水管。水位表（或水表柱）和锅筒之间的汽水连接管上应当装有阀门，锅炉运行时阀门必须处于全开位置。⑤水位表有下列情况之一时，应当停止使用并更换：超过检修周期；玻璃板有裂纹、破碎；阀件固死；出现假水位；水位表指示模糊不清。

8. 起重机械安全对策措施

超重机械按照 GB 6067—2010《起重机械安全规程》要求进行设计。起重机械作业潜在的危险性是物体打击。如果吊装的物体是易燃、易爆、有毒、腐蚀性强的物料，若吊索吊具发生意外断裂、吊钩损坏或违反操作规程等发生吊物坠落，除有可能直接伤人外，还会将盛装易燃、易爆、有毒、腐蚀性强的物件包装损坏，介质流散出来，造成污染，甚至会发生火灾爆炸、腐蚀、中毒等事故。起重设备在检查、检修过程中，存在着触电、高处坠落机械伤害等危险性；汽车吊在行驶过程中存在着引发交通事故的潜在危险性。

1）起重机械的制造、安装、维修、改造、使用单位的基本要求

①起重机械生产、使用单位，应当接受特种设备安全监督管理部门依法进行的特种设备安全监察。②起重机械及其安全保护装置等的制造单位，应当经国务院特种设备安全监督管理部门许可，方可从事相应的活动。③起重机械的安装改造维修的施工单位，应当在施工前将拟进行的特种设备安装、改造、维修情况书面告知直辖市或者设区的市级的特种设备安全监督到行驶安全管理部门。④起重机械制造过程和电梯、起重机械的安装、改造、重大维修过程，必须经国务院特种设备安全监督管理部门核准的检验检测机构按照安全技术规范的要求进行监督检验，不合格的不得出厂或者交付使用。

2）起重机械使用的基本要求

①起重机械使用单位应当按照安全技术规范的要求，在安全检验合格有效期届满前 1 个月，向特种设备检验检测机构提出定期检验要求。未经定期检验或者检验不合格的特种设备，不得继续使用。②起重机运行时，不得利用极限位置限制器停车。对无反接制动性能的起重机，除特殊情况外，不得靠打反车制动，应平稳挪动各操纵杆。吊运较重的物品更要注意平稳制动。③即使起重机上装有起升高度限制器，也要防止过卷扬，应时刻注意吊钩滑轮组或重物不能触及主梁或吊臂及其顶部滑轮组。④吊装作业前，应预先在吊装现场设置安全警戒标志并设专人监护，非施工人员禁止入内。吊运重物时，重物不得从他人头顶上通过；吊物和吊臂下严禁站人。⑤吊运重物应走指定的通道，在没有障碍物的线路上运行时，吊具或吊物底面应距离地面 2 m 以上；通道上有障碍物需要跨越时，吊具或吊物底面应高出障碍物顶面 0.5 m 以上。⑥所吊重物接近或达到起重机的起重量时，吊运前应检查制动器，并进行小高度（200 ~ 300 mm）、短行程试吊后，再平稳运行。⑦吊运液态金属、有害液体、易燃易爆物品时，虽然起重量并未接近额定起重量，也应进行小高度、短行程试吊。⑧起重机吊钩在最低工作位置时，卷筒上的钢丝绳必须保留有设计规定的安全圈数（一般为 2 ~ 3 圈）。⑨起重机在高压线附近作业时，要特别注意臂架、吊具、辅具钢丝绳、缆绳及重物等与输电线的最小距离。⑩不得在有载荷情况下调整起升和变幅机构制动器。⑪有主副两套起升机构的起重机，主副钩不应同时开动，设计允许的专用设备除外。⑫起重机上所有电气设备的金属外壳必须可靠接地。司机室的地板应铺设橡胶或

其他绝缘材料。⑬起重机上禁止存放易燃易爆物品，司机室内应备有灭火器。⑭露天工作的起重机械，当风力大于6级时，一般应停止作业；对于门座起重机等在沿海工作的起重机，当风力大于7级时应停止作业。⑮吊装作业人员必须持有2种作业证。吊装质量大于10 t的物体应办理“吊装安全作业证”。⑯吊装质量大于等于40 t的物体和土建工程主体结构，应编制吊装施工方案。吊物虽不足40 t，但形状复杂、刚度小、长径比大、精密贵重、施工条件特殊的情况下，也应编制吊装施工方案。吊装施工方案由施工主管部门和安全技术部门审查，经批准后方可实施。⑰吊装作业人员必须佩戴安全帽。安全帽应符合GB 2811—2007《安全帽》的规定，高处作业时应遵守高处作业的有关规定。⑱吊装作业前，应对起重吊装设备、钢丝绳、缆绳、链条、吊钩等各种机具进行检查，必须保证安全可靠，不准“带病”使用。⑲吊装作业时，必须分工明确、坚守岗位，并按GB 5082—1985《起重吊运指挥信号》规定的联络信号，统一指挥。⑳严禁利用管道、管架、电杆、机电设备等做吊装锚点。未经机动部门、建筑部门审查核算，不得将建筑物、构筑物作为锚点。㉑吊装作业前，必须对各种起重吊装机械的运行部位、安全装置以及吊具、索具进行详细的安全检查，吊装设备的安全装置应灵敏可靠。吊装前必须试吊，确认无误方可作业。㉒任何人不得随同吊装重物或吊装机械升降。在特殊情况下，必须随之升降的，应采取可靠的安全措施，并经过现场指挥人员的批准。㉓用定型起重吊装机械进行吊装作业时，除遵守通用标准外，还应遵守该定型机械的操作规程。㉔在吊装作业中，有下列情况之一者不准吊装：指挥信号不明；超负荷或物体质量不明；斜拉重物；光线不足，看不清重物；重物下站人，或重物越过人头；重物埋在地下；重物紧固不牢，绳打结，绳不齐；棱刃物体没有衬垫措施；容器内介质过满；安全装置失灵。㉕汽车吊作业时，除要严格遵守起重作业和汽车吊的有关安全操作规程外，还应保证车辆的完好，不准“带病”运行，做到行驶安全。

二、消防安全管理

1. 消防工作性质

消防工作向来是全社会、全民性的工作，它涉及各行各业、千家万户，具有广泛的社会性和群众性，它是人类在同火灾做斗争的过程中，逐步形成和发展起来的一项专门工作。

消防工作是公安工作的一个组成部分，各级公安机关负责实施消防监督工作。因此，机关企事业、团体的消防工作接受各级公安机关及其职能部门的业务指导和监督检查，并由本单位安全保卫部门具体组织本单位消防工作的实施。

企业的消防工作是保卫我国社会主义建设和人民生命财产安全的一项极其重要的工作。社会主义工业是国民经济的重要组成部分，现代科学技术的迅速发展及其在生产上的运用，对工业企业生产产生着深刻的影响，工业生产的连续化、高速化、自动化和新工艺、新设备、新材料的应用，既带来巨大的经济效益、效果，同时对防火安全提出了更高的要求。因为在一个细小的环节上的火灾都可能导致整个生产的中断，造成重大的经济损失和人员伤亡。因此，做好工厂企业的消防安全工作，对保证经济建设的顺利进行具有极其重要的意义。总的来讲，企业的消防工作不仅对国民经济的发展至关重要，而且对维护社会安全稳定有着举足轻重的作用，做好工厂企业的消防安全工作，对保障国家财产和人民生命安全，保卫工厂生产经营成果，不断提高工厂经济效益有着十分重要的意义。

2. 消防工作方针

新中国成立初期，我国提出的消防工作方针是“预防为主，以消为辅”。这一方针在我国消防工作的实践中坚持了多年。1984 年 5 月 11 日颁布的《中华人民共和国消防条例》规定，我国的消防工作方针是“预防为主，防消结合”。它是同火灾做斗争的经验总结。这一方针是在原方针的继承和发展的基础上经过修改和充实后确定的。新的“消防法”保留了这一方针。

“预防为主”，就是指在处理“消”与“防”两者关系上，必须把预防火灾摆在首位，采取各种积极有效的手段和措施，掌握消防工作的主动权，防患于未然，以预防火灾的发生和发展，从根本上避免和减少火灾的发生。

“防消结合”，是指同火灾做斗争的两个基本手段——预防和扑救必须有机地结合起来，在做好预防工作的同时，从思想上、组织上、物质上时刻做好准备，一旦发生火警、火灾，能迅速有效地予以扑灭。将火灾的危害控制在最小范围，使火灾损失减少到最低限度。

“防”和“消”是不可分割的整体，二者是相辅相成，缺一不可的，“预防为主，防消结合”的工作方针，科学而准确地反映了广大人民群众同火灾做斗争的客观规律，同时又体现了我国消防工作的特色。自《中华人民共和国消防法》实施以来，这一消防工作方针已经在广大人民群众中深入人心，并且对我国的消防工作发挥了重要作用。所以，《中华人民共和国消防法》保留了《消防条例》规定的这一消防工作方针。消防法各部各章各条各款的规定都是贯彻落实该方针的具体体现。只有坚决贯彻执行“预防为主，防消结合”的方针，才能真正做到防患于未然。

3. 消防重点单位和部位

确定消防重点单位以及重点部位的依据是“四大”“六个方面”。“四大”即火灾危险性大，发生火灾后损失大、伤亡大、影响大。“六个方面”即重要的厂矿企业，基建工地，交通枢纽；粮棉百货等物资集中的仓库、货栈；生产储存化工、石油等易燃易爆物品的单位；首脑机关、外宾住地、重要的科研、事业单位；文物建筑、图书馆、档案馆等单位；易燃建筑密集区和经常集聚大量人员的重要场所。一般应将价值 50 万元以上的日用百货及其生产的资料仓库、货栈及较大的粮棉油加工厂和易燃易爆物品生产、运输、储存等单位列为重点单位。

重点部位确定即：①容易发生火灾的部位；②发生火灾影响全局的部位；③物资财富集中的部位；④人员集中的部位。

4. 企业防火重点岗位的划分与管理

根据工业企业岗位的火灾危险程度和岗位的特点，通常分为一般岗位和重点岗位。重点岗位大致分为一、二、三级。一级岗位是在操作中不慎或违反操作规程极易引起火灾、爆炸事故的岗位，如焊接、焊割、烘烤、油清洗、喷、浸、油漆、液化气罐瓶和保管等。二级岗位是在操作中不慎或违反操作规程有可能引起火灾、爆炸事故的岗位，如电工、木工、热处理等。三级岗位是在其作业中只是在特殊情况下能够发生火灾、爆炸事故的岗位。

5. 消防安全检查的主要内容

根据不同季节不同单位有所侧重。一般来说，检查的主要内容有：领导和群众对消防工作的认识和重视程度，消防组织是否健全，在防火工作中能否发挥作用；各项防火制度订立和执行情况，要害部位和重点工种人员是否有消防岗位责任制；火险隐患的整改情况；过去有无火灾及原因，现在改进情况；各种物资保管及储存方法；有无爆炸、自燃起火的危险；电气设备使用情况，安装是否符合安全规程；是否有疏散人员和物资的计划；用火装置或设备的安装使用以及管理情况；消防器材装备的设置、管理和维修情况等。

6. 一般火灾的扑救方法

1）火灾报警

人们在日常生活和生产中，如果因意外情况发生了火灾，首先应立即向消防部门报警，与此同时，应使用火场现有的灭火器材控制火灾蔓延和尽力扑救。

但是，由于火灾是突然发生的，这就容易使人惊慌失措，既不能及时报警，也未采取行之有效的灭火措施，结果小火变成大火，造成生命财产的巨大损失。因此，在火灾发生后，千万不要惊慌，应一面叫人迅速打电话报警，一面组织人力积极扑救。报告火警通常使用火警电话（全国统一规定的火警电话号码 119 或普通电话，也有用专线电话或无线电台报警、来人报警以及火警瞎瞭望台报警等。）

2）火灾的扑救方法

（1）仓库火灾的扑救。扑救仓库火灾，要以保护物资为重点。根据仓库的建筑特点、储存物资的性质以及火势等情况，加强第一批出动力量，灵活地运用灭火战术。要搞好火情侦查，在只见烟雾不见火的情况下，不能盲目行动。必须迅速查明以下情况：①储存物资的性质、火源及火势蔓延的途径；②为了灭火和疏散物资是否需要破拆；③是否烟雾弥漫得必须采取排烟措施；④临近火源的物资是否已受到火势威胁，是否需要采取紧急疏散措施；⑤库房内有无爆炸剧毒物品，火势对其威胁程度如何，是否需要采取保护、疏散措施等。

当爆炸、有毒物品或贵重物资受到火势威胁时，应采取重点突破的方法扑救。选择火势较弱或能进能退的有利地形，集中数支水枪，强行打开通道，掩护抢救人员，深入燃烧区将这些物品抢救出来转移到安全地点。对无法疏散的爆炸物品应用水枪进行冷却保护。当烟雾弥漫或有毒气体妨碍灭火时，要进行排烟通风。义务消防队员和员工等扑救人员进入库房时，必须佩戴隔绝或消防呼吸器。排烟通风时，要做好出水准备，防止在通风情况下火势扩大。扑救爆炸物品时，力量要精干，速战速决。发现有爆炸征兆时，应迅速地将消防人员撤出。

（2）电气火灾的扑救。扑救电气火灾，一般首先切断火场的电源。如果断电后会严重影响生产，必须进行带电灭火时，一定要采取必要的措施，确保扑救人员的安全。

① 断电灭火。为了防止在救火时发生触电事故，应与电工等有关人员配合，尽快设法切断电源。当电压在 250 V 以下时，可以穿绝缘靴，戴绝缘手套，用断电剪把电线剪断。切断电源的地点要适当。对于架空电线，应选在两个电线杆之间电源方向的电线杆附近，防止带电的导线掉落在地面上，造成接地短路。对三相线路的非同相电线和扭在一起的合股电线，应分别在不同的部位剪断，以免发生短路。用闸刀开关切断电源时，最好利用绝缘操作杆或干燥的木棍操作。如果需要切断动力线电源，应先将动力设备断电，然后

再断开闸刀，避免带负荷操作，防止电弧伤人。

② 带电灭火。对初起的电气火灾，可以用二氧化碳、干粉或“1211”“1301”灭火剂扑救。这些灭火剂都是不导电的，可用于带电灭火。为了保证消防人员和车辆的安全，应当使人体与带电体之间保持一定的距离。有些单位设有固定式或半固定式灭火装置，可以迅速启用扑灭电气设备的火灾。当火势较大，用不导电的灭火剂难以扑救时，可以用水流带电灭火，但必须配备相应的个人防护用具，采取可靠的接地措施，并在安全距离、水质和灭火方法等方面严格执行各项要求。在不能确保水枪手人身安全的情况下，不能进行带电灭火作业。

（3）汽车火灾的扑救。汽车着火，当火焰在发动机或燃油箱等部位时，可用干粉、卤代烷或二氧化碳等灭火剂迅速将火扑灭。当火焰在燃油箱口呈火炬状燃烧时，可用湿衣服、湿棉纱等将燃油箱口完全捂住，迫使火焰窒息。当火灾已经发展到猛烈阶段，燃油箱还没有破裂或爆炸时，应用雾状水或泡沫灭火，同时不断冷却燃油箱，防止发生破裂或爆炸而造成伤亡。当载客车在行驶途中起火，车门打不开时，首先要设法抢救被困车内的人员。当汽车停在重要场所，如易燃易爆物品仓库，人员密集场所等，发生火灾时，要尽快设法将车辆驶离重要场所，防止造成严重后果。当汽车驾驶室已经起火无法驶离时，在迅速扑救汽车火灾的同时，要喷水保护受火势威胁的建筑物或可燃物质，防止火势向这些部位蔓延。有些型号的汽车，其燃油箱分别设置在驾驶员座椅下和车厢板下，灭火时难以用水冷却，对此灭火人员要格外引起注意，并注意保护自己，防止因燃油箱爆炸而造成伤亡。

（4）夜间火灾的扑救。从发生火灾的实际情况看许多大火发生在夜间。这是因为夜间起火后往往发现晚、报警迟，火势极易发展蔓延，而且人们都已入睡，一旦发生火灾，容易惊慌失措，甚至造成伤亡。夜间灭火时，能见度低，行动不便，起火单位关门上锁，不易迅速接近火源，扑救比较困难。

根据夜间火灾的特点，应该加强夜间值勤和检查；接到报警时，加强第一批出动力量，及时将火场所需要的力量集中调往火场，同时应照明。在火场上要充分利用消防车的照明灯具及其他照明用具，必要时增配个人照明用具，以利于进行火情侦察、战斗展开、救人、疏散物资和供水等工作。特别是在建筑设备有倒塌危险的地点、室内地沟、楼板孔洞等威胁消防人员安全的地方，要尽力搞好照明，设立明显的标志，围挡起来或设立岗哨，避免发生意外。但要注意，在有爆炸性气体的房间，不准用明火或无防爆设备的灯具照明，以免引起爆炸。

在夜间救人时，要搞好火场通信联络工作，加强前、后方及阵地之间的配合。在进攻、转移、铺设水带、架设消防梯、破拆建筑等战斗行动中，一定要谨慎行动，注意安全。当起火单位的大门上锁，影响灭火工作时，应进行破拆。

为了搞好夜间火灾的扑救，义务消防队平时应熟悉责任区有关情况，加强夜间操作训练，进行夜间战术演练，提高夜间灭火战斗能力。

7. 火场中逃生方法

一场火灾降临，能否从火中逃生，固然与火势大小、起火时间、楼层高度、建筑物内有无报警、排烟、灭火设施等因素有关，但也与受害者的自救与互救能力，以及是否掌握逃生办法等有直接关系。现简要介绍逃生步骤。

1）熟悉环境

住宅楼、办公楼、百货商店以及各种娱乐场所都有发生火灾的可能，因此，住进宾馆、宿舍，走进百货商店，踏进公共场所等地方，首要一条就是要熟悉环境，要留心地看下太平门、安全出口的位置，避难间、报警器、灭火器的位置，以及有可能作为逃生器材的物品，养成这种习惯很有必要。

2）防烟

一旦确认起火，不管附近有无烟雾，都应采取防烟措施，常见的防烟措施是用干、湿手巾捂住口鼻。采取了防烟措施之后，就可以用灭火器或其他措施灭火了。如果火势较大或受灾者没有能力灭火，就一定要把未起火房间的门窗关好，运用各种办法报警。

3）逃生

逃生时应注意的事项：不要为穿衣或寻找贵重物品而浪费时间。没有任何东西值得以生命为冒险代价。不要向狭窄的角落逃避。出于对烟火的恐惧，受灾者往往向狭窄角落逃避，如床下、墙角、桌底等角落，结果总是九死一生。不要乘坐电梯，因为电梯直通大楼各层，烟雾和热气流最易涌入。在热的作用下会造成电梯变形使电梯不能正常运行，同时容易受到烟雾毒气和烈火的威胁。不要重返火场，受害者已经脱离危险区域，就必须留在安全区域，如有情况，应及时向救助人员反映。

火场逃生时，一定要稳定情绪，克服惊慌，冷静地选择逃生办法和途径。要充分利用建筑物本身的避难设施进行自救，如室内外疏散楼梯、消防电梯、救生滑梯、救生袋、缓降器等。在建筑物内无疏散楼梯又没有什么可作救生器材的情况下，要利用建筑物本身及附近的自然条件自救，如阳台、窗台、屋顶等就近建筑物的物体。在无法突围的情况下，应设法向浴室、卫生间之类的室内既无可燃物又有水源的地方转移，进入后立即关闭门窗打开水龙头，并阻止烟雾的侵入。在非跳即死的情况下跳楼时，要抱一些棉被、沙发垫等松软的物品，选择往楼下的车棚、草地、水池或树上跳，以减小冲击力。不到万不得已时，一定要坚持等待消防队的救援。

8. 灭火器与灭火方法

各种灭火器都是用于应急的轻便灭火工具，对扑灭初起之火，防止火灾扩大蔓延起着关键作用。下面以二氧化碳灭火器为例进行介绍。

二氧化碳灭火器利用其内部充装的液态二氧化碳的蒸气压将二氧化碳喷出灭火。由于二氧化碳灭火剂具有灭火不留痕迹，并有一定的电绝缘性能等特点，因此更适宜于扑救600 V以下的带电电器、贵重物品、设备、图书资料、仪表仪器等场所的初起火灾，以及一般可燃液体的火灾。

（1）二氧化碳灭火器的结构。手轮式二氧化碳灭火器主要由钢瓶、启闭阀、喷筒、出液管等组成。手提式二氧化碳灭火器主要由喷筒、手轮、启闭阀、安全阀、钢瓶、虹吸管组成。

（2）使用方法。灭火时只要将灭火器提到或扛到火场，在距离燃烧物5 m左右，放下灭火器，将灭火器的喷筒对准火源，如是鸭嘴式，只要拔去保险销，将鸭嘴压下即可喷出灭火；如是手轮式的，则先去掉铅封，将喇叭筒往上扳70°～90°，再将手轮逆时针旋转，即可喷出灭火。

（3）注意事项。不能扑救钾、钠、镁、铝等火灾。使用手轮式二氧化碳灭火器时，不能直接用手抓住喇叭筒外壁或金属连接管，防止冻伤。二氧化碳是窒息性气体，使用时注意安全。

9. 灭火的基本方法

根据物质燃烧的原理，灭火的基本方法，就是为了破坏燃烧必须具备的基本条件和反应过程所采取的一些措施。

（1）隔离法。就是将火源周围的可燃物质隔离或将可燃物质移走，没有可燃物，燃烧就会中止。运用隔离法灭火方式很多，比较常用的有：迅速将燃烧物移走；将火源附近的可燃、易燃易爆和助燃物品移走；关闭可燃气体、液体管路的阀门，以减少和阻止可燃物质进入燃烧区；设法阻拦疏散的液体，如采取泥土、黄沙、水泥筑堤等方法；及时拆除与火源毗连的易燃建筑物等。

（2）窒息法。就是阻止空气注入燃烧区或用不燃物质冲淡空气，使燃烧物得不到足够的氧气而熄灭。用这种方法扑灭火灾所用的灭火剂和器材有二氧化碳、氮气、水蒸气、泡沫、石棉被等。用窒息法扑灭火灾的方法（式）有：用不燃或难燃的物件直接覆盖在燃烧的表面上，隔绝空气，使燃烧停止；将水蒸气或不燃气体灌进起火的建筑物内或容器、设备中，冲淡空气中的氧，以达到熄火程度；设法密闭起火建筑物或容器、设备的孔洞，使其内部氧气在燃烧反应中消耗，燃烧由于得不到氧气的供应而熄灭。

（3）冷却法。就是将灭火剂直接喷射到燃烧物上，使燃烧物的温度低于燃点，燃烧停止；或者将灭火剂洒到火源附近的物体上，使其不受火焰辐射热的威胁，避免形成新的火点。冷却法是灭火的主要方法。常用水灭火，就是因水的热容大，气化所需的热量大，而且能迅速在燃烧物表面上散开和渗入内部。水接触燃烧物时，大部分流散而使物体受到冷却，部分水蒸发变成蒸汽也吸收大量热，所以能将燃烧物的温度降到燃点以下。泡沫和二氧化碳等灭火剂也起到一定的冷却作用，但在一定的条件下不如水的效能大。

（4）抑制灭火法。就是使灭火剂参与燃烧的连锁反应，使燃烧过程中产生的游离基消失，形成稳定分子或低活性的游离基，从而使燃烧反应停止。采用这种方法一定要有足够数量的灭火剂准确地喷射在燃烧区内，使灭火剂参与和中断燃烧反应；否则，将起不到抑制燃烧反应的作用，达不到灭火的目的；同时要采取必要的冷却降温措施，以防复燃。

复习思考题

1. 矿山安全管理的内容是什么？
2. 矿山安全管理的常用方法有哪些？
3. 化工生产开车、停车安全管理的要求是什么？
4. 分析建筑安全管理特点。
5. 建筑企业安全机构的主要职责是什么？
6. 简述特种设备的概念和分类。
7. 消防工作性质是什么？
8. 消防安全检查的主要内容有哪些？

第十一章　现代安全管理理论与方法

本章概要和学习要求

本章主要讲述了现代安全管理及其特征、现代安全管理基本原理、事故致因理论、行为科学的基本理论、现代安全管理的类别、6σ安全管理、5S管理、定置管理。通过本章学习，要求学生了解行为科学的基本理论和定置管理，掌握现代企业安全管理及其特征、现代安全管理基本原理、事故致因理论、现代安全管理的类别、6σ安全管理、5S管理。

安全管理学最为重要的方面是现代安全管理。现代安全管理是现代社会和现代安全生产和安全生活的必由之路。一个具有现代技术的生产企业需要相适应的现代安全管理工程。因此，现代安全管理是安全管理工程中最活跃、最前沿的研究领域。

第一节　现代安全管理及其基本原理

一、现代安全管理及其特征

1. 现代安全管理

现代安全管理是以现代安全科学和管理理论为指导，以传统安全管理为基础，以风险管理、事故预防和控制为手段，以不断提升系统整体和全过程安全水平为目标的管理。

通过人类长期的安全生产活动实践，以及安全科学与事故理论的研究和发展，人们已清楚地认识到，要有效地预防生产与生活中的事故、保障人类的安全生产和安全生活，人类有三大安全对策：一是安全工程技术对策；这是技术系统本质安全化的重要手段；二是安全教育对策：这是人因安全素质的重要保障措施；三是安全管理对策：这一对策既涉及物的因素，即对生产过程设备、设施、工具和生产环境的标准化、规范化管理，也涉及人的因素，即作业人员的行为科学管理等。因此，现代安全管理科学是安全科学技术体系中重要的分支学科，是人类预防事故的“三大对策”的重要方面。

2. 现代安全管理的主要特征

与传统的安全管理相比，现代安全管理具有许多鲜明的特征，如系统安全特征、本质安全化特征、定量风险化管理特征等。

1）系统安全特征

现代安全管理以系统安全思想为指导，强调为追求系统整体上的安全目标，应采取综合化管理技术和方法，实现科学化的安全管理。

在生产过程中，导致事故的原因是多方面的。从生产系统的组成要素来看，人、设备、物和环境因素均可能导致各种事故的发生，如人的误判断、误操作，违章作业、违章指挥和违反劳动纪律（“三违”现象）；设备缺陷、安装装置缺失、失效，防护器具缺失、缺陷；原材料、中间体、产品的易燃易爆、毒性等；作业方法和作业环境的缺陷等。安全管理必须从整个系统的方方面面出发，全面地观察、分析和解决问题，才可能实现系统安全的目标。

2）本质化管理特征

本质安全是指设备、设施或技术工艺含有内在的能够从根本上防止发生事故的功能。本质安全可以理解为机器、设备、环境本身具有的，即使出现人为操作失误也不会发生事故的安全状态。广义的本质安全包括人的安全行为，指作业人员处处按照标准、规程进行作业，消除人的因素导致的事故风险，和机、物、环境的安全状态一起构成系统的安全。本质安全化是安全管理预防原理的根本体现，也是安全管理的最高境界，实际上目前还很难做到，但是我们应该坚持这一原则。

3）预先管理的特征

与传统安全管理注重事故发生后事故调查、原因分析、制定对策、防止类似事故再次发生的"事后模式（Reactive Mode）"不同，现代安全管理强调以事故预防为中心，从系统的角度预先开展危险性辨识、分析与评价，从而对各种可能的事故原因采取措施进行预防——预先模式（Proactive Mode）"。

4）定量化风险管理的特征

风险管理的产生和发展造成了对传统安全管理体制的冲击，促进了现代安全管理体制的建立，促进了安全技术的发展。在某种意义上说，风险管理是一种创新，它强调安全管理必须以系统危险性的定量化为基础。近年来，随着计算机技术、可靠性分析技术等的发展，尤其随着可接受风险准则的逐步建立，定量风险分析（QRA）技术得到了长足的发展，进入20世纪90年代后期，QRA技术已从单项的定量化事故树分析和连续系统模拟，逐渐发展到针对复杂系统的定量风险数值的大型运算。

二、现代安全管理基本原理

现代安全的管理遵循通用的管理学原理和原则（如系统原理、人本原理、弹性原理等），但由于其管理对象的特殊性，还有着有别于其他管理的一些基本原理和原则（如预防原理、强制原理等）。

1. 预防原理

东汉荀悦所著《申鉴》有："一曰防，二曰救，三曰戒。先其未然谓之防，发而止之谓之救，行而责之谓之戒。防为上，救次之，戒为下。"将之用于事故隐患的处理方面，就产生了三种方法。第一种方法是在事情没有发生之前就预设警戒，防患于未然，这叫预防；第二种方法是在事故征兆刚出现就及时采取措施加以制止，防微杜渐，防止事态扩大，这叫补救；第三种方法是在事情发生后再行责罚教育，这叫惩戒。这三种方法中预防为上策，补救是中策，惩戒是下策，现代安全管理的基本核心思想在于事故预防。

1）预防原理的含义

安全管理工作应该以预防为主，即通过有效的管理和技术手段，防止人的不安全行为和物的不安全状态出现，从而使事故发生的概率降到最低，这就是预防原理。

预防，其本质是在有可能发生意外人身伤害或健康损害的场合，采取事前的措施，防止伤害的发生。预防与善后是安全管理的两种工作方法。善后是针对事故发生以后所采取的措施和进行的处理工作，在这种情况下，无论处理工作如何完善，事故造成的伤害和损失已经发生，这种完善也只能是相对的。显然，预防的工作方法是主动的、积极的，是安全管理应该采取的主要方法。

由于预防是事前工作，因此其正确性和有效性就十分重要，生产系统一般是较复杂的系统，事故的发生既有物的方面的原因，又有人的方面的原因，事先很难估计充分。有时，重点预防的问题没有发生，但未被重视的问题却酿成大祸。为了使预防工作真正起到作用，一方面要重视经验的积累，对既成事故和大量的未遂事故（险肇事故）进行统计分析，从中发现规律，做到有的放矢；另一方面要采用科学的安全分析、评价技术，对生产中人和物的不安全因素及其后果做出准确判断，从而实施有效的对策，预防事故的发生。

需要注意的是，在日常的安全管理中人们往往更多地注重从技术措施角度去预防，例如预防火灾、爆炸时，过多地关注建筑物的防火结构、安全距离、防爆墙、防油堤，设置的火灾报警器、灭火器、灭火设备是否符合标准规范等，而对危险源以及人的管理反而忽视，而这恰恰正是预防的重点。

2）预防原理的运用原则

（1）损失偶然原则。事故所产生的后果（人员伤亡、健康损害、物质损失等），以及后果的大小都是随机的，是难以预测的。反复发生的同类事故，不一定产生同样的后果，这就是事故损失的偶然性。日常生活中，偶然性关系普遍存在，如以爆炸事故为例，爆炸事故发生后被破坏设备的种类、有无人员伤亡、伤亡人数多少、受伤部位或程度、爆炸后有无火灾，以及爆炸事故当时发生的地点、人员情况、周围可燃物数量等都是由偶然性决定的。

有的事件发生后没有造成任何损失，这种事件被称为近事故、险肇事故、未遂事故（Near Accident）。若再次发生类似的事件，会造成多大的损失，只能由偶然性决定而无法预测。但海因里希法则也揭示了另外一个规律：如果类似事件（故）反复发生，总有一起会导致重大的损失。这也告诉我们，在安全管理的实践中，一定要重视各类事件（故）包括险肇事故，只有连险肇事故都控制住，才能真正做到预防事故损失的发生。

（2）因果关系原则。因果，即原因和结果。因果关系就是事物之间存在着一事物是另一事物发生原因的这种关系。事故是许多因素互为因果连续发生的最终结果。一个因素是前一个因素的结果，而又是后一个因素的原因，环环相扣，导致事故的发生，事故的因果关系决定了事故发生的必然性，即事故因素及其因果关系的存在决定了事故迟早必然要发生。

事故的必然性中包含着规律性。必然性来自于因果关系，深入调查、了解事故因素的因果关系，就可以发现事故发生的客观规律，从而为防止事故发生提供依据。应用数理统计方法，收集尽可能多的事故案例进行统计分析，就可以从总体上找出带有规律性的结果，为宏观安全决策奠定基础，为改进安全工作指明方向，从而做到“预防为主”，实现安全生产。

从事故的因果关系中认识必然性，发现事故发生的规律性，变不安全条件为安全条件，把事故消灭在早期起因阶段，这就是因果关系原则。

（3）3E原则。在前述各种间接原因中，技术、教育以及管理是构成事故最重要的原因。与这些原因相应的防止对策为技术对策、教育对策以及法制对策。通常把技术（Engineering）、教育（Education）和法制（Enforcement）对策称为“3E”对策，即3E原则。

3E原则的基本要点：①技术对策。是运用工程技术手段消除生产设施设备的不安全因素，改善作业环境条件，完善防护与报警措施，实现生产条件的安全和卫生。②教育对策。教育对策是提供各种层次的、各种形式和内容的教育和训练，使作业人员牢固树立“安全第一”的思想，掌握安全生产所必需的知识和技能。③法制对策。是利用法律、规程、标准以及规章制度等必要的强制性手段约束人们的行为，从而达到消除不重视安全、“三违”等现象的目的。

应综合灵活地运用3E对策，不要片面强调其中某一个对策。一般说来，考虑对策时，首先考虑工程技术措施，然后考虑教育训练措施，最后考虑法制措施。

在3E对策的基础上，有学者加入了环境（Environment）对策，又称为4E对策。

（4）本质安全化原则。该原则的含义是指从一开始就从本质上实现了安全化，就可以从根本上消除事故发生的可能性，从而达到预防事故发生的目的。

所谓本质上实现安全（本质安全化）指的是：设备、设施或技术工艺含有内在的能够从根本上防止发生事故的功能，包含失误—安全、故障—安全两个方面的内容，且这两种安全功能应该是设备、设施本身固有的，而不是事后补偿的。

本质安全化是安全管理预防原理的根本体现，也是安全管理的最高境界，实际上目前还很难做到，但是我们应该始终坚持这一原则。

2. 强制原理

1）强制原理的含义

采取强制管理的手段控制人的意愿和行动，使个人的行为受到安全管理的约束，从而实现有效的安全管理，这就是强制原理。

安全管理更需要具有强制性，这是基于3个方面的原因：

（1）事故损失的偶然性。企业不重视安全工作，存在人的不安全行为和物的不安全状态时，由于事故发生的偶然性，并不一定会产生具有灾难性的后果，这样会使人觉得安全工作并不重要，可有可无，从而进一步忽视安全工作，使得不安全行为和不安全状态继续存在，直至发生事故。

（2）人的“冒险”心理。这里所谓的“冒险”是指某些人为了获得某种利益而甘愿冒受到伤害的风险。持有这种心理的人不恰当地估计了事故潜在的可能性，心存侥幸，在避免风险和利益之间做出了错误的选择。这里“利益”的含义包括：省事、省时、省能、图舒服、获取经济收益等，冒险心理往往会使人产生有意识的不安全行为。

（3）事故损失的不可挽回性。这一原因可以说是安全管理需要强制的根本原因。事故损失一旦发生，往往会造成永久性的损害，尤其是人的生命和健康，更是无法弥补。因此在安全问题上，经验一般都是间接的，不能允许当事人通过犯错误来积累经验和提高认识。

强制性安全管理的实现离不开合理且严格的法律、法规、标准和各级规章制度，这些法规、制度构成了安全行为的规范。同时，还要有强有力的管理和监督体系，以保证被管理者始终按照行为规范进行活动，一旦其行为超出规范的约束，就要有严厉的惩处措施。

2）与强制管理有关的原则

（1）安全第一原则。安全第一原则要求在进行生产和其他活动的时候把安全工作放在一切工作的首要位置。当生产和其他工作与安全发生矛盾时，生产和其他工作要服从安全，这就是安全第一原则。作为强制原则范畴中的一个原则，“安全第一”应该成为企业的统一认识和行动准则，各级领导和全体员工在从事各项工作中都要以安全为根本，谁违反了这一原则，谁就应受到相应的惩处。坚持安全第一原则，就要建立和健全各级安全生产责任制，从组织上、思想上、制度上切实把安全工作摆在首位，常抓不懈，形成“标准化、制度化、经常化”的安全工作体系。

（2）监督原则。为了促进各级生产管理部门严格执行安全法律、法规、标准和规章制度，必须授权专门的部门和人员行使监督、检查和惩罚的职责，这就是安全管理的监督原则。安全管理带有较多的强制性，只要求执行系统自动贯彻实施安全法规，而缺乏强有力的监督系统去监督执行，法规的强制威力是难以发挥的。因此必须建立专门的监督机构，配备合格的监督人员，赋予必要的强制权力，以保证其履行监督职责，才能保证安全管理工作落到实处。

第二节　现代安全管理的基本理论

一、事故致因理论

事故致因理论是从大量典型事故的原因分析中所提炼出的事故机理和事故模型。它不考虑危险源的具体特点和事故的具体内容与形式，而只是抽象概括地考虑构成系统的人、机、物、环境，因此它更本质、更具普遍意义。这些机理和模型反映了事故发生的规律性，能够为事故原因的定性、定量分析，为事故的预测预防，为改进安全管理工作，从理论上提供科学的、完整的依据。

1. 事故因果连锁理论

1）海因里希（Heinrich）因果连锁理论

该理论的核心思想是：伤亡事故的发生不是一个孤立的事件，而是一系列原因事件相继发生的结果，即伤害与各原因相互之间具有连锁关系，后人对该理论进行了丰富和完善，但都保持了其中心思想不变，即认为事故因果关系之间存在继承性——前一过程的结果是引发后一过程的原因。

Heinrich 提出的事故因果连锁过程包括以下 5 方面因素。

（1）遗传及社会环境。遗传及社会环境是造成人的缺点的原因。遗传因素可能使人具有鲁莽、固执、粗心等对于安全来说属于不良的性格；社会环境可能妨碍人安全素质的培养，助长不良性格的发展，这种因素是因果链上最基本的因素。

（2）人的缺点。即由于遗传和社会环境因素所造成的人的缺点。人的缺点是使人产生不安全行为或造成物的不安全状态的原因。这一缺点既包括诸如鲁莽、固执、易过激、神经质、轻率等性格上的先天缺陷，也包括诸如缺乏安全生产知识和技能等的后天不足。

（3）人的不安全行为和物的不安全状态。这两者是造成事故的直接原因。Heinrich 认为，人的不安全行为是由于人的缺点而产生的，是造成事故的主要原因。

（4）事故。这里的事故是指由于物体、物质等对于人体发生意外的作用，使人员受到伤害的事件。

（5）伤害。即直接由事故产生的人身伤害。

上述事故因果连锁关系，可以用多米诺骨牌原理（Domino Sequence）来阐述。如果第一块骨牌倒下（即第一个原因出现），则发生连锁反应，后面的骨牌相继被碰倒（相继发生）。按因果顺序，伤亡事故的5因素：遗传及社会环境 A_1 造成了人的缺点 A_2，人的缺点 A_2 又造成了不安全的行为 A_3，后者促成了事故 A_4（包括未遂事故）和由此产生的人身伤亡事件 A_5，如图11－1所示。

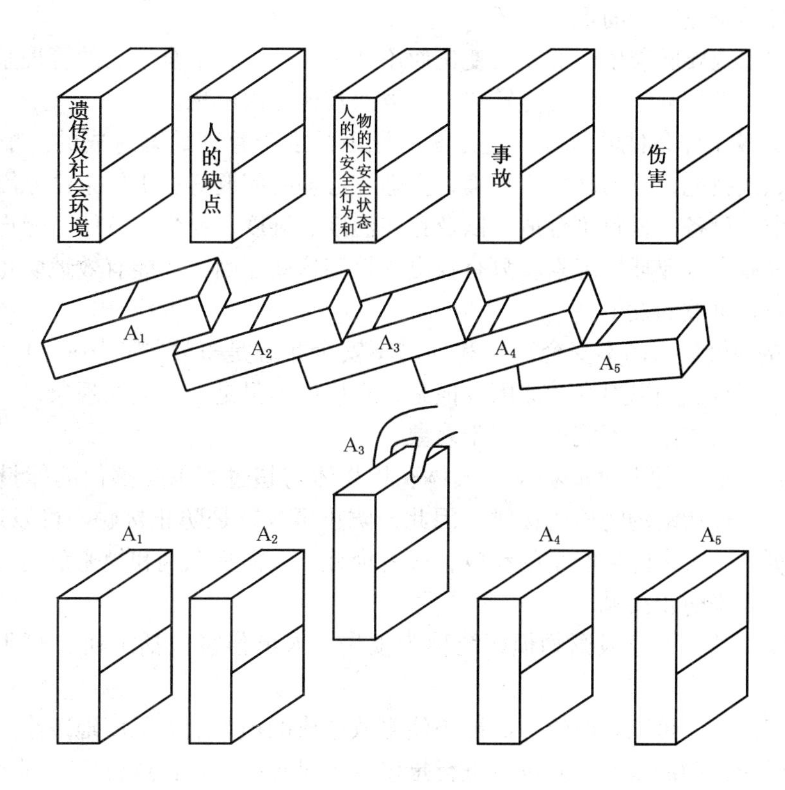

图11－1　海因里希事故致因理论

该理论积极的意义在于，如果移去因果连锁中的任意一块骨牌，则连锁被破坏，事故过程被终止。Heinrich认为，企业安全工作的中心就是要移去中间的骨牌，防止人的不安全行为或消除物的不安全状态，从而中断事故连锁的进程，避免伤害的发生。

Heinrich理论有明显的不足，如它对事故致因连锁关系的描述过于绝对化、简单化。事实上，各个骨牌（因素）之间的连锁关系是复杂的、随机的。前面的骨牌倒下，后面的骨牌可能倒下，也可能不倒下。事故并不是全都造成伤害，不安全行为或不安全状态也并不是必然造成事故等。尽管如此，Heinrich的事故因果连锁理论促进了事故致因理论的发展，成为事故研究科学化的先导，具有重要的历史地位。后来博德、亚当斯、北川彻三等人在此基础上进行了进一步的补充和完善，使因果连锁的思想得以进一步发扬光大，收到较好的效果。

2）博德（Bird）事故因果连锁理论

Bird 在 Heinrich 事故因果连锁理论的基础上，提出了与现代安全观点更加吻合的事故因果连锁理论。

Bird 的事故因果连锁过程同样为 5 个因素，但每个因素的含义与 Heinrich 的都有所不同：

（1）管理缺陷。对于大多数工业企业来说，由于各种原因，完全依靠工程技术措施预防事故既不经济也不现实，只能通过完善安全管理工作，才能防止事故的发生。企业管理者必须认识到，只要生产系统没有实现本质安全化，就有发生事故及伤害的可能性。因此，安全管理是企业管理的重要一环。

安全管理系统要随着生产的发展变化而不断调整完善，十全十美的管理系统不可能存在。由于安全管理的缺陷，致使能够造成事故的其他原因出现。

（2）个人及工作条件的原因。这方面的原因是由于管理缺陷造成的。个人原因包括缺乏安全知识或技能，行为动机不正确，生理或心理有问题等；工作条件原因包括安全操作规程不健全，设备、材料不合适，以及存在温度、湿度、粉尘、气体、噪声、照明、工作场地状况等有害作业环境因素。只有找出并控制这些原因，才能有效地防止后续原因的发生，从而防止事故的发生。

（3）直接原因。人的不安全行为和物的不安全状态是事故的直接原因。这种原因是安全管理中必须重点加以追究的原因。但是，直接原因只是一种表面现象，是深层次原因的表征。在实际工作中，不能仅停留于表象。

（4）事故。这里的事故被看作是人体、货物体与超过其承受阈值的能量接触，或人体与妨碍正常生理活动的物质的接触。因此，防止事故就是防止接触。可以通过对装置、材料、工艺等的改进来防止能量的释放，或者训练工人提高识别和规避危险的能力，佩戴个人防护用具等来防止接触。

（5）损失。人员伤害及财物损坏统称为损失。人员伤害包括工伤、职业病、精神创伤等。

在许多情况下，可以采取恰当的措施使事故造成的损失最大限度地减小。例如，对受伤人员进行迅速正确的抢救，对设备进行抢修及平时对有关人员进行应急训练等。

此外还有亚当斯、北川彻三等提出与博德事故因果理论相类似的因果连锁模型。

2. 能量意外转移理论

1966 年美国运输部国家安全局局长哈登(Haddon)引申了吉布森(Gibson)1961 年提出的下述规点:“生物体(人)受伤害的原因只能是某种能量向人体的转移,而事故则是一种能量的异常或意外的释放”,并提出了“根据有关能量对伤亡事故加以分类的方法”。

Haddon 认为，在一定条件下某种形式的能量能否产生伤害、能否造成人员伤亡事故，应取决于：①人体接触能量的大小；②接触时间和频率；③力的集中程度。他认为预防能转移的安全措施可用屏障树（防护系统）的理论加以阐明，屏障设置得越早，效果越好。按能量大小，可研究建立单屏障还是多重屏障（冗余屏障）。防护能量逆流于人体的典型系统可大致分为以下几种：

（1）限制能量的系统。如限制能量的速度和大小，规定极限能量和使用低压测量仪表等。

（2）用较安全的能源代替危险性大的能源。如用水力采煤代替爆破；用 CO_2 灭火代

替 CCl_4 等。

（3）防止能量蓄积。如控制爆炸性气体 CH_4 的浓度，应用尖状工具（防止钝器积聚热能）等，控制能量增加的限度。

（4）控制能量释放。如在储存能源和实验时，采用保护性容器（如耐压氧气罐、盛装放射性同位素的专用容器）以及生活区远离污染源等。

（5）延缓能量释放。如应用安全阀、逸出阀以及应用某些器件吸收能量等。

（6）开发释放能量的渠道。如接地电线，抽放煤体中的瓦斯等。

（7）在能源上设置屏障。如防冲击波的消波室、消声器、原子辐射防护屏等。

（8）在人、物与能源之间设屏障。如防护罩、防火门、密闭门、防水闸墙等。

（9）在人与物之间设屏蔽。如安全帽、安全鞋和手套、口罩等个体防护用具等。

（10）提高防护标准。如采用双重绝缘工具、低电压回路、连续监测和远距离遥控等增强对伤害的抵抗能力（人的选拔，耐高温、高寒、高强度材料）。

（11）改善效果及防止损失扩大。如改变工艺流程，变不安全流程为安全流程，搞好急救。

（12）修复或恢复。治疗、矫正以减轻伤害程度或恢复原有功能。用能量转移的观点分析事故致因的基本方法：首先确认某个系统内的所有能量源；然后确定可能遭受该能量伤害的人员、伤害的严重程度；进而确定控制该类能量异常或意外转移的方法。

能量转移理论与其他事故致因理论相比，具有两个主要优点：一是把各种能量对人体的伤害归结为伤亡事故的直接原因，从而决定了以对能量源及能量传送装置加以控制作为防止或减少伤害发生的最佳手段这一原则；二是依照该理论建立的对伤亡事故的统计分类，是一种可以全面概括、阐明伤亡事故类型和性质的统计分类方法。

3. 人—环匹配理论

这是由瑟利（J. Surly）在1969年提出的一种事故致因理论，也称为瑟利模型，后来又经安德森加以补充改进而成瑟利—安德森模型。它是把人、机、物、环境组成的一个系统整体归化为人（主体）与环境（客体）两个方面。人（包括操作者与管理者），作为生产系统的主体，主要看他的3个心理学成分对事件的感知S；对事件的理解O；对事件的生理行为响应R。环境（包括机械、物质、环境），作为生产系统中人以外的客体，主要看它的变动性、表象性、可控性。把此系统中一个事故的发生分为危险的形成（迫近）与其演变为事故而致伤害或损坏两个过程。事故是否发生，取决于人与环境的相互匹配和适应情况。具体的描述如图11－2所示。

该模型表明，在危险形成或迫近的第一个以及演变为事故的第二个过程中，如果人都能正确回答所提出的问题（图中记为Y），危险就向消除或可控制的方向发展；如果对所提出的问题做出了错误（否定，图中记为X）的回答，危险就会向迫近的方向发展，以至发展为致伤、致损的事故。

图11－3体现了人对环境（含机、物）的观察、认识与理解的程度和运行中的环境是否提供了足够的时间与空间以适应人的应变素质情况。如果人的回答肯定，则系统可以保证安全；否则必须对系统作适当修改以适应人的允许行为变异的预期范围。

此模型可以给人们多方面的启示。例如，为了防止事故，首要且关键的在于发现和识别危险，而这同人的感觉能力、知识技能有关，也同作业环境条件有关。又如在处理危险

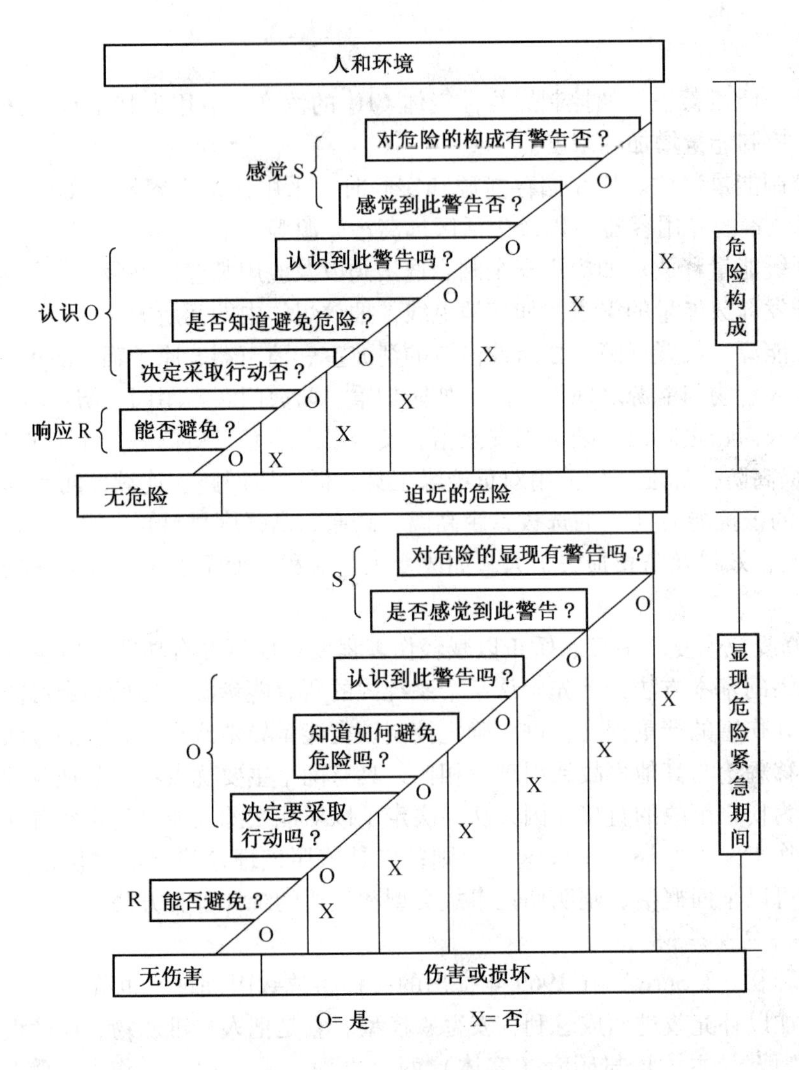

图 11－2　瑟利—安德森事故致因模型

的可接受性时，虽然总体上安全与生产是一致的，但在特定时候、特定条件下也会发生矛盾。因此，如果危险已很紧迫，即使牺牲生产也必须立即采取行动，以保证安全。相反如果危险离紧迫尚远，在做出恰当估计的条件下还来得及采取其他措施时，就能做到既排除危险、保证安全，又不耽误生产。

4. 扰动起源事故模型——P 理论

劳伦斯曾对伤亡事故提出过几个假定：假设事故是包含着产生不希望伤害的一组相继发生的事件；进一步假设这些事件发生在某些活动的进程中，并伴随有人员伤害和物质损失以外的其他结果。在深入研究这两个假设时，自然会得出另外的假设。例如，“事件”是构成事故的因素，每个事件的含义应该清楚，以便调查者能正确地描述每个事件。

本尼尔提出了解释事故的综合概念和术语，同时把分支事件链和事故过程链结合起来而用图表显示。他指出，从调查事故的目的出发，把一个事件看成是某种发生了的事物，是一次瞬间的或重大的情况变化，是一次已避免了的或导致另一次事件发生的偶然事件。

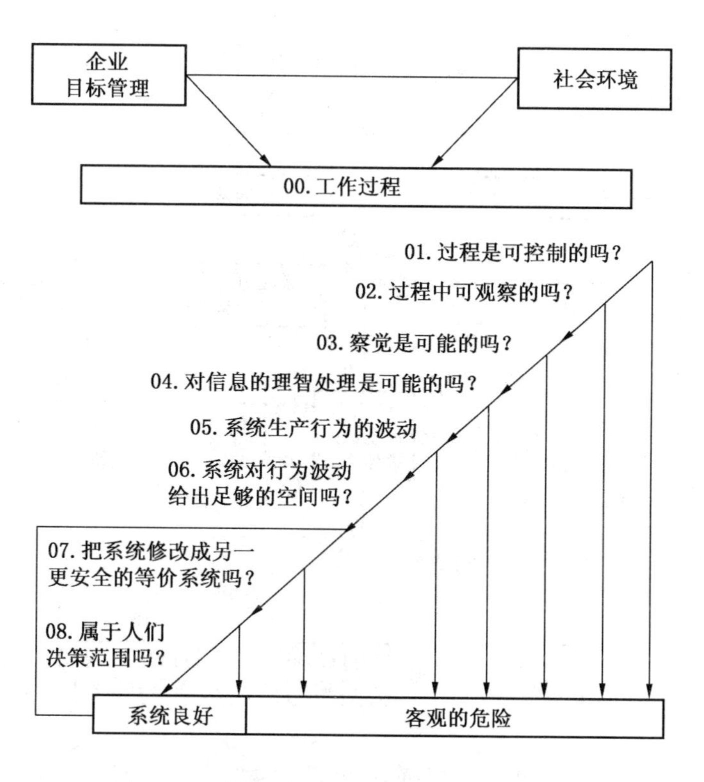

图 11-3　扩展的瑟利—安德森事故致因模型

一个事件的发生势必由有关的人或物所造成，将有关的人或物统称之为“行为者”，其举止活动则称“行为”。

这样，一个事件即可用术语“行为者”和“行为”来描述。行为者可以是任何有生命的机体（如司机、车工、厂长），或者是任何非生命的物质（如机械、洪水、车轮）。行为可以是发生的任何事，如运动、故障、观察或决策。行为者和行为都必须正确地或定量地描述，而不能用定性的词汇。事件必须按单独的行为者和行为来描述，以便把过程分解为几部分而分别阐述。

任何事故当它处于萌芽状态时就有某种扰动（活动），称之为起源事件。事故形成过程是组自觉或不自觉的、指向某种预期的或不测结果的相继出现的事件链。这种进程包括外界条件及其变化的影响。相继事件过程是在一种自动调节的动态平衡中进行的，如果行为者行为得当或受力适中，即可维持能量流稳定而不偏离，达到安全生产；如果行为者的行为不当或发生故障，则对上述平衡产生扰动（Perturbation），就会破坏并结束动态平衡而开始事故的进程，导致终了事件——伤害或损坏，这种伤害或损坏又会依次引起其他变化或能量释放。于是，可以把事故看成从相继的事故事件过程中的扰动开始，最后以伤害或损坏而告终。这可称之为事故的“P 理论”。

依上述对事故的解释，可按时间关系描绘出事故现象的一般模型，如图 11-4 所示。

5. 轨迹交叉论

一个生产系统的人、机、物共处于一种环境中。轨迹交叉论认为，该系统内事故的发生是由于人的不安全行为与物（机或环境）的不安全状态在同一时空相遇（或逆流能量轨迹交叉）所造成的，有时环境也是造成人的不安全行为与物（机）的不安全状态及它们相遇的条件。这种情况可用图 11－5 形象地表示出来。

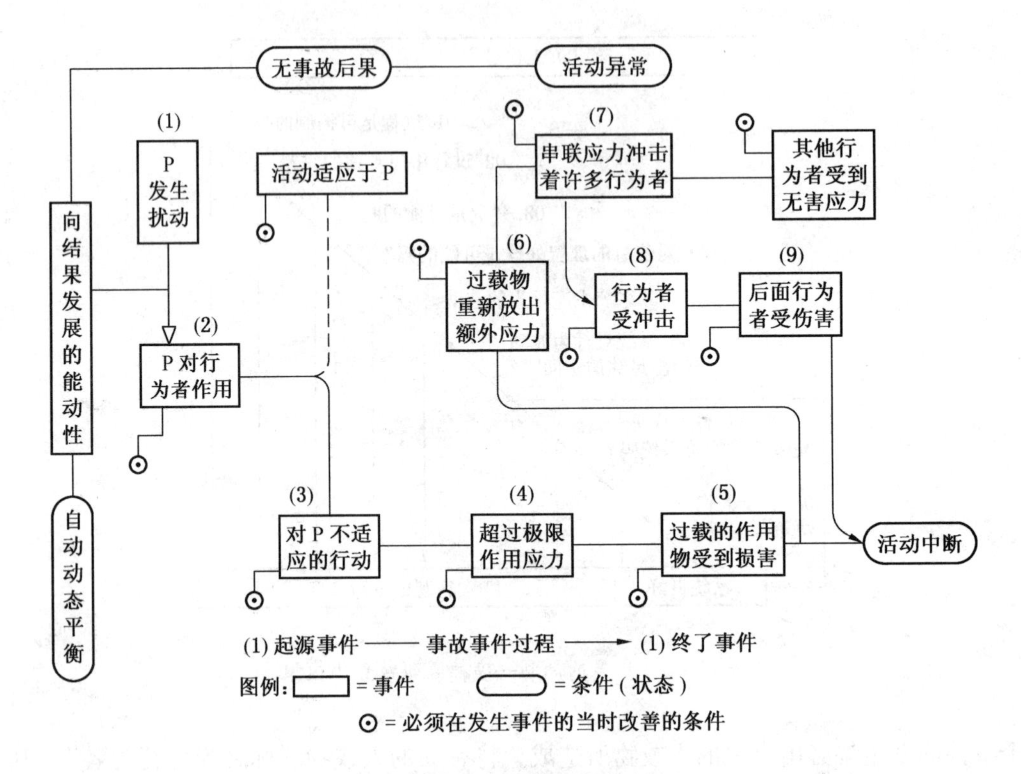

图 11－4 事故的“P 理论”

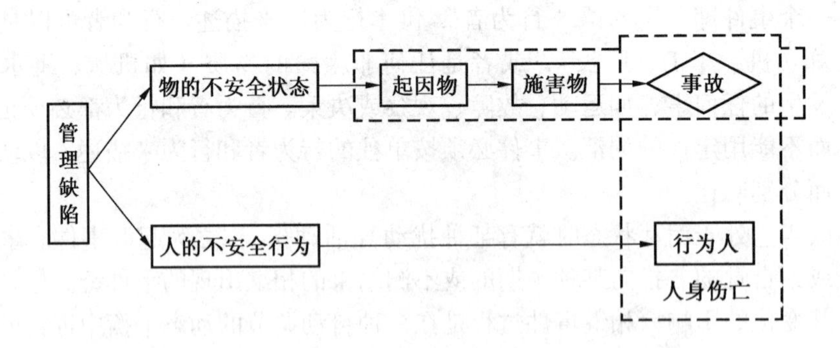

图 11－5 轨迹交叉论示意图

这种理论基于这样的事实，即人、机、物、环境各自的不安全（危险）因素的存在，并不立即或直接造成事故，而是需要其他不安全因素的激发或耦合。例如，去除了保护罩的高速运转皮带轮处于不安全状态，如果穿着了不符合安全规定衣服的人员与之接触（不安全行为）即激发，就会造成绞人的人身伤亡事故。已处于不安全状态的硝化纤维（如已开始显著分解），受到高温环境（不安全条件）的激发后，就会发生自燃以至火灾。

该模型着重于伤亡事故的直接原因：人的不安全行为和物的不安全状态，及其背后的深层原因——管理失误。我国国家标准《企业职工伤亡事故分类》（GB/T 6441—1986）

就是基于该事故因果连锁模型制定的。事故是由于物与人之间发生了不希望的接触所致，之所以发生这种接触，是因为存在物的不安全状态和人的不安全行为，而物的不安全状态和人的不安全行为是安全管理的缺陷造成的。

起因物指由于存在不安全状态引起事故或使事故发生的物体或物质，GB/T 6441 中将其分为锅炉、压力容器、电气设备等 27 类；施害物又称致害物，是指与人体接触（直接接触或人体暴露于其中）而造成伤害的物体或物质，GB/T 6441 中将其分为 23 类 106 项。

在多数情况下，由于企业管理不善，使工人缺乏教育和训练或者机械设备缺乏维护、检修以及安全装置不完备，导致了人的不安全行为或物的不安全状态。值得注意的是，人与物两因素又互为因果，如有时是设备的不安全状态导致人的不安全行为，而人的不安全行为又会促进设备出现不安全状态。例如，人接近转动机器部位进行作业，有被机器夹住的危险，这属于不安全行为；又如在冲压作业中，如果拆除安全装置（不安全行为），那么设备就要处于不安全状态，有压断手指的可能性。

轨迹交叉论作为一种事故致因理论，强调人的因素和物的因素在事故致因中占有同样重要的地位。按照该理论，可以通过避免人与物两种因素运动轨迹的交叉来预防事故的发生。同时，该理论对于调查事故发生的原因也是一种较好的工具。

二、行为科学的基本理论

行为科学是研究工业企业中人的行为规律，用科学的观点和方法改善对人的管理，以充分调动人的积极性和提高劳动者生产效率的一门科学。行为科学起源于 20 世纪 20 年代，一般都以著名的霍桑实验作为最早在工业中深入研究人的行为为标志，20 世纪四五十年代得到迅速发展，现已为工业国家广泛应用，取得累累硕果，成为现代管理论最重要的组成部分。行为科学家综合了心理学、社会学、人类学、经济学和管理学的理论和方法，对生产过程中人的行为及其产生原因进行分析研究。

人的行为是在某种动机的激励下为了达到某个目标的有目的的活动。行为科学的基本理论内涵十分丰富。

第三节　现代安全管理方法

一、现代安全管理的类别

企业要实施有效的安全管理，除了建立、健全强有力的组织保障体系和规章制度体系，还需要运用科学、合理、切实有效的安全管理方法控制人的不安全行为和物的不安全状态，以达到降低风险，减少事故的目的。

1. 安全文化管理

文化管理是一种适应信息化、网络化、全球化和一体化要求的新模式和新的管理体制。通过构建企业的安全文化，使企业全体成员树立正确的安全价值观，增加企业凝聚力，自觉主动地承担其事故预防的责任。如杜邦公司的“一切事故均可避免”的安全文化理念，拉法基公司的“以人为本”的安全文化理念。

2. 综合性安全管理方法

现代安全管理的一个重要特点是将企业看做一个系统，把管理重点放在整体效应上，实行全员、全过程、全方位的安全管理，使企业达到最佳的安全状态。常见的综合管理方法如安全目标管理、全面安全管理（TQC）、英荷壳牌公司的健康安全环境管理系统（EHS），美国通用电气公司的安全健康环境管理模式（SHE）、埃克森美孚的完整性运作管理模式（OIMS）、埃克森和道氏的安全质量评定体系（SQAS）、鞍山钢铁公司的“0123”管理模式等。

3. 思考性安全管理方法

思考性安全管理方法是指安全管理人员运用创造学、运筹学、价值工程及系统工程等管理技术和科学方法，对安全问题进行决策、逻辑推理、图形显示和创造性思维的方法，如安全决策、系统图法、关联图法、A 型图解法、系统图法、过程决策程序图(PDPA)等。

4. 基于行为安全的管理活动

行为安全管理理论是基于工业过程中人的可靠性分析，认为现在生产过程中的绝大部分事故是由人的不安全行为引起的。目前美国杜邦等众多跨国公司都特别注重行为安全管理，如杜邦公司的安全培训观察程序（STOP）、英国 BP 石油公司的 ASA 管理模式、住友公司的伤害预知预警活动（KYT）、拜尔公司的行为观察活动（BO）、道氏公司基于行为的绩效活动（BBP）、丰田公司的防呆法和零事故六程序、巴斯夫公司的审计帮助行动（AHA）等。

5. 现场安全管理方法

生产现场微观安全管理是企业安全管理的基础，如日本丰田推行的“5S”活动、我国军工和民爆行业推行的三级危险点控制以及无隐患管理法、人流物流定置管理、“五不动火”管理、“巡检挂牌制”、防电气误操作“五步操作管理法”“八查八提高活动”等。

6. 系统安全分析管理方法

采用系统科学的思想，将系统安全分析方法运用于安全管理中，如危险可操作性研究（HAZOP）、预先危险性分析（PHA）、故障模式及影响分析（FMEA）、故障树分析（FTA）、管理失效和风险树分析（MORT）、作业风险分析（JHA）或工作安全分析（JSA）、定量安全评价（火灾爆炸指数法、Mond 法、BZA 法）等。

7. 其他安全管理方法

此外还有运用人的生物节律、安全信息等方法进行安全管理。

本文重点介绍的“6σ”安全管理、“5S”安全管理和定置安全管理方法，是近些年涌现的安全管理新方法。其中，“6σ”安全管理可以归于上述的综合性安全管理方法，“5S”安全管理和定置安全管理归于现场安全管理方法。

二、“6σ”安全管理

1. “6σ”管理的概念

“6σ”管理是“寻求同时增加顾客满意和企业经济增长的经营战略途径”，是使企业获得快速增长和竞争力的经营方式。它不是单纯的技术方法的引用，而是全新的管理模式。严格说来，“6σ”管理属于一种质量管理方法，但近些年来，“6σ”管理追求细节、追求完美的思想已经开始应用于企业的安全管理中。

2. “6σ” 的起源

在20世纪70年代，MOTOROLA 面对日本严峻的挑战，其主席 Bob Galvin 决定改善产品质量，来迎战日本高品质的挑战。在1981年，他要求其产品必须在5年内有10倍的改善。1987年，MOTOROLA 建立了“6σ”的概念，基于统计学上的原理，“6σ”代表着品质合格率达99.9997%或以上。换句话说，每一百万件产品只有3.4件次品，这是非常接近“零缺点”的要求。“6σ”计划要求不断改善产品、品质和服务，他们制定了目标、工具和方法来达到客户完全满意的要求。

6σ 管理法总结了全面质量管理的成功经验，吸纳了客户满意理论、变革管理、供应链管理等现代管理理论和方法，使质量成为企业追求卓越的根本途径，形成企业质量竞争力的核心内容。欧美许多先进国家的知名企业如 GE，MO－TOROL Dell，HP，Texas Instrument（TI），Siemens，Sony，Toshiba，Citibank 等，在1990年初期就已先后加入“6σ”的行列。近来，国内有些大企业如海尔、小天鹅、联想等也正在引入和实施“6σ”管理法，并取得了一定的成果。

“6σ”管理是一项以数据为基础，科学的、系统的追求几乎完美无瑕的企业质量管理方法。“σ”是希腊文的一个字母，在统计学上用来表示标准偏差值（标准差），用以描述总体中的个体离均值的偏离程度，测量出的σ表征着诸如单位缺陷、百万缺陷或错误的概率特征。σ的数量越多，缺陷或错误就越少，如图11－6所示分别是σ、3σ、6σ水平时概率分布。

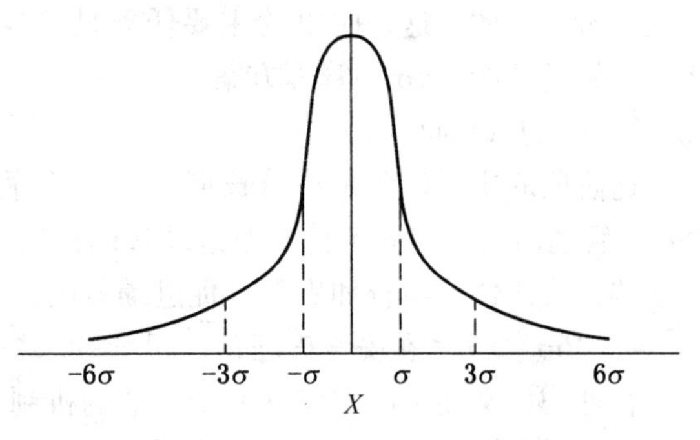

图11－6　σ、3σ、6σ水平概率分布

“6σ”管理法所包含的中心思想就是通过测量流程中偏离度的大小来消除这些偏差，从而尽量实现“零缺陷”。1σ～6σ的含义见表11－1。

表11－1　1σ～6σ对应的缺陷示例

标准差数量	正品率/%	以印刷错误示例	以钟表每世纪的误差示例
1σ	30.85	一本书平均每页有170个错字	31.75年
2σ	69.15	一本书平均每页有25个错字	4.5年
3σ	93.23	一本书平均每页有1.5个错字	3.5个月
4σ	99.38	一本书平均每30页有1个错字	2.5天
5σ	99.977	一套百科全书只有1个错字	30分钟
6σ	99.99966	一个小型图书馆的藏书中只有1个错字	6秒

3. “6σ” 管理的实施方法

企业开展6σ管理，一般采用定义、评估、分析、改进、控制5步循环改进法，即 DMAIC 法，其工作步骤如下。

1）定义（Define）

如果不知道顾客到底需要什么，就很难满足他们的需要。而且，在“6σ”管理绩效评估中，也很难设定有针对性和使用价值的评估标准。所以，实施“6σ”管理的第一步便是定义顾客需求。

2）评估（Measure）

这一阶段的任务是根据第一阶段定义的顾客要求，评估企业在满足顾客需求方面，目前做得如何，将来会干得怎么样。它把顾客服务作为建立更有效的评估系统的起点，是绩效评估的核心。

3）分析（Analyze）

这一阶段的任务是运用各种有效的工具和方法，对已有的数据和流程进行分析，辨明影响绩效改进的根本原因，选择改进的优先项目，把握潜力大的改进机会。

4）改进（Improve）

在定义、评估和分析阶段所做的工作，都将在改进阶段得到回报。而缺乏创造力、未能仔细策划解决方案、草率实施解决方案以及公司内部的阻挠，都可能使“6σ”管理的开展夭折。因此，这一阶段的主要任务是寻找能够使公司的努力得到最大限度回报的方法，实施科学的“6σ”管理方案。

5）控制（Control）

这阶段的主要任务是构筑长期的“6σ”管理活动组织框架和控制体系，实施持续的“6σ”管理活动，建立维持和改进绩效的评估标准与方法，确保对产品、服务流程和工作程序的持续评估、检查和更新，促进绩效的改善。

4. “6σ”管理在安全管理的应用

管理的意义在于能够建立一个有效的机制，通过安全技术对策、安全教育对策、安全管理对策3个方面的有机结合，将所有细节置于管理者直接或间接控制之中。按照“6σ”的管理理念和方法，如果能够衡量出管理流程的偏差数量，就可以找到系统地消除这些偏差的办法，并尽可能地向完美靠近。当然，我们目前还达不到“6σ”管理法提出的“每一百万个危险隐患，不能产生超过3.4次事故和每一百万次作业，不得出现超过3.4次危险”的要求。但如果在日常管理工作中，坚持不懈地应用这种思想方法，掌握并完善安全管理的细节，就可以不断接近这样的目标。

国内白安霖应用“6σ”管理思想，针对某企业开展了“运用‘6σ’管理法的思想改善安全管理”的工作，步骤如下。

（1）识别问题。识别问题是6σ的第一步。如把安全管理概括为图11－7的工作流程。安全部门的全体人员按照上述流程分析研究每个过程，找出需要改进的指标。

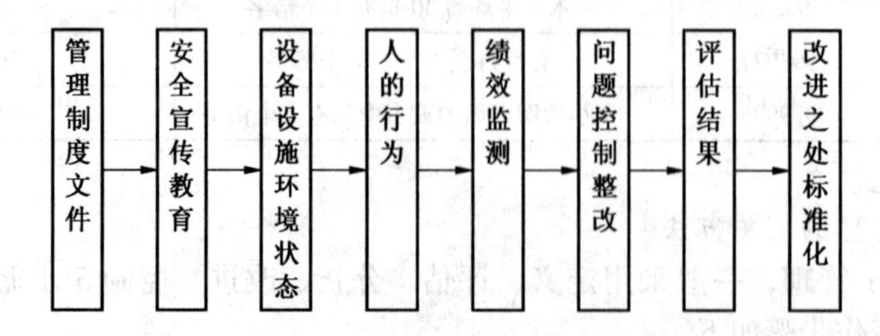

图11－7 安全管理工作流程图

（2）分析原因。对于第一步识别出的问题，安全部门的全体人员集思广益，通过分析流程中典型过程的缺陷或有待改进的工作内容，对照国家法规、标准及各种安全检查表，找出问题出现的原因（表11－2）。

表11－2　某企业安全管理存在的问题

管理流程项目	存在问题或隐患	原　因
管理制度、文件内容	1.《职业安全健康管理运行控制程序》未覆盖全部中高度危险源，需要增加6个相关程序 2.《职业安全健康程序文件》中无“员工安全健康代表”的权利和义务；没有“员工健康、女工保护”内容 3. 需增补“食物中毒应急预案” 4.“动力厂典型事故案例”近几年没有续编新的案例	1. OHSMS未理解透彻 2. 对中高度危险源及控制措施没有细致分析 3. 存在重生产轻生活健康的意识
安全宣传教育	1. 新知识的法律法规学习不到位 2. 特殊工种人员取证培训细化 3. 事故案例的警示教育不够	1. 安全宣传、教育方法不新 2. 工作不细致、责任不到位
设备、设施、环境状况	1. 氢气罐有裂纹、缺陷、监控运行已2年，未及时消除 2. 起重车防护栏缺损，限位不灵敏 3. 配电箱开关接线处发热、开关有缺陷 4. 人字梯无防滑脚 5. 安全阀无铅封 6. 防雷、防静电接地设施锈蚀、断裂、未及时消缺 7. 粉尘危害岗位人员防护物品不达标 8. 有害人员体检不规范，其档案不全 9. 砂轮、切割机、台钻等设备安全防护有缺陷 10. 对新增气瓶、压力管道未普查建档 11. 消防栓未定期水压试验，有占用消防通道的现象 12. 防毒、防尘设施监测不到位 13. 地沟盖板缺陷	1. 缺乏对细节的关注，现场管理不到位 2. 对常见的缺陷，认识上存在侥幸心理 3. 消防不及时
人的不安全行为	1. 登高不系安全带，作业不戴安全帽 2. 检查巡视不到位，有违章操作现象 3. 人为隔离安全连锁装置	1. 安全教育不深入 2. 员工安全意识还有待提高 3. 作业时存在侥幸心理
绩效监测	1. 安全管理文件评审不到位，需补充、完善管理文件 2. 有些安全检查随意性大，未设计规范的检查表 3. 现场检查时有遗漏 4. 安全管理诊断、评审不细致	1. 未及时对文件进行评审 2. 现场检查不规范、不仔细 3. 安全管理水平不高
现场控制整改	1. 有时对现场发现的缺陷不及时整改，需加大现场治理力度 2. 责任落实不到位 3. 回访、跟踪不及时	1. 安全督促考核不到位 2. 责任单位安全意识不强

（3）制定对策及实施。安全部门对识别出的问题，结合分析出的原因，制定对生产经营活动有变化而新增设备、工艺的站房重新进行了危险源辨识；对照企业所涉危险源及国家相关法规，增补了《起重机械安全管理程序》《管网安全管理程序》《危险源作业管理程序》等6个管理程序；在原有的应急预案体系中，新增补了“食物中毒应急预案”；开展绩效监测和强化隐患整改等安全措施。

（4）评估结果。通过近一年的活动，最大限度地消除了设备、设施、环境的不安全状态和人的不安全行为，使生产过程的偏差与依据的标准达到最小化，从而接近安全目标。

“6σ”管理办法注重安全管理过程的每一个细节，要求精细管理，以发现平时难以发现的缺陷，并加以控制和改善，从而实现该厂全年无职业伤害、无伤亡事故的管理目标。

三、“5S”安全管理

“5S”是 SEIRI（整理）、SEITON（整顿）、SEISO（清扫）、SEIKETSU（清洁）、SHITSUKE（修养）这5个单词，简称“5S”管理或称“5S”运动。

“5S”起源于日本，是指在生产现场中对人员、机器、材料、方法等要素进行有效的管理，这是日本企业独特的一种管理办法。1955年，日本“5S”的宣传口号为“安全始于整理，终于整理整顿”。当时只推行了前2个S，其目的仅为了确保作业空间和安全。后因生产和品质控制的需要而又逐步提出了后3个，也就是清扫、清洁、修养，从而使应用空间及适用范围进一步拓展。1986年，日本的“5S”著作逐渐问世，从而对整个现场管理模式起到了很大的冲击，并由此掀起了“5S”热潮。

1. “5S”管理内容

1）运动的原则

以确立零意外为目标，所以意外均可预防，机构上下齐心参与。

2）运动的口号

安全始于整理，而终于整理整顿。通过“5S”运动的开展，培养员工保持工作场所清洁整齐、有条不紊的习惯，从习惯上养成实现人的本质安全。

3）“5S”的含义

（1）整理。就是将工作场所收拾成井然有序的状态。区分必需和非必需品，将必需品收拾的井然有序，不放置非必需品。

要点一：不用的东西——丢弃；不太常用的东西——放在较远的地方；偶尔使用的东西——安排专人保管；经常使用的东西——放在身旁附近。

要点二：能迅速拿来的东西——放在身旁附近；拿来拿去十分花时间的东西——只留下必要的数量。

（2）整顿。明确整理后需要物品的摆放区域和形式，即定置定位。能在30 s内找到要找的东西，将寻找必需品的时间减少为零。要求如下：①物件位置清楚标示；②能迅速取出；③能立即使用；④处于能节约的状态。

（3）清扫。即是大扫除，清扫污垢、垃圾，创造一个明亮、整齐的工作环境。要求包括：①强调高质量、高附加值的商品，其制造过程不容许有垃圾或者污染，造成产品不良；②机械设备要经由每天的擦拭保养，才能发现细微的异常；③工作场所也因为巡回检查，发现不安全的地方，采取措施消除隐患，减少事故发生。清扫的对象包括地板、天花板、墙壁、工具架、橱柜、机器、工具、测量用具等。

(4) 清洁。就是要维持整理、整顿、清扫后的成果，是前三项活动的继续和深入，要认真维护和保持在最佳状态，并且制度化；管理公开化，透明化。要求如下：①一直保持清洁的状态；②一旦开始就不可中途放弃；③为了打破公司的成旧陋习，必须贯彻到底；④长时间累积下来不好的工作习惯及不流畅的工作程序，要花更多时间来矫正。

(5) 修养。修养就是提高人的素质，养成严格执行各种规章制度、工作程序和各项作业标准的良好习惯和作风，这是“5S”活动的核心。没有人员素质的提高，各项活动就不能顺利开展，即使开展了也坚持不了。所以抓“5S”活动，要始终着眼于提高人员的素质。“5S”活动始于素质，也终于素质，其要求如下：①严守标准，正确且彻底地去实行，强调团队精神；②为了贯彻修养，所有规定都应公布在显而易见的地方；③养成良好的“5S”管理的习惯。

根据企业进一步发展的需要，有的公司在原来“5S”的基础上又增加了节约（Save）及安全（Safety）这两个要素，形成了“7S”；也有的企业加上习惯化（Shiukanka）、服务（Service）及坚持（Shikoku），形成了“10S”。但是万变不离其宗，所谓“7S”“10S”都是从“5S”里衍生出来的。

4）推动标准化、制度化

推动“5S”管理是一项持续不断的工作，而持续不断的工作就是要让企业所有员工养成良好的工作习惯。“5S”运动核心之一——“清洁”的目的就是要推动标准化与制度化。在推动标准化和制度化时要注意的是：①是否找到了真正的原因？②有没有对策？对策是否有效？对策是否已经写入了我们的“5S”指导书中？③是否每一个营业员都清楚明白？

2. 目视管理在“5S”中的运用

“5S”运动常结合目视管理开展，目视管理是利用形象直观，而色彩适宜的各种视觉感知信息来组织现场生产活动，达到提高劳动生产率的一种管理手段，也是一种利用视觉来进行管理的科学方法。

1）目视管理的特点

(1) 以视觉信号显示为基本手段，员工能够直观的看见。

(2) 要以公开化、透明化为基本原则，尽可能地将管理者的要求和意图可视化，从而推动自主管理或自主控制。

(3) 现场作业人员可以通过目视的方式将自己的建议、成果、感想展示出来，与领导、同事以及工友们进行交流。

目视管理是一种以公开化和视觉显示为特征的管理方式，也可称为“看得见的管理”，或“一目了然的管理”。这种管理的方式不仅仅限于企业安全管理的领域。

2）目视管理三要点

(1) 无论是谁都能判明好坏（异常）；

(2) 能迅速判断，精度高；

(3) 判断结果不会因人而异。

3）目视管理的类别

（1）红牌。适宜于“5S”中的整理阶段。使用红色牌子，贴于醒目的地方，使大家能一目了然地知道工厂的缺点在哪里。但注意不要把红牌贴在人的身上，贴红牌的对象是库存、机器、设备、空间等，是物件和工作项目。挂红牌的活动又称为红牌作战。

（2）看板。在“5S”运动中又称为“看板作战”，用看板标识使用的物品放置场所等基本状况，显示物品的具体位置、用途、数量、负责人等内容，让人一目了然。

“5S”运动强调的是透明化、公开化，消除黑箱作业是目视管理的一个先决的条件。

（3）信号灯或者异常信号灯。在生产现场，一线管理人员必须随时知道，机器是否在正常地开动，人员是否在正常作业。管理人员可以通过信号灯判断作业过程是否异常。

信号灯的种类包括以下几种：①发音信号灯。适用于物料请求通知，当工序内物料用完时，通过信号灯或扩音器通知搬送人员及时地供应。信号灯必须时刻亮着，它也是看板管理中的一个重要项目。②异常信号灯。用于产品质量不良及作业异常情况的显示，通常安装在大型工厂较长的生产、装配流水线上。一般设置红蓝或红黄两种信号灯，由员工来控制。当发生零部件用完，出现不良产品及机器的故障等异常时，员工马上按下红灯按钮，红灯一亮，生产管理人员和厂长都要停下手中的工作，马上前往现场，予以调查处理。异常被排除以后，管理人员就可以把这个信号灯关掉，然后继续维持作业和生产。③运转指示灯。显示设备状态的运转、机器开动、转换或停止的状况。④进度灯。比较常见的，一般安在组装生产线。在手动或半自动生产线，它的每一道工序间隔大概是 1 ~ 2 min，用于组装节拍的控制，以保证产量。但是节拍时间间隔也有几分钟长度的，它用于作业。就作业员的本身，自己把握进度，防止作业的迟缓，进度灯一般为 10 min，对应于作业的步骤、顺序，标准化程序。

（4）操作流程图。是描述工序重点和作业顺序的简明指示书，也称为步骤图，用于指导生产作业。在一般的车间内，特别是工序比较复杂的车间，在看板管理上一定要有个操作流程图。原材料进来后，第一个流程可能是签收，第二个工序可能是点料，第三个工序可能是转换，或者转制这就叫操作流程图。

（5）反面教材。一般结合现场和图画（片）来表示，目的是让现场的作业人员明白不良的操作的后果。通常放在人多的显著位置，让人一看就明白，这是不能够违规操作的。

（6）提醒板。用于防止遗漏。健忘是人的本性，不可能杜绝，只有通过一些自主管理的方法来最大限度地减少遗漏或遗忘。比如有的车间进出口处，有一块板子上显示，今天有多少产品要在何时送到何处，或者什么产品一定要在何时生产完毕；或者告知有领导来视察，下午两点有一个什么检查等，这些板子都统称为提醒板。一般来说，用纵轴表示时间，横轴表示日期，纵轴的时间间隔通常为一个小时，每个时间段都要记录正常、不良或者是次品的情况，让作业者自己记录。提醒板一个月统计一次，在每个月的例会中总结，与上个月进行比较，看是否有进步，并确定下个月的目录，这是提醒板的另一个作用。

（7）区域线。就是对半成品放置的场所或通道等区域，用线条画出，主要用于整理与整顿、异常原因、停线故障等，可结合看板管理运用。

（8）警示线。就是在仓库或其他物品放置处，用来表示最大或最小库存量的涂在地面上的彩色漆线，用于看板作战中。

(9) 告示板。是一种及时管理的道具，也就是公告，或是一种通知，例如今天下午两点钟开会。

(10) 生产管理板。是揭示生产线的生产状况、进度的表示板，记入生产实绩，设备开动率，异常原因（停线，故障）等，用于看板管理。

除了目视管理外，还可以把标准作业、检核表、定点摄影等手段运用到5S活动中，不再一一叙述了。

四、定置管理

1. 定置管理的含义

定置管理是对物的特定的管理，是其他各项专业管理在生产现场的综合运用和补充，它着重于人、物、场所三者关系，通过清理生产过程中不需要的东西，不断改善生产现场条件，科学地利用场所，向空间要效益；通过整顿，促进人与物的有效结合，使生产中需要的东西随手可得，向时间要效益，从而实现生产现场管理规范化与科学化，达到高效生产、优质生产、安全生产。

定置管理中的“定置”不能从一般意义理解为“把物品固定地放置”。它具有特定的含义：根据生产活动的目的，考虑生产活动的效率、质量等制约条件和物品自身的特殊的要求（如时间、质量、数量、流程等），划分出适当的放置场所，确定物品在场所中的放置状态，作为生产活动主体人与物品联系的信息媒介，从而有利于人、物的结合，有效地进行生产活动。对物品进行有目的、有计划、有方法的科学放置，称为现场物品的“定置”。

2. 定置管理的起源

定置管理起源于日本，由日本青木能率（工业工程）研究所的青木龟男先生始创，他从20世纪50年代开始，根据日本企业生产现场管理实践，经过潜心钻研，提出了定置管理这一新的概念。后来，日本企业管理专家消水干里先生在应用的基础上，进一步发展了定置管理，逐步把定置管理总结和提炼成了一种科学的管理方法，并于1982年出版了《定置管理入门》一书。以后，这一科学方法在日本许多公司得到推广应用，都取得了明显的效果。

3. 定置管理的基本内容

定置管理是“5S”活动的基本内容，是S活动的深入和发展。

1）人、物、场所三者之间的关系

(1) 人与物的关系。在工厂生产活动中，构成生产工序环的要素有5个，即原材料、机械、工作者、操作方法、环境条件。其中最重要的是人与物的关系，只有人与物相结合才能进行工作。

① 人与物的结合方式。人与物的结合方式有两种，即直接结合与间接结合。直接结合又称有效结合，是指工作者在工作中需要某物品时能够立即得到，从而高效地利用时间。间接结合是指人与物呈分离状态。为使其达到最佳结合，需要通过一定信息媒介或某种活动来完成。

② 与物的结合状态。主要是人与物的结合。按照人与物有效生产活动中，人与物有效结合的程度，可将人与物的结合归纳为ABC三种基本状态。

A 状态，表现为人与物处于能够立即结合并发挥效能的状态，例如，操作者使用的各种工具，做到得心应手。

B 状态，表现为人与物处于寻找状态或尚不能很好发挥效能的状态。例如，一个操作者想加工一个零件，需要使用某种工具，但由于现场杂乱或忘记了这一工具放在何处，结果因寻找而浪费了时间；又如，由于半成品堆放不合理，散放在地上，加工时每次都需弯腰，一个个地捡起来，既影响了工时，又提高了劳动强度。

C 状态，是指人与物没有联系的状态。这种物品与生产无关，不需要人去同该物结合。例如，生产现场中存在的已报废的设备、工具、模具，生产中产生的垃圾、废品、切屑等。这些物品放在现场，必将占用作业面积，而且影响操作者的工作效率和安全。

因此，定置管理就是要通过相应的设计、改进和控制，消除 C 状态，改进 B 状态，使之都成为 A 状态，并长期保持下去。

（2）场所与物的关系。在工厂的生产活动中，人与物的结合状态是生产有效程度的决定因素。但人与物的结合都是在一定的场所里进行的。因此，实现人与物的有效结合，必须处理好场所与物的关系，也就是说场所与物的有效结合是人与物有效结合的基础。从而产生了对象物在场所中的“定置”问题。

① 定置。定置与随意放置不同，定置即是对生产现场、人、物进行作业分析和动作研究，使对象物按生产需要、工艺要求而科学地固定在场所的特定位置上，以达到物与场所有效地结合，缩短人取物的时间，消除人的重复动作，促进人与物的有效结合。

② 场所的三种状态，即良好状态、待改善状态、待彻底改造状态。良好状态即场所具有良好的工作环境、作业面积、通风设施、恒温设施、光照、噪声、粉尘等符合人的生理状况与生产需要，整个场所达到安全生产的要求。待改善状态即场所需要不断改善工作环境，场所的布局不尽合理或只满足人的生理要求或只满足生产要求，或两者都未能完全满足。待彻底改造状态即场所需要彻底改造，场所既不能满足生产要求、安全要求又不能满足人的生理要求。

（3）场所的划分。在生产过程中，应根据对象物流运动的规律性，本着便于人与物的结合和充分利用场所的原则，科学地确定对象物在场所的位置。

① 固定位置。即场所固定、物品存放位置固定，物品的信息媒介固定。用三固定的技法来实现人、物、场所一体化。此种定置方法适用于对象物在物流运动中进行周期性重复运动，即物品用后回归原地，仍固定在场所某特定位置。

② 自由位置。即是物品在一定范围内自由放置，并以完善信息、媒介和信息、处理的方法来实现人与物的结合。这种方法应用于物流系统中不回归、不重复的对象物。可提高场所的利用率。

（4）人、物、场所与信息的关系。生产现场中众多的对象物不可能都同人处于直接结合状态，绝大多数的物同人处于间接结合状态。为实现人与物的有效结合，必须借助于信息媒介的指引、控制与确认。因此，信息媒介的准确可靠程度直接影响人、物、场有效结合。信息媒介又分确认信息媒介和引导信息媒介两类，每类信息媒介又各有两种媒介物。

① 引导信息媒介物。即是人们通过信息媒介物，被引导到目的场所，如位置台账，平面布置图等。

② 确认信息媒介物。人们通过信息媒介物确认出物品和场所，如场所标志，物品名称（代号）等。

2）定置管理的内容

定置管理内容较为复杂，在工厂中可粗略地分为工厂区域定置、生产现场区域定置和现场中可移动物定置等。

（1）工厂区域定置。包括生产区和生活区。生产区包括总厂、分厂（车间）、库房定置。如总厂定置包括分厂、车间界线划分，大件报废物摆放，改造厂房拆除物临时存放，垃圾区、车辆存停等。分厂车间包括工段、工位、机器设备、工作台、工具箱、更衣箱等库房定置包括货架、箱柜、储存容器等。生活区定置包括道路建设、福利设施、园林修造、环境美化等。

（2）生产现场区域定置。包括毛坯区、半成品区、成品区、返修区、废品区、易燃易爆污染物停放区等。

（3）现场中可移动物定置。包括劳动对象物定置（如原材料、半成品、在制品等）；工卡、量具的定置（如工具、量具、胎具、容器、工艺文件、图纸等）；废弃物的定置（如废品、杂物等）。

4. 开展定置管理的步骤

1）步骤1——进行工艺研究

工艺研究是定置管理开展程序的起点，它是对生产现场现有的加工方法、机器设备、工艺流程进行详细研究，确定工艺在技术水平上的先进性和经济上的合理性，分析是否需要和可能用更先进的工艺手段及加工方法，从而确定生产现场产品制造的工艺路线和搬运路线。工艺研究是一个提出问题、分析问题和解决问题的过程，包括以下三个方面。

（1）对现场进行调查，详细记录现行方法。通过查阅资料、现场观察，对现行方法进行详细记录，观察与记录是为工艺研究提供基础资料，所以，要求记录详尽准确。由于现代工业生产工序繁多，操作复杂，如用文字记录现行方法和工艺流程，势必显得冗长烦琐。在调查过程中可运用工业工程中的一些标准符号和图表来记录，做到既简化又一目了然。

（2）分析记录的事实，寻找存在的问题。对经过调查记录下来的事实，运用工业工程中的方法研究和时间研究的手法，对现有的工艺流程及搬运路线等进行分析，找出存在的问题及其影响因素，提出改进方向。

（3）拟订改进方案。提出改进方向后，定置管理人员要对新的改进方案作具体的技术经济分析，并和旧的工作方法、工艺流程和搬运线路作对比。在确认是比较理想的方案后，才可作为标准化的方法实施。

2）步骤2——对人、物结合的状态分析

人、物结合状态分析，是开展定置管理中最关键的一个环节。在生产过程中必不可少的是人与物，只有人与物的结合才能进行工作。而工作效果如何，则需要根据人与物的结合状态来定。

3）步骤3——开展对信息流的分析

信息媒介就是人与物、物与场所合理结合过程中起指导、控制和确认等作用的信息载体。由于生产中使用的物品品种多、规格杂，它们不可能都放置在操作者的手边，它们的流向和数量也要有信息来指引；许多物品在流动中是不回归的，如何找到各种物品，需要有一定的信息来引导和控制；为了便于寻找和避免混放物品，也需要有信息来确认，因此，在定置管理中，完善而准确的信息媒介是很重要的，它影响到人、物、场所的有效结合程度。

人与物的结合，需要有4个信息媒介物。

第一个信息媒介物是位置台账，它表明“该物在何处”，通过查看台账，可以了解所需物品的存放场所。

第二个信息媒介物是平面布置图，它表明“该处在哪里”。在平面布置图上可以看到物品存放场所的具体位置。

第三个信息媒介物是场所标志，它表明“这儿就是该处”。它是指物品存放场所的标志，通常用名称、图示、编号等表示。

第四个信息媒介物是现货标示，它表明“此物即该物”。它是物品的自我标示，一般用各种标牌表示，标牌上有货物本身的名称及有关事项。在寻找物品的过程中，人们通过第一个、第二个媒介物，被引导到目的场所。

因此，称第一个、第二个媒介物为引导媒介物。再通过第三个、第四个媒介物来确认需要结合的物品。因此，称第三个、第四个媒介物为确认媒介物。人与物结合的这4个信息媒介物缺一不可。建立人与物之间的连接信息，是定置管理这一管理技术的特色。是否能按照定置管理的要求，认真地建立健全连接信息系统，并形成通畅的信息流，有效地引导和控制物流，是推行定置管理成败的关键。

4）步骤4——定置管理设计

定置管理设计，就是对各种场地（厂区、车间、仓库）及物品（机台、货架、工箱柜、工位器具等）如何科学、合理定置的统筹安排。定置管理设计主要包括定置图设计和信息媒介物设计。

（1）定置图设计。定置图是对生产现场所在物进行定置，并通过调整物品来改善场所中人与物、人与场所、物与场所相互关系的综合反映图。其种类有室外区域定置图，车间定置图，各作业区定置图，仓库、资料室、工具室、计量室、办公室等定置图和特殊要求定置图（如工作台面、工具箱以及对安全、质量有特殊要求的物品定置图）。

定置图绘制的原则：①现场中的所有物均应绘制在图上；②定置图绘制以简明、扼要、完整为原则，物形为大概轮廓、尺寸按比例，相对位置要准确，区城划分清晰鲜明；③生产现场暂时没有，但已定置并决定制作的物品，也应在图上表示出来，准备清理的无用之物不得在图上出现；④定制物可用标准信息符号或自定信息符号进行标注，并均在图上加以说明；⑤定置图应按定置管理标准的要求绘制，但应随着定置关系的变化而进行修改。

（2）信息保介物设计。包括信息符号设计和示板图、标牌设计。各类物品停放布置、场房区城划分等都需要用各种信息符导表示，以便人们形象地、直现地分析问题和实现目视管理，各个企业应根据实际情况设计和应用有关信息符号，并纳入定置管理标准。在信息符号设计时，如有国家规定的（如安全、环保、搬运、消防、交通等）应直接采用国家标准。其他符号，企业应根据行业特点、产品特点、生产特点进行设计。设计符号应简明、形象、美观。

定置示板图是现场定置情况的综合信息标志，它是定置用的艺术表现和反映。标牌是指示定置物所处状态、标志区域、指示定置类型的标志，包括建筑物标牌，货架、货柜标牌，原材料、在制品、成品标牌等。它们都是实现目视管理的手段。各生产现场、库房、办公室及其他场所都应悬挂示板图和标牌，示板图中内容应与蓝图一致。示板图和标牌的底色宜选用淡色调，图面应清洁、醒目且不易脱落。各类定置物、区（点）应用规定颜色标注。

5）步骤5——定置实施

定置实施是理论付诸实践的阶段。也是定置管理工作的重点。其包括以下三个方面。

（1）清除与生产无关之物。生产现场中凡与生产无关的物，都要清除干净。清除与生产无关的物品应本着“双增双节”精神，能转变利用便转变利用。不能转变利用时，可以变卖，化为资金。

（2）按定置图实施定置。各车间、部门都应按照定置图的要求，将生产现场、器具等物品进行分类、搬、转、调整，并予定位。定置的物要与图相符，位置要正确，摆放要整齐，储存要有器具。可移动物，如推车、电动车等也要定置到适当位置。

（3）放置标准信息名牌。放置标准信息名牌要做到牌、物、图相符。设专人管理，不得随意挪动。要以醒目和不妨碍生产操作为原则。总之，定置实施必须做到：有图必有物，有物必有区，有区必挂牌，有牌必分类；按图定置，按类存放，账（图）物一致。

6）步骤6——定置检查与考核

定置管理的一条重要原则就是持之以恒。只有这样，才能巩固定置成果，并使之不断发展，因此，必须建立定置管理的检查、考核制度，制定检查与考核办法，并按标准进行奖罚，以实现定置管理长期化、制度化和标准化。

定置管理的检查与考核一般分为两种情况。一种是定置后的验收检查，检查不合格的不予通过，必须重新定置，直到合格为止；另一种是定期对定置管理进行检查与考核。这是要长期进行的工作，它比定置后的验收检查工作更为复杂，更为重要。

定置考核的基本指标是定置率，它表明生产现场中必须定置的物品已经实现定置的程度。计算公式是

定置率 = 实际定置的物品个数（种数）/定置图规定的定置物品个数（种数）×100%

复习思考题

1. 简述现代安全管理的主要特征。
2. 简述3E对策的内容。
3. 简述强制原理的含义及相关原则。
4. 海因里希因果连锁理论包括哪几方面因素？该理论的核心思想及积极意义是什么？
5. 简述博德事故因果连锁理论。
6. 简述人—环匹配理论的含义及现实意义。
7. 简述轨迹交叉论的含义及现实意义。
8. 简述“6σ”安全管理的核心思想及其实施步骤。
9. 简述“5S”安全管理的含义和内容。
10. 简述定置管理的含义和基本内容。

参 考 文 献

[1] 吴穹，许开立．安全管理学［M］．北京：煤炭工业出版社，2002.

[2] 崔克清，张礼敬，陶刚．安全工程与科学导论［M］．北京：化学工业出版社，2004.

[3] 陈宝智．安全原理［M］．北京：化学工业出版社，2013.

[4] 刘潜．安全科学与学科的创立与实践［M］．北京：化学工业出版社，2010.

[5] 吴超．安全科学方法学［M］．北京：中国劳动社会保障出版社，2011.

[6] 曹庆仁．煤矿员工不安全行为管理理论与方法［M］．北京：经济管理出版社，2011.

[7] 田水程，景国勋．安全管理学［M］．北京：机械工业出版社，2016.

[8] 王凯全，安全管理学［M］．北京：化学工业出版社，2011.

[9] 谢正文，周波，李微．安全管理基础［M］．北京：国防工业出版社，2010.

[10] 教育部高等学校安全工程学科数学指导委员会．安全管理学［M］．北京：中国劳动社会保障出版社，2012.

[11] 周波，肖家平，伍爱友，等．安全评价技术［M］．北京：国防工业出版社，2012.

[12] 秦江涛，杜志军．安全系统工程［M］．北京：煤炭工业出版社，2018.

[13] 袁昌明，唐云安，王增良．安全管理［M］．北京：中国计量出版社，2009.

[14] 刘景良．安全管理［M］.2 版．北京：化学工业出版社，2012.

[15] 林柏泉，张景林，安全系统工程［M］．北京：中国劳动社会保障出版社，2007.

[16] 何光裕，王凯全，黄勇．危险化学品事故处理与应急预案［M］．北京：中国石化出版社，2010.

[17] 陈建宏，杨立兵．现代应急管理理论与技术［M］．长沙：中南大学出版社，2013.

[18] 国家安全生产监督管理总局宣传教育中心．安全生产应急管理人员培训教材［M］．北京：团结出版社，2012.

[19] 张顺堂，高德华，吴昌友，等．职业健康与安全工程［M］．北京：冶金工业出版社，2013.

[20] 国家安全生产监督管理总局宣传教育中心．职业卫生管理培训教材［M］．北京：团结出版社，2012.

[21] 何学秋．安全工程学［M］．徐州：中国矿业大学出版社，2004.

[22] 金龙哲，宋存义．安全科学原理［M］．北京：化学工业出版社，2004.

[23] 周世宁，林柏泉，沈裴敏．安全科学与工程导论［M］．徐州：中国矿业大学出版社，2005.

[24] 徐德蜀，邱成．安全文化通论［M］．北京：化学工业出版社，2004.

[25] 全国注册安全工程师执业资格考试辅导教材编审委员会．安全生产技术［M］．北京：煤炭工业出版社，2005.

[26] 张仕康．建筑安全管理［M］．北京：中国建筑工业出版社，2005.

[27] 宋琦如．职业安全与卫生［M］．银川：宁夏人民出版社，2008.

[28] 王淑江．企业安全文化概论［M］．徐州：中国矿业大学出版社，2008.

[29] 王生平，卫玉玺．安全管理简单讲［M］．广州：广东经济出版社，2005.

[30] 罗云．注册安全工程师手册［M］．北京：化学工业出版社，2004.

[31] 崔政斌，徐德蜀，邱成．安全生产基础新编［M］．北京：化学工业出版社，2004.

[32] 崔国章．安全管理［M］．北京：中国电力出版社，2004.

图书在版编目（CIP）数据

安全管理学/秦江涛，陈婧主编. --北京：应急管理出版社，2019（2021.3重印）

“十三五”高等职业教育规划教材

ISBN 978-7-5020-7653-5

Ⅰ.①安… Ⅱ.①秦… ②陈… Ⅲ.①安全管理学—高等职业教育—教材 Ⅳ.①X915.2

中国版本图书馆CIP数据核字（2019）第169757号

安全管理学（“十三五”高等职业教育规划教材）

主　　编　秦江涛　陈　婧
责任编辑　闫　非　籍　磊
责任校对　孔青青
封面设计　于春颖

出版发行　应急管理出版社（北京市朝阳区芍药居35号　100029）
电　　话　010-84657898（总编室）　010-84657880（读者服务部）
网　　址　www.cciph.com.cn
印　　刷　北京玥实印刷有限公司
经　　销　全国新华书店

开　　本　787mm×1092mm 1/16　**印张**　16　**字数**　374千字
版　　次　2019年9月第1版　2021年3月第2次印刷
社内编号　20192545　　**定价**　46.00元
